污水膜法处理回用技术与应用

Membrane Processes for Water Reuse

〔美〕Anthony M. Wachinski　著

关春雨　郭　瑾　王胜军　译

中国建筑工业出版社

著作权合同登记图字：01-2014-1123 号

图书在版编目(CIP)数据

污水膜法处理回用技术与应用/（美）Anthony M.
Wachinski 著；关春雨，郭瑾，王胜军译. —北京：中国建
筑工业出版社，2019.1
　ISBN 978-7-112-23138-6

Ⅰ.①污…　Ⅱ.①W…②关…③郭…④王…　Ⅲ.①膜法-污
水处理-研究②膜法-废水综合利用-研究　Ⅳ.①X703

中国版本图书馆 CIP 数据核字(2018)第 292270 号

责任编辑：石枫华　程素荣
责任校对：张　颖

污水膜法处理回用技术与应用

［美］Anthony M. Wachinski　著
关春雨　郭　瑾　王胜军　译
*
中国建筑工业出版社出版、发行（北京海淀三里河路 9 号）
各地新华书店、建筑书店经销
北京科地亚盟排版公司制版
北京建筑工业印刷厂印刷
*
开本：787×1092 毫米　1/16　印张：16　字数：396 千字
2019 年 5 月第一版　2019 年 5 月第一次印刷
定价：**58.00 元**
ISBN 978 - 7 - 112 - 23138 - 6
　　　（32929）
版权所有　翻印必究
如有印装质量问题，可寄本社退换
（邮政编码 100037）

序

本书介绍的是膜技术在污水回用领域的应用情况。"膜"和"污水回用"都是当前研究的热点,本书的出版将有助于业界同仁对膜在污水回用领域的理论与应用有一个整体了解。

在水处理领域,膜具有多重意义。首先,膜是一种新的分离设备,与其他水处理工艺类似,是通过对自然现象的模拟和强化来达到分离效果,用于替代重力分离和介质过滤等传统分离工艺;其次,膜带来了新的操作方式,膜是传统水处理技术与现代化工产品的有效结合,膜分离系统的操作更具备现代工业的特点,为水处理行业引入了设备化、精细化、规范化、自动化的操作模式;最后,膜是水处理工艺突破的重要载体,围绕膜组件的应用,形成了膜生物反应器、厌氧膜处理工艺、短流程净水工艺、膜法海水淡化等一系列新型水处理技术,为水处理领域技术发展提供了新的途径。

污水回用的重要性毋庸置疑,从处理技术角度看,膜处理技术无疑是应用得最为成功的技术之一。在高品质再生水的生产、污水中能源和资源的回收,污水生化处理技术的突破等方面都需要膜的助力。当前,各行业领域的界限已经日益淡化,给水工程与排水工程、污水处理与深度处理、化学工程和环境保护、生态保护和市政设施建设等都在技术和工艺方面互通有无,多学科交叉和融合发展的大环境为膜科学与技术提供了良好的发展基础;与此同时,污水回用所生产的再生水的用途更加广泛、水质标准日趋严格,对新型膜材料的研发、新型膜工艺的应用提出了更高的要求,这也会促使膜技术发展与水处理行业进一步良性互动,促进膜在水处理领域发挥更加显著的作用。

这本书的译者是来自科研教学和工程设计一线的几位年轻朋友,他们在各自工作领域具有丰富的实践经验,除满足翻译准确性这一基本要求外,本书文字规范,表达流畅,体现了他们对技术较为深入的理解。希望他们充分利用宝贵的时光,再接再厉,为水处理行业带来更多的优秀翻译作品。

杭世珺

2018 年 5 月

译 者 序

本书主要介绍了膜技术在污水回用领域的理论和应用的最新进展,适合作为污水回用和膜技术研发与应用领域专业人员的参考读物。其特点如下:

一、体系完整。本书首先简要综述了污水回用现状,分别介绍了回用水质和膜的基本内涵;根据膜孔形态和分离原理的不同,书中将膜分为低压膜(微滤和超滤)和扩散膜(纳滤和和反渗透)两大类,以此为基础,在第4章~第8章依次介绍了低压膜技术、扩散膜技术、膜-生物处理工艺、工程设计与案例、趋势展望等内容。本书从理论、技术到工程应用做了系统性论述,为膜技术用于污水回用构建了完整的理论和实践框架。

二、重点突出。本书对相关知识进行了系统介绍,内容详略得当、重点突出。结合自身多年的科研与实践经验,作者对需要重点关注、同时也是读者最关心的问题着墨颇多,而且一般用数字、图表和案例说明问题。如第4章提供了微滤和超滤系统的工艺设置、运行方式、清洗操作、完整性测试等详细数据;第5章对渗透膜的膜组件形式、分级和分段、预处理做了图文并茂的说明;第6章介绍了膜-生物处理工艺中的一些低压膜与生物法的新型组合工艺;第7章对膜系统关键设计参数、完整性测试、预处理、膜清洗等内容做了详细描述,同时提供了多项膜应用案例,涵盖了饮用水、工业用水、农业用水、地下水回灌等领域。

三、可作为工具书使用。本书在正文第2~3章介绍了水化学、水质指标和与膜分离相关的基础理论;在附录中提供了美国多个州的污水回用水质标准和联邦政策解读,重点介绍了美国加利福尼亚州地方标准;在附录中详细描述了膜的完整性检测方法,包括直接完整性测试和连续间接完整性监测等内容,此译本也是我国正式出版物首次对EPA建立的此类方法进行全文翻译,具有一定参考价值。

本书由关春雨、郭瑾和王胜军翻译。其中:第1章、第5章、第6章、第8章和附录F、附录G、附录H由关春雨翻译;第2章、第3章、第4章和附录A、附录B、附录E由郭瑾翻译;第7章和附录C、附录D由王胜军翻译。全书由关春雨统稿。

本书中文版是由石枫华编审策划引进的,本书的出版凝聚了他的大量创造性劳动,在此表示衷心的感谢!

译者学识有限,译文疏漏和不当之处,请大家不吝赐教。

译者
2018年5月于北京

原 版 前 言

本书讲述的是膜系统如何用于污水二级处理出水的回用。在全球气候变化和水资源短缺的背景下，二级处理出水的回用已经与苦咸水和海水淡化一道，成为满足各类用水需求的替代方案。

全球水资源有限，而且水资源和人口密度的分布不均加大了各地区水资源稀缺程度的差异。虽然包括美国和中国在内的众多国家水量丰沛，但是其分布地点、时间和数量严重不均；就在本书编写之际，美国全境几乎都在经历干旱。虽然与石油、煤和天然气不同，水资源既可通过自然途径再生，也可直接回用，但是目前全球污水回用率仅为 4%，其中美国回用率为 12%，科威特为 91%，以色列为 87%。

我认为，依靠科技读物提供专业知识的时代正逐步走向没落。在编写这本书的时候，我经常反思："这本书给它的读者带来价值了吗？这本书物有所值吗？读者能够从互联网上得到这些信息吗？"

这本书的确能为读者带来价值，因为书中的很多信息在互联网上或其他文献中无法找到，是我近 40 年从业经验的分享。这本书的结构便于读者从零起点开始学习一个专题，各章独立成篇。时间将会证明本书的价值。

这本书是为工艺工程师、立法者、研究生以及行业管理者编写的，面向已经或有意愿对污水处理知识有深入理解的读者。工艺工程师可利用本书选择和设计满足回用水水质的适宜的膜处理、预处理和后处理工艺；研究生将会在本书中领略污水处理领域已知和未知的知识，并认同膜技术是污水回用的主流工艺；立法者将对如何达到适宜的污水水质做出明智的决策；市政污水处理厂经营人员将探索污水回用替代技术，并在满足或高于法规要求的基础上做出最具经济性的决策；处理设施的业主将会在排水去向方面做出最优选择，包括排入水体、经处理后销售或直接回用。

本书介绍的是包括预处理和后处理在内的完整的膜处理工艺流程，同时提供了一个内容宽泛的词汇表，以便读者熟悉关于膜和污水回用的专有名词。

本书并未提供污水处理厂或膜生物反应器的设计知识，因为大量书籍和短期培训已经涵盖此类内容，在我看来，本书的作用在于对相关内容进行补充完善，从而树立膜在污水回用领域的地位。

Anthony M. Wachinski

目　　录

致　　谢

　　谨在此对本书编写和出版提供帮助的各位朋友表示衷心的感谢！特别感谢 Charles Liu 博士，他是膜完整性测试以及低压膜特性和效能理论领域的全球顶级专家之一，他十分慷慨地让我在本书中使用一篇我们发表的论文（他是第一作者），论文经过部分改动，用于描述高性能膜的特性；他还对膜的完整性测试章节提出了极有价值的建议。

　　特别感谢 Joseph Swiezbin 和他的女儿 Katie。感谢 Joe 对章节内容提出的建议，感谢 Katie 为本书绘制 2 处插图。

　　本书的出版是 Larry Hager 的创意，感谢 Larry 的耐心指导。

　　诚挚感谢本书的项目经理 Harleen Chopra 女士，感谢她在此书出版过程中做出的及时而专业的工作。

专业词汇对照

AOP	高级氧化工艺
ASTM	美国材料与试验协会
AWWA	美国自来水厂协会
AWWARF	美国自来水厂协会研究基金会
BNR	生物脱氮除磷
BOD	生化需氧量
CA	醋酸纤维素
CAS	常规活性污泥法
CEB	化学增强清洗
CFT	常规过滤技术
CIP	在线清洗
COD	化学需氧量
CSTR	连续搅拌反应器
CT	（消毒剂残留）浓度（mg/L）×（接触）时间（min）
CWA	清洁水法
CWS	公共供水系统
DBP	消毒副产物
DOC	溶解性有机碳
ED	电渗析
EDR	反向电渗析
EFM	强化通量维持
EGSB	膨胀颗粒污泥床
GFD	加仑每平方英尺每日
HAAs	卤乙酸
HFF	毛细管膜
HPC	异养菌平板计数
IMS	集成膜系统
LPM	低压膜
MBR	膜生物反应器
MCB	膜——生物处理工艺
MCL	最大污染水平
MCLG	最大污染水平目标
MF	微滤

MFT	移动膜技术
MGD	百万加仑每日
MLD	百万升每日
MLSS	混合液悬浮固体
MO	甲基橙碱度
MMF	多介质过滤器
MWCO	截留分子量
NA	不适用
NEPA	美国国家环境政策法案
NF	纳滤
NIPS	非溶剂致相分离法
NOM	天然有机物
NPDES	美国国家污染物排放削减制度
NSF	美国国家卫生基金会
NTU	比浊法浊度单位
OH alk	氢氧化物碱度；
P alk	酚酞碱度
PA	聚酰胺
PAC	粉末活性炭
PAN	聚丙烯腈
PES	聚醚砜
PP	聚丙烯
PS	聚砜
PSI	磅每平方英寸
PVDF	聚偏氟乙烯
RO	反渗透
SBR	序批式活性污泥法
SCADA	数据采集与监控系统
SDI	污染密度指数
SUVA	比紫外吸光度
SWTR	地表水处理规定
TCF	温度修正因子
TDS	总溶解性固体
TFC	复合薄膜
ThOD	理论需氧量
TIPS	热致相分离
TKN	总凯氏氮
THM	三卤甲烷
TMP	跨膜压差

TN	总氮
TOC	总有机碳
TOX	总有机卤素
TS	总固体
TSS	总悬浮固体
TTHM	总三卤甲烷
TTAL	处理技术作用水平
TVS	总挥发性固体
TDS	总溶解性固体
UASB	上向流厌氧污泥床
UF	超滤
USEPA	美国环境保护局
UV	紫外线
WEF	美国水环境联合会

第1章 污水回用综述

1.1 引言

本书致力于介绍膜技术应用于市政污水或工业废水处理，实现污水的排放、循环与回用。膜技术的应用方式包括膜的单独使用、在集成式膜系统中应用、与好氧或厌氧等生物法结合应用。

本节不介绍生化法用于去除生活污水和工业废水中的溶解性有机物及氮、磷的技术细节。推荐书单列于本章结尾处；书后所附词汇表内容丰富，既可作为参考，也便于课题研究时查询。

本书对任何膜厂商或品牌均不作推荐或代言，从图表来源也不应得到任何类似结论。本书编写的目的之一就是向工程师和设计人员提供膜法污水回用技术选择方面的信息。

第1章对全书进行介绍，讨论污水回用的动力——水资源短缺与经济性需求，对污水回用技术以及膜技术的作用进行总结和展望。

第2章对膜技术所涉及的基本化学知识进行综述，详细描述再生水的特性以及与原水水质、产水水质相关的参数。列出饮用水标准和污水标准，对分析检测技术进行简要介绍；通过检测"水中有什么"推动水污染治理技术的发展。

第3章介绍膜应用的基本原理，包括对低压膜过滤和扩散膜过滤基本要素的深入描述。

第4章介绍低压膜过滤、微滤（MF）和超滤（UF）工艺。微滤是保证污水回用项目正常运转的核心技术。二级处理后的污水经膜处理后，水中的溶解性无机物和溶解性有机物可由压力驱动的纳滤（NF）和反渗透（RO）工艺去除。

第5章讨论NF和RO的配置，内容包括进水成分、RO进水水质指示参数、膜污堵、预处理措施及处理后的混合等。

第6章介绍具有颠覆性的膜与生物处理相结合的工艺（MCBs）。目前已有许多文献对膜生物反应器（MBRs）作了详细介绍，因此将其作为MCBs的一个子集，仅作粗略介绍。

第7章将第1章至第6章的结论进行整合应用，讨论膜技术在污水循环和回用工程应用中的设计、规模和选型。对从原水选择到系统认证及系统可靠性等诸多方面的内容进行介绍。本章包括举例和个案研究。

最后一章展望了发展趋势和挑战。

1.2 水资源短缺

水资源短缺推动了污水回用。全球供水量有限且分布不均，供水需求量却在增加。目前广泛存在淡水资源和人口密度分布不均衡的情况，包括美国和中国在内的许多国家的水资源总量很大，但其分布时间、地点和数量导致这些水资源无法被利用。水资源需求与供给之间的不均匀分布及由此导致的供需错位被"全球水资讯"（Global Water Intelligence）（2010）定义为"水资源短缺"。

洪水和干旱均可导致水资源短缺，农业、工业及市政领域的大量用水也是水资源短缺的成因之一。水资源短缺受市政基础设施的影响，此类设施按照需要进行水处理并及时将水输送至用水点。与只能作为燃料单次使用的石油不同，水是可以再生、回收和重复利用的。

以下统计数据来自于"全球水资讯"（2010）。可再生淡水包括地下水和地表水，地下水年补给量为 11358km^3（30000 亿 gal），地表水年补给量为 40594km^3（107000 亿 gal）。"全球水资讯"的报告指出，根据联合国粮农组织（FAO）的数据库，地下水年开采量为 600～700km^3（1500～2000 亿 gal），其余 3802km^3（10000 亿 gal）的年用水量来自于地表水。

水资源短缺、人口增长以及更为严格的环境法规使得美国对污水循环和回用产生了强烈需求。美国环境保护局（USEPA）对于污水排放限值的规定迫使工业用户考虑污水的循环和回用，例如，目前许多州对工业废水中汞和硒的排放限值为纳克级，使得工业企业考虑以回用替代排放。

现有公立污水处理厂处理能力有限，由此促进了对污水回用技术的持续探索，通过 MCB 工艺，在不增加占地的前提下增加处理能力。

1.2.1　水资源供给

目前人们对水资源的供给和来源情况所知有限，不同单位对于淡水的数量和来源估计值差异很大。"全球水资讯"（2010）估计地球表面有 2/3 被水覆盖——13850 亿 km^3（3660000 亿 gal），这些水中有 2.5% 是淡水，但是其中 69% 是不可利用的冰川和极地冰冠，30% 是地下淡水，约 0.3% 是地表淡水、湖泊与河流，剩余的 0.7% 是沼泽水、土壤间隙水、水汽和霜等不可利用的水。每年可循环的淡水总量为 43250km^3（114000 亿 gal）。

可利用淡水的年平均利用率约 10%。据预测，被利用的淡水资源中有 70% 用于农业，16%～20% 用于工业，9%～14% 用于市政。不同国家间的用水量各不相同，许多国家的用水量已超过自然补给量。至 2020 年，全球需水量预计将增加 40%（Global Water Intelligence，2010）。

1.2.2　水资源需求

为了深刻认识水资源短缺的挑战以及水资源的补充途径——对此有多种定义，我们必须考虑全球水资源供给和总体需求，即农业、工业和市政方面的需求。问题的关键不在于水资源供给总量，而是在正确的时间和正确的地点供给。在 20 世纪内，全球水资源利用量增加了 6 倍（Global Water Intelligence，2010）。

1.2.2.1　农业用水

农业用水即灌溉用水，用水量几乎超过工业及市政用水量的 5 倍。目前美国全国食品生产需水量为 3000L/（人·d）（792.6gal/（人·d）），生产 1kg（0.45lb）粮食需要 1m^3（264lb）的水（Global Water Intelligence，2010）。

1.2.2.2 工业用水

美国水资源的短缺与环境法规的日趋严格对工业废水的循环利用提出了更高的要求。1905 年至 2011 年间，工业用水量增加了约 280%，其中发电、精炼和纸浆及造纸业的用水量居前 3 位（Global Water Intelligence，2010）。

不同产品的需水量有所不同。生产 1L（0.26gal）汽油需水 10L（2.64gal）；发电 1kW 需水 32L（8.35gal）；生产 1kg（0.45lb）钢需水 95L（25gal）；生产 1kg（0.45lb）纸需水 324L（85.6gal）。以上数据并不固定，厂内回用水量越大则总需水量越小（Wachinski，2009）。

多年来，工业用水效率已有显著提高。人均工业用水量已从 1950 年的 927L（245gal）降低至 2000 年的 450L（118.9gal）。此现象很大程度上是欧洲和北美发电厂淘汰单通道冷却系统的结果。中国也宣称已通过关停耗水工业企业来控制工业需水量。虽然世界上部分地区的用水效率日益提高，但预计工业需水量仍将增加（Global Water Intelligence，2010）。

水处理的监管法规逐年趋紧，与此同时，更为灵敏的新一代水质监测和检验设备也将检测出自来水供水系统中未曾检测的污染物。基于重力的传统澄清、疏松介质过滤等工艺无法稳定去除许多可能影响公众健康的目标病原体，传统工艺的性能在很大程度上也取决于水处理药剂的合理使用。

耗水量大的工业企业每年在水处理药剂方面要花费上百万美元，药剂费很可能是许多水处理系统最重要的支出之一。此外，公众对于一些水处理药剂对健康潜在影响的关注程度正在增加。由于新鲜淡水的成本逐渐增加以及排放标准的日趋严格，工业企业正在尽可能地寻找合算的污水处理与回用方法。在水资源短缺地区，污水回用是增加供水量的一种切实可行的方式。

1.2.2.3 生活用水需求

美国将饮用、洗漱及日常用水量的下限设定为 50L/（人·d）(13gal/（人·d））；（Global Water Intelligence，2010）。美国的人均用水量为 378.61L/（人·d）(100gal/（人·d））。生活用水量是人口、收入及水质的函数，例如，在安装了 MF 系统后，泰国一个小村庄的人均用水量变为原来的 4 倍。当人们安装了抽水马桶、浴缸、淋浴、洗衣机以及高收入人群拥有了游泳池和草坪灌溉系统之后，人均用水量也会随之上升。

1.2.2.4 污水回用需求

污水回用即通过某种方法处理污水，使其达到可再次利用的程度。污水是混入有机物、固体及氮磷等营养物质的自来水。污水回用也可被称为"污水开采"，我们并不是像开采煤炭或黄金那样，而是分离营养物质、盐类、能量以及无机物。将来我们不仅可以分离以上物质，而且能够生产"定制水"，做到专水专用。

未来 15 年内，经处理后的污水将有 33% 实现回用，即约 8000 万 m³/d。科威特和以色列在污水回用方面处于世界领先地位，回用率分别为 91% 和 85%。目前全球污水回用率为 4%（Global Water Summit，2010）。

1.2.3 水资源短缺的解决途径

与石油、天然气及煤炭不同，水是可再生资源，可经处理后回用。水资源短缺的对策有很多，包括但不限于如下方法：

（1）节约用水

（2）开发新水源

（3）含水层贮存和修复

（4）污水回用和循环

（5）海水和苦咸水脱盐

1.2.3.1　节约用水

应常年坚持节约用水，尤其是在工业生产的水费直接与节水能力挂钩的情况下。

1.2.3.2　新水源

在所有水源已被开发且无新水源可供水之前，寻找和开发新水源是可行的方案。

1.2.3.3　含水层修复

如 Rolf Herrinan 所述，含水层贮存和修复（ASR）的概念是将（处理过的）水重新注入某些地层中，形成一个大"水囊"来替代原有的地下水（Global Water Intelligence，2010）。由于水是由技术人员通过水井注入的，可确切获知注水的容积及其去处，而且一旦需要可重新获取，因此是一种可控操作。由于可将大量的水贮存长达 10～20 年，因此含水层贮存可作为战略储备，用于平衡消耗量。与自来水相比，再生水 ASR 系统更易堵塞，因此其处理费用更高且工艺更多，在使用注射井时尤为如此。然而，在贮存期间水质会改善——通过现象一种有趣的含水层的自然降解。再生水 ASR 系统面临的主要挑战是在处理程度和水质之间实现平衡。

1.2.3.4　污水回用和循环

本书的话题！在水资源短缺的情况下，将市政污水升级为非直接饮用水、直接工业回用水或工业内部循环水已经成为具有吸引力的供水拓展模式。在上述许多应用中均存在膜技术的应用机会。

图 1-1 总结了当前和截至 2015 年的预测污水回用量。科威特目前在污水回用量上居于世界首位（91%），其次为以色列（85%）。美国排名世界第 7 位，位于新加坡（35%）、埃及（32%）、中国（14%）和叙利亚（12%）之后。目前世界污水回用比例较低（4%），但是预计在 2025 年之前将增加至 25%。污水回用行业面临着全球性的巨大发展机遇，与膜结合的生物处理工艺将在不断扩张的污水回用市场中起到主导作用。污水经膜处理后可直接排放至地表水体，水质满足回用、锅炉用水和工业用水标准。

表 1-1 中是世界上主要城市的水价。RO 膜系统在加州橙县（Orange County，California）的 Water Factory 21 水厂中得到了应用，实现了市政污水厂出水经渗滤处理后的非直接回用。纳米比亚首都温得和克（Windhoek，Namibia）建有再生水直接用于生产饮用水的项目。各类中试和导试规模的水厂也演示过利用市政污水处理工艺二级出水生产高品质饮用水的技术。这其中最著名的是科罗拉多州丹佛市（Denver，Colorado）的污水再生导试水厂，采用 RO 去除有机污染物。在丹佛和橙县的水厂中，RO 均被用作污水深度处理后的精处理工艺。可见，RO 已被证明是生产再生水的有效工艺，前提是预处理工艺应满足 RO 进水条件，而不是仅仅满足生产再生水要求。

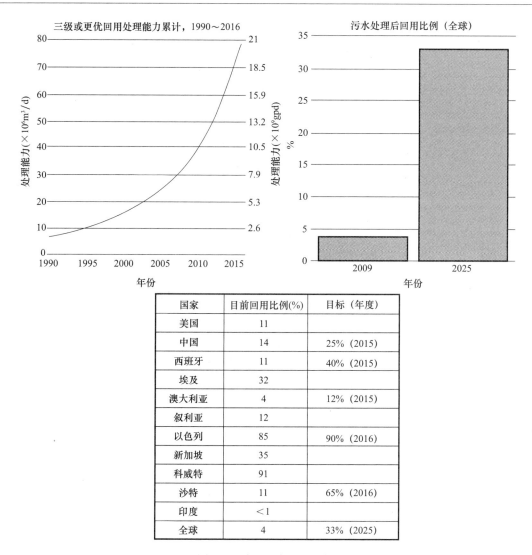

图 1-1 世界污水回用趋势

供水价格（2009） 表 1-1

城市	$/m³	$/1000gal
奥尔胡斯（丹麦）	8.59	32.51
阿卡普尔科（墨西哥）	0.58	2.20
阿德莱德（澳大利亚）	3.02	11.43
巴尔的摩（美国）	1.88	7.12
班加罗尔（印度）	0.17	0.64
北京（中国）	0.54	2.04
伯明翰（英国）	3.86	14.61
波士顿（美国）	3.05	11.54
克利夫兰（美国）	1.88	7.12
哥本哈根（丹麦）	9.07	34.33
达拉斯（美国）	2.00	7.57

续表

城市	$/m³	$/1000gal
丹佛（美国）	1.39	5.26
底特律（美国）	2.98	11.28
厄尔巴索（美国）	1.58	5.98
沃思堡（美国）	2.34	8.86
胡志明市（越南）	0.36	1.36
休斯敦（美国）	2.12	8.02
印第安纳波利斯（美国）	2.35	8.89
吉达（沙特）	0.05	0.05
伦敦（英国）	3.46	13.10
路易维尔（美国）	2.31	8.74
西马尼拉（菲律宾）	0.42	1.59
东马尼拉（菲律宾）	0.28	1.06
纽约（美国）	2.11	7.99
费城（美国）	3.21	12.15
圣迭戈（美国）	4.36	16.50
旧金山（美国）	3.14	11.88
圣何塞（美国）	3.41	12.91
首尔（韩国）	2.35	8.89
上海（中国）	0.31	1.17
新加坡（新加坡）	3.56	13.47
东京（日本）	1.96	7.42
华盛顿（美国）	2.11	7.99

来源：全球水市场 2011（Global Water Intelligence，2011）

1.2.3.5 脱盐

世界上超过 99％ 的水是海水，海洋理论上是不会枯竭的。地球上约 60％ 的人口沿海岸线居住。经脱盐处理的海水或含盐地下水已成为中东地区主要水源，占世界脱盐处理量的 2/3。美国自来水厂协会研究基金会（American Water Works Association Research Foundation）、里昂水务（Lyonnaise des Eaux）和南非水研究委员会（Water Research Commission of South Africa）合编的《膜法水处理工艺》（Water Treatment Membrane Processes）（1996）中关于脱盐能力的叙述如下："在 1970 年之前，脱盐以蒸馏法为主。此后，RO 和电渗析（ED）技术的应用大量增加。在 1988 年有 1742 座 RO 水厂——占世界上全部 3527 座脱盐水厂的 49.4％。目前 564 座 ED 水厂占水厂总量的 16％。在装机容量方面，RO 和 ED 分别占世界脱盐能力的 23％ 和 5％。目前最大的 2 座 RO 水厂已在巴林建成：Ras Abu-Jarjur 的处理量为 45420m³/d 的苦咸水淡化厂，Al Dur 的处理量 56000m³/d 的水厂。超滤（UF）和微滤（MF）也已被证明是有效的预处理技术。"

1.3　污水再生技术综述

本书介绍的是如何通过膜技术将市政污水或工业废水处理至一定程度后进行循环回

用，对用于处理以上污水的常规过滤或生物处理技术不作详细描述。

建议读者参考如下优秀读物：

美国水环境联合会（Water Environment Federation）主编的《污水处理厂生物脱氮除磷（BNR）操作》（Biological Nutrient Removal（BNR）Operation in Wastewater Treatment Plants）。

Metcalf 和 Eddy 主编的《污水回用：问题、技术与应用》（第 6 章和第 7 章）（Water Reuse：Issues，Technologies，and Applications（chapters 6 and 7））。

Metcalf 和 Eddy 主编的《污水工程：处理与回用》（Wastewater Engineering：Treatment and Reuse）所有 5 个版本。

美国水环境联合会（Water Environment Federation）主编的《市政污水处理厂设计》（Design of Municipal Wastewater Treatment Plants）。

美国水环境联合会（Water Environment Federation）主编的《污水处理厂设计》（Wastewater Treatment Plant Design）。

美国自来水协会研究基金会（American Water Works Association Research Foundation）主编的《水处理》（Water Treatment）。

美国水环境联合会实用手册（Water Environment Federation Manuals of Practice）系列。

1.3.1　常规净水技术

斯托克斯方程（Stokes's law）是常规净水技术理论基础。典型的净水厂包括图 1-2 所示的工艺流程。如有必要，需将原水中溶解性的铁离子或锰离子氧化为颗粒（悬浮）态。向混合池加入铝盐、石灰、铁盐等无机絮凝剂或有机聚电解质，快速混合后再缓慢搅拌，通过絮凝和凝聚形成易沉淀的大颗粒。混凝处理后的水被送至沉淀池或溶气气浮池，将悬浮固体浓度降至 20mg/L 左右。溶气气浮的用途广泛，包括去除藻类和悬浮物、浓缩滤池反冲洗水等，其对低密度物质的去除效率高于沉淀池。出水经常规滤料过滤后进行消毒，然后进入配水系统。

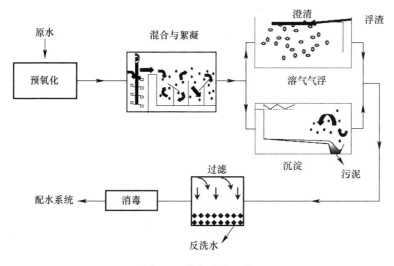

图 1-2　常规净水工艺

虽然化学沉淀——经常作为 UF 的预处理单元——一般以其对水的软化效率较高而被选用，但此工艺在去除其他污染物方面也很有效。化学沉淀对铁、锰、重金属、放射性核素、溶解性有机物及病毒的去除效率均较高。

本书中"常规水和废水的过滤"指的是所有用于去除原水或二级出水中悬浮固体及相关有机物的滤床过滤技术和表面过滤技术。过滤工艺在一些情况下可用作 MF 或 UF 等低压膜过滤工艺的预处理单元。常规过滤工艺被称为"三级处理"。在图 1-2 中，消毒之前的过滤即为三级处理。

由于在下文的工艺流程图中使用了"常规过滤工艺"这一术语，故在此向读者作简要介绍。Metcalf & Eddy/AECOM（2007）已对常规滤床过滤和表面过滤进行了很明晰的描述，故在此直接引用其相关内容。

滤床过滤通过筛分原理去除颗粒。滤床过滤可分为连续型或半连续型，其中需离线反冲洗的滤池被称作半连续型，反冲洗时仍可过滤的滤池被称作连续型。滤床过滤也可按深度分为浅床、常规、深床；按过滤介质分为单一滤料（如仅用砂）、双层滤料或多介质（包括无烟煤或人工合成滤料）；按流向分为常规下向流或上向流。滤床过滤可由重力或压力驱动。

表面过滤技术利用的是隔膜的机械筛分原理。隔膜可由多种材料制造，包括布料和各类人工合成物质。Metcalf & Eddy/AECOM（2007）列举了 3 种基本的布类表面滤料：滤布滤池、转盘滤池、钻石型滤布滤池。

1.3.2　常规污水处理技术

本书中的研究对象是一般被称为"二级出水"的二级生物处理后的污水，某些情况下为一级处理后的污水（称为"一级出水"）。参考文献引自专门介绍市政和工业污水生物处理的大量文献和手册。

用于处理市政污水和工业废水的常规处理工艺可分为悬浮生长型（活性污泥法）、附着生长型（如普通生物滤池）或混合型。最常用的市政污水和工业废水生物处理工艺是活性污泥法。大多数情况下，常规活性污泥法出水的悬浮固体浓度和生化需氧量（BOD）均不高于 20mg/L。

活性污泥法包括一级处理（隔栅、除砂、初次沉淀）、二级处理（曝气和二次沉淀）以及三级处理（CFS）。（见图 1-3～图 1-5）一级处理工艺包括除砂（也称为初级处理）、澄清或沉淀（二者可选其一）。二级处理工艺包括曝气（微生物利用污水作为生长的基质，同时去除溶解性有机物）和沉淀（实现澄清后的二级出水与生物质分离）。生物处理后的澄清工艺出水被称为二级出水。营养物质、氮和磷在此工艺中被去除。当二级出水经砂滤、混合介质过滤或滤布滤池等常规过滤工艺进一步处理后，过滤工艺出水被称为三级出水。

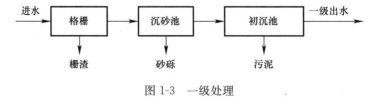

图 1-3　一级处理

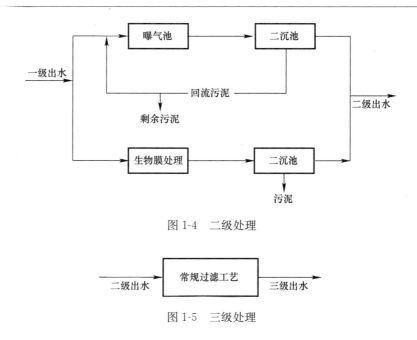

图 1-4　二级处理

二级出水 → 常规过滤工艺 → 三级出水

图 1-5　三级处理

1.3.3　膜技术

污水循环利用、海水和苦咸水脱盐是应对水资源短缺的两种策略，膜技术在以上两种策略中均起关键作用。

膜处理产水可保持每天 24h 均低于 0.1NTU（Nephlometric Turbidity Units）——十分洁净的水。膜产水浊度在大部分时间为 0.02～0.05NTU。NTU 反映的是水的光散射特性，在本书第 2 章将作详细介绍。产水质量与进水浊度无关，即使进水浊度出现波动，产水浊度也将保持恒定。中空纤维 MF 的回收率（产水量与进水量的比值）很高（高达 99.7％，若采用二级膜系统为 98％），UF 的回收率也可达 85％。膜工艺的占地面积远小于常规过滤系统，仅为常规水厂面积的 25％～50％。污水回用的迫切需求以及常规工艺使用化学药剂所带来的大量风险和费用，使得人们对膜的态度发生了转变。药耗降低及由此产生的污泥减量是膜技术被逐渐接受的两种动机。低压膜技术产生的是泥浆而不是污泥，膜技术比常规系统所用的药剂量小，且可远程控制。

本书中介绍的各级处理工艺组成中均有膜过滤系统，这些系统包括微滤（MF）、超滤（UF）、纳滤（NF）和反渗透（RO）。

MF 是在常温下工作的压力驱动体积排阻膜。通常被认为是介于 UF 和多介质过滤之间的选择，孔径范围为 0.10～1.0μm。用于污水回用的中空纤维 MF 的正常孔径范围为 0.1～0.2μm，是颗粒、细菌和原生动物包囊的有效屏障。MF 系统在 10～30 磅/平方英寸（psi，约为 0.7～2.1bar）的压力范围内运行。

UF 膜系统可分离超过其截留分子量（MWCO）的颗粒、细菌、原生动物、病毒和有机分子。UF 膜的运行压力范围为 10～50psi（0.7～3.5bar），是去除原生动物、细菌及大部分病毒的安全屏障。UF 的运行压力一般低于 NF 和 RO，高于 MF，但一些 UF 系统可在低于 MF 的压力下运行。UF 的通量一般比 MF 低，采用错流过滤技术导致其能耗较高。一般对 UF 膜系统的病毒去除率要求高于 MF，根据去除率的不同，可在不加氯的情况下按照要求实现 4-log 的病毒去除率。UF 膜一般对氧化剂的耐受能力较差。

　　NF 膜系统可分离溶解性有机物，尤其是可完全去除高价阴阳离子，也可去除部分单价离子。NF 膜经常被用于生产软化水，运行压力范围为 50～150psi（3.5～10.3bar）。自来水经 MF/UF 处理后进入 RO 系统，RO 对水中有机物和无机物的去除率超过 99％，RO 也可将海水处理至饮用水水质。

第2章 水　　质

2.1　引　言

在设计膜系统之前，不仅要确定设计流量和了解所处理水的水质情况，还要清楚原水的全部特性，即它们的物理、化学和生物成分。本章回顾了与膜技术有关的基本的化学概念和术语，并且介绍了常见的给水和污水处理工艺中使用的助凝剂和聚合电解质，还介绍了用来表征源水和污水特性的物理、化学和生物指标。除此之外，本章还对未处理废水的预期水质、一级出水、不同的二级出水方案、三级出水、四级出水以及污水回用和饮用水标准进行了介绍。

2.2　化学基础知识综述

这一部分回顾了一些基本的化学概念，以便于我们更好地了解化学在膜的应用和运行中所发挥的作用。

2.2.1　基本概念

我们周围的一切物质，无论固体、液体和气体，都是由原子组成的，物质的原子理论为现代化学奠定了基础。读者可以通过任何一个关于化学方面的介绍性的文章来更加详尽地了解相关知识。

本节简要地介绍了一些有助于我们回顾化学原理的定义，物质、元素和化合物的概念也都有所提及。

物质一般是指不能通过任何物理过程转变为其他形式的事物。水是一种物质，氯化钠（盐）也是一种物质。元素是一种物质，且不能被化学反应分解成相似的物质。目前已知111种元素，如氢、碳、氧、铜。化合物是指由两种或两种以上的元素通过化学作用结合形成的物质。原子是构成元素的最小的不可再分的基本单元。原子的独特结构使其构成的元素具有唯一的物理化学性质。

原子由亚原子粒子组成，包括质子、电子和中子。质子带有正电荷，中子不带电，电子带有负电荷。质子和中子集中在原子核内。质子和中子质量相仿，原子质量的99.9％以及其所带的全部正电荷均来自原子核。原子序数即为原子核中的质子数，每一元素都对应一个质子数，而该元素中每一个原子的质子数都是相同的。如氢的原子序数是1，碳的原子序数是6，氧是8。

一个电子的质量大约是一个质子质量的1/1840。同一原子所带电子数量也不同。电子围绕着原子核在规则的轨道上运动，称为电子轨道或者能级，外层为价电子。原子得失电子成为稳定结构，惰性元素的外层是稳定的。化合价是指某一元素相对于氢元素结合力的大小，氢原子的化合价为 1+。例如，某元素化合价为 2+，那么它就可以替代化合物中的 2 个氢原子。在中性原子中，电子数等于质子数，即正负电荷数相等。非中性原子称为离子，当电子数比质子数多或少时，则该离子带负电或正电。离子保持了中性原子的大多数特性。

分子可能以带正电或带负电的离子形式存在。原子失电子后带正电，此时将该原子称为阳离子，反之则为阴离子。离子化合物是由阳离子和阴离子组成的。例如，硝酸根离子化学式是 NO_3^-，由一个氮原子和三个氧原子通过共价键相结合，形成带有一个负电荷的分子。其他常见的分子和原子离子：硫酸根离子（SO_4^{2-}），二价阴离子，带有两个负电荷；磷酸根离子（PO_4^{3-}），三价阴离子；钠离子（Na^+）为一价阳离子；钙离子（Ca^{2+}），二价阳离子；铝离子（Al^{3+}）是三价阳离子。

钠离子和氯离子是常见离子。在水中，钠原子为了达到稳态，很容易失去一个电子，而氯原子为了更稳定，需要得到一个电子，从而很容易地得到了钠失去的电子。因此，在水中钠通常为阳离子，氯通常为阴离子。

2.2.2　化学键

有三种重要的化学键：离子键、共价键和氢键。离子交换涉及的两个重要化学键是离子键和共价键。

两个离子中的一个失去电子给另外一个离子时构成离子键；两者通过电荷的引力键合在一起。一般意义上来说，离子交换只适用于离子。

另一种化学键为共价键，它是由原子共用一对或多对电子形成的。共用的电子对称为共价键。一个碳原子需要 4 个电子填充其外层轨道以达到稳定，这就使碳原子可以和其他原子或分子形成 4 个共价键。

氢键也是化学键的一种，只不过它是最弱的化学键。

2.2.3　离子化

离子化的理论是阿伦尼乌斯为了解释酸碱强度而提出来的。阿伦尼乌斯将不同的酸碱强度归因于不同程度的分解或离子化，这可以解释许多存在于水溶液中的现象。根据阿伦尼乌斯最初的理论，所有的酸、碱和盐在进入水溶液后都分解为离子。不同组分的等量溶液在导电性方面具有巨大差异。所有的强酸强碱在稀溶液中近乎 100% 离子化。但是弱酸弱碱很难说明其离子化的百分比，在很多情况下它们表现出很小的电离度。在许多常用手册、定量分析或者物理化学的课本中列出了弱酸、弱碱和盐的离子化常数相关信息也可在互联网上找到。

平衡关系可以用来描述离子化。对于酸来说，1mol 酸中的氢离子的摩尔数等于 Z，如对盐酸而言，$Z=1$；对硫酸来说，$Z=2$。对于醋酸来说，$Z=1$，因为醋酸中只有 1 个氢原子可以在溶液中离子化产生氢离子。

$$CH_3COOH \longrightarrow CH_3COO^- + H^+$$

对于碱来说，Z 值等于 1mol 碱消耗的氢离子的摩尔数。对于氢氧化钠来说，$Z=1$，对于氢氧化钙来说，$Z=2$。

例如，硫酸的分子量为 98.1，将硫酸加到水中后，它分解出两个氢离子和一个硫酸根离子，那么净的正化合价就是 $1 \times 2 + 2 = 4$，那么硫酸的当量就是 49。盐酸在水中电离后形成一个氢离子和一个氯离子。盐酸的分子量是 36.1，那么它的当量就是 36.1。

2.2.4 络合物——配位体

络合物是由溶液中的简单成分组合而成的可溶性组分。例如，如果 Hg^{2+} 和 Cl^- 同时出现在水中，它们将结合形成未解的溶解性物质 $HgCl_2(aq)$，其中"(aq)"表示物质存在于溶液中。氯和汞也可以按照其他比例结合形成各种络合物。与氯离子相类似的溶解性的分子或离子与类似于汞的金属形成的复合物称为配位体。配位体包括 H^+，OH^-，NH_3，F^-，CN^-，$S_2O^{2/3-}$，以及其他无机和有机组分。NH_3 和金属形成的络合物是最普遍的，如其与银形成络合物：

$$Ag(NH_3)_2^+ \rightleftharpoons Ag^+ + 2NH_3$$

所有类似的离子都会因物理或化学条件的变化（去除离解产物）而向水解方向移动。

2.2.5 离子强度

随着总溶解性固体量的增加，微溶性盐类的溶解度也增加。为了说明盐类的溶解度受到的影响（如硫酸钙、硫酸钡、硫酸锶或 SDSI），需要对离子强度进行计算。以碳酸钙为例，每个离子的离子强度即为各离子的浓度（ppm）乘以 1×10^{-5}（对每个一价离子而言），或乘以 2×10^{-5}（对每个二价离子而言）。所有离子的离子强度之和就是水溶液的总离子强度。

2.2.6 螯合作用

金属离子的溶解度会因螯合剂的存在而增加。螯合剂可以像爪（螯合一词来源于希腊语的 *chele*，意味用爪抓）一样捕住或逮住金属离子。像爪子一样，螯合剂形成一个环形钳子将金属离子固定在其中，这样金属离子失去自由而形成不溶性的盐。由配位原子（通常为氮、氧和硫）组成的螯合剂的"钳子"失去两个电子与离子形成配位键。有很多天然的络合物存在，如血红素（包含铁）、维生素 B_{12}（包含钴）、叶绿素（包含镁）。许多为人们所熟知的物质，如阿司匹林、柠檬酸、肾上腺素和皮质酮都可以作为螯合剂使用。作为螯合剂，EDTA（乙二胺四乙酸）对钙有很好的亲和力，因此常用其进行硬度测定。食品级柠檬酸用来去除低压膜表面的无机污染物，以使其恢复最初的通量。

2.2.7 吸附作用

吸附过程即为离子或分子从某一相浓缩到另一相表面的过程。活性炭可用来吸附水和废水中的污染物，其与低压膜工艺结合使用，可替代混凝预处理工艺，用于减少水中溶解性有机物的含量。粉末活性炭将溶解性有机物吸附在其表面，之后通过低压膜将活性炭与水分离；或在低压膜工艺之后加装颗粒活性炭过滤单元。

具有吸附作用的固体称为吸附剂，被吸附浓缩的物质则是吸附质。一般有 3 种类型的吸附：物理吸附、化学吸附和交换吸附。物理吸附是非特异性吸附，它是由分子间很弱的吸引力——范德华力引起的。被吸附的物质并没有被固定在吸附剂表面的某一部位上，可以在吸附剂表面自由移动。此外，被吸附的物质可以被浓缩并在吸附剂表面形成若干叠层。物理吸附是可逆的，也就是说随着被吸附物质浓度的降低，它将被释放到其最初被吸附时的浓度。

相比之下，化学吸附则是由很强的结合力——化学键引起的。通常来说，被吸附的物质在吸附剂表面形成一个吸附层，吸附层只有一个分子的厚度，被吸附的物质不能从吸附剂表面的一处移到另一处。当吸附剂表面被单分子层覆盖，其吸附力将枯竭。但化学吸附几乎是不可逆的。吸附剂只有加热到很高的温度才能释放出被吸附的物质。

交换吸附的特点是在吸附剂表面与吸附物质存在静电引力，离子交换就属于这一类。离子被表面带相反电荷的部位吸引并浓缩在表面。通常，高价离子（如三价离子）比低价离子如（一价离子）与带相反电荷的部位结合得更牢固。同样，离子尺寸（水化半径）越小，结合越牢固。虽然三种吸附有着很大的差异，但是许多情况仍无法归类于某一种吸附。离子交换——强酸、强碱、弱酸和弱碱——是以获得更好的水质为目的，在微滤或反渗透之后进行的选择性处理单元。例如，如果硅需要被去除到 ng/L 水平，那么离子交换之后需要进行电除盐 EDI（Electrodeionization）处理。

2.2.8 化学符号、化学分子式、化学方程式

每一个元素都有一个化学符号。化学符号由一到两个字母组成。首字母都是大写，如氢是 H，碳是 C，钙是 Ca，钠是 Na（源自其拉丁名字，*natrium*）。元素通过转移电子而结合。氧气，O_2，是由同一元素的两个原子组成的分子。氯化钠，NaCl，则是由两个不同的元素钠和氯组成的分子。化学式描述的是分子的元素组成及元素间的比例。例如水分子——H_2O——是由 2 个氢原子和 1 个氧原子通过共价键结合成的分子。

原子量，原子核内质子加中子的数量，指某原子的质量与一个碳 12 原子（原子量是 12）质量的 1/12 的比值。这一概念对膜工艺来说十分重要，因为道尔顿，一个等于碳 12 原子质量 1/12 的质量单位，常用来表征超滤膜的截留分子量。道尔顿也常用来表征纳滤膜的截留率。

某元素不同原子中的质子数为常数，但是中子数可能有差异。同一元素中有着不同原子量的原子称为同位素。碳有 6 个质子和 6 个中子，它的原子量为 12。碳 14（14C）有 6 个质子和 8 个中子，因此它是碳的同位素。

克原子量是指用克表示的原子质量，克分子量是指用克表示的分子质量。所有化合物的克分子量都包含有相同数量的分子。阿伏加德罗常数是指 12g 纯碳中包含的原子数，为 6.02×10^{23}。一摩尔任意物质包含有 6.02×10^{23} 个该物质的微粒，这里的微粒可以是原子、分子或离子。12g 碳包含有 6.02×10^{23} 个原子，16g 的氧包含有 6.02×10^{23} 个原子，17g 的氢氧根包含有 6.02×10^{23} 个离子。当量是指包含有 1g 有效氢或者其等价物的化合物的质量。物质的质量是基于化学式的质量以及与物质有关的反应的质子数量而来的。当量计算遵循下式：

$$当量 = \frac{MW}{Z}$$

在上述关系式中，*MW* 代表化合物的分子质量，*Z* 是正整数，它的数值取决于化学环境：化合物的化合价绝对值。化合价的绝对值等于阳离子的化合价乘以其脚标，如 NaCl＝$1 \times 1 = 1$；$CaSO_4 = 2 \times 1 = 2$；$Fe_2(SO_4)_3 = 3 \times 2 = 6$。

2.3 柱状图

水分析的结果常以毫克每升计，并以表格的形式展现出来。为了更形象的表示化学组成，这些数据可以用毫当量每升或毫克 $CaCO_3$ 每升图示。

阴阳离子的结合存在着选择顺序。对于阳离子来说，其排序为：

铁

铝

镁

钠

钾

氢

对于阴离子来说，其排序为：

氢氧根

碳酸氢根

碳酸根

硫酸根

氯离子

氟离子

硝酸根

画柱状图时，分别将表示阴阳离子总量的两个柱画于图上。按照上述顺序，阳离子画在柱子的顶端，阴离子画在柱子的底端。

大部分水中都溶解有二氧化碳，但是溶解的二氧化碳却并没有被检测出来。获知二氧化碳浓度的最快速且精确的方法是利用总溶解性固体和 pH，并结合《水和废水检测标准方法》中的图表计算二氧化碳浓度。

平衡状态中的毫当量每升水中的正价总和肯定等于负价总和。假设可以从柱状图上获得正负离子的组成，那么这种组成将提升化学分析的精确性。很多时候，中空纤维微滤膜应用在石灰—苏打软化之后。柱状图有助于计算石灰—苏打软化中添加的化学物质。

膜运行过程中一个重要的问题就是如何在低压膜系统中进行化学清洗，在选定工艺之前，工程师应该知道反清洗中的化合物组成。首先就是要准备一张柱状图用以说明如何创建柱状图。因为酚酞碱度和甲基橙碱度都已给定，因此我们可以明确 pH＞8.3。

【例 2-1】 柱状图案例。化学强化反洗废水。结合下列分析，确定化合物的组成并画出柱状图。

分析：

酚酞（P）碱度＝25mg/L $CaCO_3$

甲基橙（MO）碱度＝265mg/L $CaCO_3$

Ca^{2+}＝72mg/L Ca^{2+}

Mg^{2+}＝50.4mg/L Mg^{2+}

Na^+＝1219mg/L Na^+

$SO_4^{2-} = 163.2mg/L\ SO_4^{2-}$

$Cl^- = 1781mg/L\ Cl^-$

因为 P<1/2MO，所以 $CO_3^{2-} = 2P = (2)(25) = 50mg/L$，以 $CaCO_3$ 计。

$HCO_3^- = T - 2P = 260 - (2)(25) = 260 - 50 = 210mg/L$，以 $CaCO_3$ 计。

用 $CaCO_3$ 表示化学组成

$Ca^{2+} = 72 \times 50/20 = 180mg/L\ CaCO_3$

$Mg^{2+} = 24 \times 50/12 = 210mg/L\ CaCO_3$

$Na^+ = 1219 \times 50/23 = 2650mg/L\ CaCO_3$

$SO_4^{2-} = 163.2 \times 50/48 = 170mg/L\ CaCO_3$

$Cl^- = 1825 \times 50/35.5 = 2570mg/L\ CaCO_3$

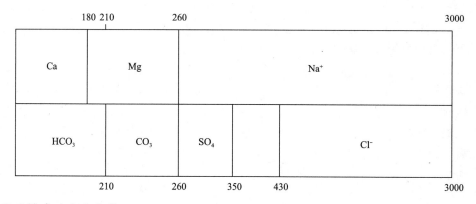

利用排序确定化合物：

铁	氢氧根
铝	碳酸氢根
钙	碳酸根
镁	硫酸根
钠	氯离子
钾	氟离子
氢	硝酸根

$Ca(HCO_3)_2 = 180mg/L\ CaCO_3$

$Mg(HCO_3)_2 = 30mg/L\ CaCO_3$

$MgCO_3 = 50mg/L\ CaCO_3$

$MgSO_4 = 90mg/L\ CaCO_3$

$Na_2SO_4 = 80mg/L\ CaCO_3$

$NaCl = 2570mg/L\ CaCO_3$

因为存在两种碱度，pH>8.4。

$Ca(HCO_3)_2 - 200mg/L$，以 $CaCO_3$ 计　　$KCl - 10mg/L$，以 $CaCO_3$ 计

$Mg(HCO_3) - 35mg/L$，以 $CaCO_3$ 计

$MgCO_3 - 65mg/L$，以 $CaCO_3$ 计　　因为存在两种碱度，pH>8.4

$Na_2CO_3 - 65mg/L$，以 $CaCO_3$ 计

K_2CO_3-10mg/L，以 $CaCO_3$ 计

K_2SO_4-15mg/L，以 $CaCO_3$ 计

2.4 单位表示

ppb：一种水中离子或物质浓度的表示方法。以下换算适用于相对密度为 1.0 的稀释水：1ppb 等于 $1\mu g/L$。1ppm 等于 1000ppb。

ppm：一种水中离子或物质浓度的表示方法。以下换算适用于相对密度为 1.0 的稀释水：1ppm 等于 1mg/L。1gpg 等于 17.1ppm。1 磅每 1000 加仑等于 120ppm。1％的溶液等于 10000ppm。1ppm 等于 1000ppb。

ppm（以 $CaCO_3$ 计）：表示一定体积水中离子或物质的浓度或者当量的方法。从事离子交换的化学家常用 ppm（以 $CaCO_3$ 计）这种表示离子浓度的方法计算阴阳离子交换树脂上离子浓度。该方法也可以判断水是否处于平衡状态，即判别阳离子总和是否等于阴离子总和。化学家利用等价的概念来表示平衡态时阴阳离了的电中性水平，因为自然界中离子的结合取决于价态和可得失电子情况而非实际重量。指定使用碳酸钙是因为其分子量为100，且当量为 50（因为它是二价的）。将毫克每升转换成 ppm（以 $CaCO_3$ 计），就是用毫克每升乘以离子当量与碳酸钙当量的比值。

例如，水中的钠离子浓度为 100ppm（以 $CaCO_3$ 计），氯离子浓度也是 100ppm（以 $CaCO_3$ 计）时，则溶液处于离子平衡状态。但实际上 100ppm（以 $CaCO_3$ 计）的钠离子的浓度为 47mg/L（因为钠的当量为 23.0），100ppm（以 $CaCO_3$ 计）的氯离子的浓度为 71mg/L（因为氯的当量为 35.5）。则计算出的总溶解固体浓度为 118mg/L。

离子浓度或溶液的化学组成常常用元素或物质的毫克每升表示。水的密度为 g/mL（与温度有关）。虽然 1mg 每百万毫克相当于 1ppm，而且"每百万分之一"的表示方法也是可以的，但这样表示并非首选。

化学剂量也可表示成磅每百万加仑。毫克每升乘以 8.34 就可以得到磅每百万加仑。

$$\frac{mg}{L}\times 8.34＝磅每百分加仑$$

工程上也常用格令（grain）每加仑来表示浓度。一磅为 7000 格令，因此，1 格令每加仑相当于 17.1mg/L。用毫克每升表示的元素浓度往往意味着 1L 水中包含有一定毫克数的物质。例如离子浓度为 2.5mg/L 意味着 1L 水中包含有 2.5mg 离子。通常情况下，硬度大多用毫克每升或毫克每升碳酸钙表示。

毫当量每升（mEq/L）类似于用碳酸钙表示，也就是说用相应溶解性组分的分子量表示。毫当量每升可以通过毫克每升的离子和毫克每升的自由基或化合物计算得到。对于元素来说，毫当量每升＝毫克每升×价态/原子量。对于化合物或自由基来说，毫当量每升＝毫克每升×电荷/分子量＝毫克每升/当量。

硬度指的是钙镁元素的浓度。当以碳酸钙表示时，则是用钙和镁的重量乘以碳酸钙的当量（50）再除以阳离子的当量（钙＝40/2＝20，镁＝24/2＝12）。钙镁的值加在一起，这一总和就是水的硬度。例如，如果用碳酸钙表示时，钙的浓度为 250mg/L，镁的浓度为 50mg/L，那么水的硬度则为 300mg/L。

水的碱度可能包括了碳酸氢盐、碳酸盐和氢氧根类化合物的任意组合，但是它的浓度也可以用毫克每升的碳酸钙表示，并且这种表示方式包括了全部碱度组成物质。

有两类物质有不同的表达。含氮化合物——氮元素（NH_3），硝酸盐（NO_3），以及亚硝酸盐（NO_2），有时用毫克每升的氮元素（N）表示。磷酸盐有时则用毫克每升的磷元素（P）表示。

计算时必须确保转换是正确的。

2.4.1　溶液

膜需定期进行化学清洗。对于溶液这一术语的理解有助于理解溶液强度这一概念，对于计算准备溶液中所需的化学物质的质量也是必要的。

例子 2-2 表示如何计算配制 4% 的 NaOH 溶液所需的 NaOH，并如何用磅每加仑将它表示出来。

【例 2-2】 *计算溶液百分比*

配制 4% 的氢氧化钠溶液需要多少磅每加仑（lb/gal）的 NaOH 呢？

解：已知：

水的密度是 8.34lb/gal。

4% 的氢氧化钠溶液的相对密度是 1.048。

用水的密度乘以 4%NaOH 溶液的相对密度得到 4%NaOH 溶液的密度量：8.34lb/gal×1.048＝8.74lb/gal。

$$8.74lb/gal×0.04=0.35lb/gal$$

因此，4% 的氢氧化钠溶液需要 0.35lb/gal 的 NaOH。

另解：

1/100 的溶液为 10000mg/L，4% 就是 40000mg/L。

40000mg/L×1.048＝41920mg/L。

41920mg/L×3.785L/gal×1lb/453560mg＝0.35lb/gal。

溶液的当量浓度表示其与标准溶液的关系。用 N（缩写）来表示当量。标准溶液中包含有 1 克当量每升的物质。准备 1L 的酸或碱标准溶液时，其组分中应含 1.008g 氢离子或 17g 氢氧根离子，同时需要足够的蒸馏水将溶液配成 1L。

溶液的摩尔浓度表示其与摩尔溶液的关系。摩尔浓度就是每升溶液的溶质摩尔数。例如，每 1L 溶液含有 1 克分子量的溶质，则摩尔浓度为 1。

1mol 溶液就是 1000g 溶液中含有 1 克分子量溶质。

膜工艺中常见的无机化学组分列于表 2-1。这张表提供了物质名称、化学式、原子量或分子量以及膜清洗中常用无机助凝剂的当量，还有以 $CaCO_3$ 表示其浓度时所采用的换算系数的乘数因子。

常用于膜工艺的水和废水处理化学药剂　　　　　表 2-1

物质	化学式	原子量或分子量	当量	以 $CaCO_3$ 表示的换算系数
铝水合物	$Al(PH)_2$	78.0	26.0	1.92
硫酸铝	$Al_2(SO_4)_3 \cdot 18H_2O$	666.4	111.1	0.45

续表

物质	化学式	原子量或分子量	当量	以 $CaCO_3$ 表示的换算系数
硫酸铝	$Al_2(SO_4)_3$（无水）	342.1	57.0	0.88
氨	NH_3	17.0	17.0	2.94
氨（离子）	NH_4	18.0	18.0	2.78
钡	Ba	137.4	68.7	0.73
钙	Ca	40.1	20.0	2.50
碳酸钙	$CaCO_3$	100.08	50.1	1.00
氢氧化钙	$Ca(OH)_2$	74.1	37.1	1.35
次氯酸钙	$Ca(ClO)_2$	143.1	35.8	0.70
硫酸钙	$CaSO_4$（无水）	136.1	68.1	0.74
硫酸钙	$CaSO_4 \cdot 2H_2O$	172.2	86.1	0.58
氯	Cl	35.5	35.5	1.41
硫酸铜	$CuSO_4$	160.0	80.0	0.63
硫酸铜	$CuSO_4 \cdot 5H_2O$	250.0	125.0	0.40
铁（亚铁）	Fe^{+2}	55.8	27.9	1.79
铁（三价铁）	Fe^{+3}	55.8	18.6	2.69
氢氧化铁	$Fe(OH)_2$	89.9	44.9	1.11
硫酸亚铁	$FeSO_4$（无水）	151.9	76.0	0.66
硫酸亚铁	$FeSO_4 \cdot 7H_2O$	278.0	139.0	0.36
硫酸亚铁	$FeSO_4$（无水）	151.9	151.9	氧化
氯化铁	$FeCl_3$	162.0	54.1	0.93
氯化亚铁	$FeCl_2 \cdot 6H_2O$	270.0	90.1	0.56
硫酸铁	$Fe_2(SO_4)_3$	399.9	66.7	0.75
镁	Mg	24.3	12.2	4.10
硫酸镁	$MgSO_4$	120.4	60.2	0.83
锰离子（二价）	Mn^{+2}	54.9	27.5	1.83
锰离子（三价）	Mn^{+3}	54.9	18.3	2.73
二氯化锰	$MnCl_2$	125.8	62.9	0.80
二氧化锰	MnO_2	86.9	21.7	2.30
氢氧化锰	$Mn(OH)_2$	89.0	44.4	1.13
氮（三价）	N^{+3}	14.0	4.67	10.7
氮（五价）	N^{+5}	14.0	2.80	17.9
氧	O	16.0	8.00	6.25
磷（三价）	P^{+3}	31.0	10.3	4.85
磷（五价）	P^{+5}	31.0	6.20	8.06
钠	Na	23.0	28.0	2.18
碳酸氢钠	$NaHCO_3$	84.0	84.0	0.60
硫酸氢钠	$NaHSO_4$	120.0	120.0	0.42
亚硫酸氢钠	$NaHSO_3$	104.0	104.0	0.48
碳酸钠	$Na_2CO_3 \cdot 10H_2O$	286.0	143.0	0.35
氯化钠	$NaCl$	58.58	58.5	0.85

续表

物质	化学式	原子量或分子量	当量	以 $CaCO_3$ 表示的换算系数
磷酸三钠	$Na_3PO_4 \cdot 12H_2O(18.7\%P_2O_5)$	380.2	126.7	0.40
磷酸三钠（无水）	$Na_3PO_4(43.2\%P_2O_5)$	164.0	54.7	0.91
磷酸二钠	$Na_2HPO_4 \cdot 12H_2O(19.8\%P_2O_5)$	358.2	119.4	0.42
磷酸二钠（无水）	$Na_2HPO_4(50\%P_2O_5)$	142.0	47.3	1.06
单磷酸	$NaH_2PO_4 \cdot H_2O(51.4\%P_2O_5)$	138.1	46.0	1.09
单磷酸（无水）	$NaH_2PO_4(59.1\%P_2O_5)$	120.0	40.0	1.25
硫酸钠（无水）	Na_2SO_4	142.1	71.0	0.70
硫酸钠	$Na_2SO_4 \cdot 10H_2O$	322.1	161.1	0.31
硫代硫酸钠	$Na_2S_2O_3$	158.1	158.1	0.63
亚硫酸钠	Na_2SO_3	126.1	63.0	0.79
水	H_2O	18.0	9.00	5.56
碳酸氢	HCO_3	61.0	61.0	0.82
碳酸	CO_3	60.0	30.0	0.83
二氧化碳	CO_2	44.0	44.0	1.14

2.4.2　术语

一些基本法则有助于熟悉膜清洗所用的化学物质。二元化合物以 *-ide* 结尾。如（氢氧化钠英文为 "sodium hydroxide"，氯化钠英文为 "sodium chloride"）。含氧酸的表示则较为多变。后缀为 *-ic* 表示处于最高氧化态，在膜清洗所用的无机酸中最常见：盐酸的英文为 "hydrochloric acid"，硫酸的英文为 "sulfuric acid"。有时也用草酸和磷酸进行膜清洗。

后缀为 *-ous* 表示处于较低氧化态，如亚硫酸和亚磷酸（"sulfurous acid" 和 "phosphorous acid"）。以 *hypo-* 做前缀则表示最低氧化态，如次氯酸（"hypochlorous acid"），也有以 *hypo-* 为前缀，*-ite* 为后缀表示，如次氯酸根（"hypochlorite"）。读者可以结合基础化学方面的书籍来整理其他命名的问题。

2.4.3　气体定律

空气单独或与水联用定期地清除膜表面的污染物时，可采用空气擦洗或气水联合擦洗。这一过程有时称为通量维持。要理解系统的设计与运行就要对气体定律有基本的了解。

波尔定律：恒温条件下，气体体积与压力成反比，见式（2-1）。

$$P_1V_1 = P_2V_2 \tag{2-1}$$

查理定律：恒压条件下，气体体积与绝对温度成正比，见式（2-2）。

$$V_1/T_1 = V_2/T_2 \tag{2-2}$$

理想气体方程见式（2-3）。

$$PV = nRT \tag{2-3}$$

n 为气体的摩尔数，R 为理想气体常数（0.082atm/mol），T 为开尔文绝对温度，P 为压力，V 为体积。

道尔顿分压定律：气体混合物的总压等于其各组分的分压之和。若空间中仅有一种气体，则该气体组分的压力即为总压。

亨利定律（在膜工艺中涉及气液两相应用最多的一个定律）：一定温度下，溶液中微溶气体的量与气体分压成正比（CRC 化学和物理手册，1976 版），见式（2-4）。

$$C_{equil} = HP_{gas} \qquad (2-4)$$

C_{equil} 是溶解性气体的平衡浓度，P_{gas} 为溶液表面气体的分压，H 为一定温度下的亨利常数。

2.4.4 稀释

溶液经稀释后体积增加，而溶质的量不变，见式（2-5）。

$$V_1(Conc)_1 = V_2(Conc)_2 \qquad (2-5)$$

2.5 采样

用于污水样品收集的采样方法有两种：定时采样和混合采样。

定时采样仅代表某一时点的水质。混合采样则是在一个特定时段内定期取样，如在 24h 内每小时取样 1 次，最后将全部水样混合后检测水质。

例如，如果我们要检测微滤工艺反洗水的水质，则需要在一定时间间隔内进行随机采样以表征不同时间点的水质，并将混合样品作为反洗水的指标物，以确定反洗是否得当。

生活污水的水质随时间变化不大，多数应用中，定时采样就足够了。

2.6 用于污水回用工艺的化学物质

污水处理过程需要直接投加药剂，膜清洗也需使用药剂。化学药剂一般用于凝聚和絮凝、腐蚀控制、化学软化的预处理、膜单元的预处理、化学沉淀、扩散膜的阻垢、调节 pH、清毒和氧化、藻类和水草控制。

2.6.1 絮凝剂

2.6.1.1 选择

絮凝剂大致可分为 4 类：

简单的金属盐类——硫酸铝、硫酸铁和氯化铁。它们以干燥结晶固体或浓缩溶液的形式出售。

预水解金属盐类——此类絮凝剂在制造过程中添加了碱，以减少因金属盐类水解而带来的碱度损耗。聚合氯化铝（PACL）是最常用的预水解金属盐。预水解铁盐在商品中极为少见。生产过程中添加的碱量称为盐基度（basicity），即氢氧化物与金属盐类摩尔比的百分数。市售的预水解金属盐类的盐基度为 10%～83%。当盐基度超过 75% 时，溶液中的金属氢氧化物很容易在运输和储备中析出（Letter Man，Amirtharaja，and O′Melia，1999）。

酸强化金属盐——强无机酸（如硫酸和盐酸）可强化液态絮凝剂的效果。与简单金属盐相比，将酸强化金属盐添加到水中时，碱度被大量消耗，pH 大幅下降。

复合金属盐——与添加剂（如磷酸、硅酸钠、钙盐）和阳离子聚合物（如环氧氯丙烷、二甲基二烯丙基氯化铵）预先混合的金属盐絮凝剂。

常用的絮凝剂和预水解絮凝剂的基本信息列于表 2-2 和 2-3。

商业絮凝剂的参数 表 2-2

絮凝剂	化学式	WM (g/mol)	形态	浓度 （%，质量的百分比）	密度 (g/mL)	金属含量 （质量的百分比）	碱度消耗[a] （mg 碱度/ mg 絮凝剂）
明矾	$Al_2(SO_4) \cdot 14H_2O$	594	液	50	1.34	4.5	0.25
明矾	$Al_2(SO_4) \cdot 14H_2O$	594	固	100	—	9.1	0.51
氯化铁	$FeCl_3$	162.3	液	40	1.43	13.8	0.37
氯化铁	$FeCl_3$	162.3	固	100	—	34.4	0.92
硫酸铁	$Fe_2(SO_4)_3 \cdot 9H_2O$	561.6	固	100	—	19.9	0.53
硫酸亚铁	$FeSO_4$	227.8	固	100	—	20.1	0.36

a 仅适用于无强酸、无添加剂的絮凝剂。

商业预水解絮凝剂的参数 表 2-3

絮凝剂	化学式	WM (g/mol)	形态	浓度 （质量的百分比）	密度 (g/mL)	金属含量 （%，质量的百分比）	碱度消耗[a] （mg 碱度/ mg 絮凝剂）
ProPaC 9700	未知	—	液	100	1.34	12.2	—
PAX 18	未知	—	液	100	—	9.0	—
PAX XL19	未知	—	液	100	1.43	5.5	—
Hyperion 1090	未知	—	液	100		12.2	—
Samulchlor 50	未知	—	液	100		12.2	—

a 仅适用于无强酸、无添加剂的絮凝剂。

在微滤和超滤工艺中采用两个不同但又相关的标准来选择絮凝剂：

（1）选择的絮凝剂是否能有效地去除 TOC；

（2）选择的絮凝剂是否能够减少膜污染。

从去除二级出水中 TOC 的角度来看，哪种絮凝剂性能最佳并无定论。有的研究表明，铁盐絮凝剂比铝盐絮凝剂表现更好（Grozes，White，and Marshall，1995）。聚合氯化铝也许能更有效地去除一定水质条件下的天然有机物（Dempsey，Ganho，and O'Melia，1984）。许多研究表明，相同金属投量下，不同絮凝剂并没有本质上的不同。显而易见的是，天然有机物的类型和其他水质指标极大地影响了絮凝效率。天然有机物中分子量大、疏水性强以及酸性的组分更容易在混凝过程中被去除（Randtke，1988；Owen *et al.*，1995；Dennett *et al.*，1996；White *et al.*，1997；Howe and Clark，1999）。研究表明，天然有机物的去除率为 10%～90%，通常为 30%～50%。美国国家环境保护局第二阶段消毒/杀菌条例（D/DBP 条例）要求，根据原水 TOC 和碱度的不同（见表 2-4），强化混凝对天然有机物的去除率应达到 15%～50%。

不同碱度和 TOC 条件下，强化混凝对 TOC 的去除率 表 2-4

TOC (mg/L)	碱度（mg/L，以 $CaCO_3$ 计）		
	＜60	60～120	＞120
4	35%	25%	15%
4～8	45%	35%	25%
＞8	50%	40%	30%

强化混凝条例是控制消毒副产物与满足实际条件下天然有机物的去除效率之间的平衡产物。条例指出，当比紫外吸光度（SUVA，UV_{254}/DOC）小于 2 时，或者每增加 10 mg/L 明矾使 DOC 减少量小于 0.3mg/L 时，天然有机物不宜通过混凝去除。

强化混凝的一个常见误区是，认为遵守强化混凝条例就意味着符合 D/DBP 条例。但对于绝大多数地表水源来说，这并不是绝对的，因为经过强化混凝处理后的水仍然包含有天然有机物，后续的氯消毒过程中还会产生消毒副产物。对于使用的水源需要遵守 D/DBP 条例的水务公司而言，有必要采取改变消毒方法之类的措施。

从降低膜污染的角度来讲，天然有机物的去除率越高意味着膜污染越低。与天然有机物去除机理相比，膜污染的机理更复杂。研究表明，源水的碱度往往对絮凝剂的选择具有很大影响。实际经验以及对膜性能指标的测试表明，对于低碱度水（碱度＜60mg/L $CaCO_3$）来说，采用预水解絮凝剂（如 PACL）造成的膜污染程度是最低的。一个可能的解释是，对于低碱度水来说，氢氧化铁的生成受热力学或者动力学的限制，因此，不能形成氢氧化物的金属离子转而形成金属—天然有机物复合物聚集在膜表面并导致膜污堵。在采用聚合氯化铁处理低碱度水的水厂中，这种金属—天然有机物复合物已经被证实是膜污染的成因。

2.6.1.2 絮凝剂的量

在不同的絮凝剂投量下，TOC 的减小量和固体负荷都可能影响膜污染情况。虽然导致膜污染的天然有机物仅为 TOC 总量的 10%～15%，但去除 TOC 似乎对于控制膜污染更加重要（Howe and Clark，2002）。一般来说，为了实现强化混凝投加的絮凝剂量要高于实现最佳浊度去除所需投加的剂量。研究表明，每 10mg/L 明矾可去除天然有机物的量，以 TOC 计约为 0.1～0.5mg/L。根据强化混凝和强化沉淀指导手册（The Enhanced Coagulation and Enhanced precipitation Guidance Manual），絮凝剂投加量的标准为每 10mg/L 明矾至少使 TOC 减少 0.3mg/L（USEPA，1999）。换句话说，如果 TOC 减少量小于 0.3mg/L 每 10mg/L 明矾，那么继续增加絮凝剂投量就是不划算的。

膜污染和絮凝剂投量之间的关系复杂。V 形曲线表明，在絮凝剂投量很低的时候，膜污染要比未投加絮凝剂的时候严重得多，随着投量增加，膜污染有所缓解，如图 2-1 所示。

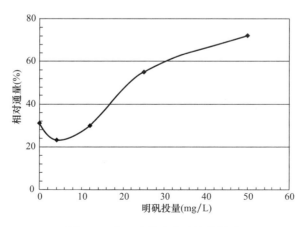

图 2-1 明矾对微滤膜通量的影响

膜污染和絮凝剂投量之间的关系也可以通过中试研究证实。不投加明矾时，跨膜压差的增量为 12～13psid/d。明矾投量为 9～12mg/L 时，跨膜压差的增量降为 8～9psid/d；当明矾的投量为 4.5～6mg/L 时，跨膜压差增量为 16～25 psid/d。图 2-2 为不同条件下，跨膜压差随时间变化曲线。

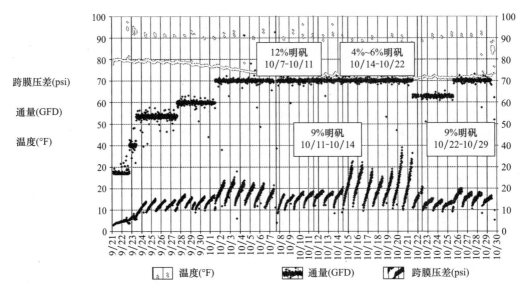

跨膜压差(psi)

通量(GFD)

温度(°F)

12%明矾
10/7-10/11

4%～6%明矾
10/14-10/22

9%明矾
10/11-10/14

9%明矾
10/22-10/29

温度(°F)　　　通量(GFD)　　　跨膜压差(psi)

图 2-2　投加明矾时，跨膜压差与膜通量变化曲线

膜污染情况随絮凝剂投量变化的原因尚不得而知。也许，不同絮凝剂投加量导致不同的水质化学条件可能会影响膜污染情况。不投加絮凝剂时，天然水体中的天然有机物通常带有负电荷并且稳定存在；在低投量下，天然有机物因为电荷中和作用而失稳并且吸附在膜表面；随投量的增加，天然有机物被金属氢氧化物絮体吸附，膜污染得到缓解。当投量远超强化混凝所需的剂量时，似乎可以认为，絮凝剂的消耗使 pH 降低，这就导致金属氢氧化物溶解，天然有机物重新稳定。这将加剧膜污染，并使得 V 形曲线成为 S 形曲线。电镜显示，混凝导致聚集在膜表面的物质发生了显著变化。不投加絮凝剂时，粒径为 10～30nm 的小颗粒覆盖在膜表面；投加助凝剂时，大颗粒（80～130nm）团聚在膜表面一部分区域，其余部分较为干净。随着投量的增加，膜表面物质的量总体变少（Howe and Clark，2002）。

2.6.1.3　直接混凝与沉淀

絮凝剂主要通过减少天然有机物和原水中小颗粒无机胶体来缓解膜污染。与此同时，絮凝剂由于金属水解产生了大量絮体颗粒。随着絮凝剂投量的增加，絮体颗粒数量也增加。因此，核心问题就在于找准固体物质增加和天然有机物减少之间的平衡点。

大多数情况下，废水在进入膜系统之前都要经过混凝处理。通常也会在膜工艺之前使用絮凝剂以减少有机物和去除色度。絮凝剂可以用来沉淀磷。膜工艺之前还会采用氧化剂来氧化和改变污染物的状态。

简单来说，胶体颗粒往往是带负电的，而水处理中使用的絮凝剂是带正电的。正电荷与负电荷中和并促进了混凝过程。某些絮凝剂包含有较多的正电荷。三价离子絮凝剂（如铝和铁）与二价离子絮凝剂（如钙）效果相比，前者的絮凝效果为后者的 50～60 倍，三价离子絮凝剂比单价离子絮凝剂（如钠）絮凝效果高 700～1000 倍。

常规工艺中使用的絮凝剂并不一定最适用于膜。烧杯搅拌实验与小型膜设备联用是进行絮凝剂选择，确定剂量、pH、停留时间和预期去除率最快、最经济的方法。

2.6.1.4 明矾

在常规自来水厂和污水处理厂中，明矾是最常用的絮凝剂，混凝过程要消耗碱度。如果水体中的碱度不足，则需要增加碱度。明矾以及最常见的无机絮凝剂作用机理如下所示：

（1）添加到原水中的明矾（无机絮凝剂）与水中原有的碱性物质反应生成类似胶体的氢氧化铝絮体。

（2）带正电的三价铝离子与带负电的色度或浊度颗粒发生中和反应，这会在化学物质添加到水中之后的 $1\sim 2s$ 内发生，因此充分混合是保证混凝效果的前提。

（3）颗粒在几秒钟内相互靠近形成更大的颗粒。

（4）微絮体首先聚集形成大的絮体，微絮体仍带有絮凝剂所带的正电，正电颗粒不断地中和负电颗粒，直到颗粒都为电中性。

（5）最终，絮体颗粒开始互相碰撞并结合（团聚），形成更大的且能够沉淀的大颗粒。微絮体的尺寸已经大到足以被低压膜所去除。

与传统处理工艺相比，膜工艺需要投加的化学物质较少。许多物理和化学因素都会影响混凝过程，如混合条件、pH、碱度、浊度和水温。明矾适用的 pH 范围为 5.8～8.5，如果超出这个范围，絮体形成得并不彻底，并且可能再次溶于水。

2.6.1.5 铁盐

与明矾相比，铁盐（如氯化铁和硫酸亚铁）能在更宽的 pH 范围内发挥作用。但是，它们都有腐蚀性，需要专业机构对其储存和处置。明矾和硫酸亚铁都会受到水中碱度的影响，如果碱度不够大，那么就不会有效地形成絮体。如果因碱度不足或者是 pH 超出适用范围而使絮体无法彻底形成，那么就需要在处理过程中调整碱度或 pH，在分散体系中重新形成絮体。当然，这也将使系统管路中形成沉淀。

2.6.1.6 其他絮凝剂

根据作者的经验，氯化铝和聚合氯化铝是最适合低压膜的絮凝剂，它们可以在低碱度条件下充分发挥作用，主要是用来减少天然有机物。第 6 章讨论了膜—生物过程。低压膜除被用于膜生物反应器之外，还可以在污水二级或三级处理之后使用，此时投加絮凝剂可以增加膜通量并减少进入纳滤和反渗透系统的有机物。

2.6.2 助凝剂

助凝剂是在常规处理的混凝过程中添加的，为了促进混凝，形成较大的絮凝体，减小温度下降的影响，减少所需的絮凝剂投量和污泥产量的一种物质。在膜工艺中，助凝剂化学非常重要，因为它对低压膜和扩散膜都会产生影响。

有三类常用的助凝剂：活性硅、加重剂和聚合电解质。大多数助凝剂和明矾一起使用，当然也有单独使用的。因为低压膜和扩散膜都会使用澄清器，澄清器会使用一到两种助凝剂，因此助凝剂非常重要。但是使用助凝剂也会给膜工艺带来一些问题，比如任意浓度的阳离子聚合物都会对低压膜产生影响。

2.6.2.1 活性硅

活性硅——硅酸钠（Na_2SiO_3），被强酸（如：次氯酸）活化后，尤其是在低温下，可用来增强絮体的形成或者促进色度的去除。因为只需要针尖大小的絮体，所以低压膜工艺中活性硅并不常用。目前也没有研究证实其对色度的去除效率如何。

在常规工艺或膜工艺中，使用活性硅一个最大的缺陷就是过量的硅将导致凝胶层的形成，从而堵塞膜孔。

膜法深度处理废水工艺中投加的钠和硅将对膜产生不良影响。对于高压锅炉来说，硅必须减到 ppb 级。当硅的浓度＞120mg/L 时，它将沉淀在反渗透膜上；硅的溶解度为 120mg/L（25℃）。相关问题将在第 5 章进一步讨论。

2.6.2.2　加重剂

《水处理》第三版中对加重剂进行了论述，一些用于常规工艺处理，投量在 10～50mg/L，通过增加颗粒碰撞的可能性来促进絮体形成的自然材料（如膨润土、石灰岩和二氧化硅）都为加重剂。在某些情况下，砂也可被视为加重剂。

2.6.2.3　聚合电解质

聚合电解质或聚合物等有机分子溶于水中时会产生高度带电离子。它们可以分为：

（1）阳离子聚合电解质

（2）阴离子聚合电解质

（3）非离子聚合电解质

聚合电解质对于膜工艺的影响将在第 7 章进行讨论。

1. 阳离子聚合电解质

阳离子聚合电解质溶于水中时将产生带正电离子。阳离子聚合电解质可以单独使用，也可以与无机絮凝剂（硫酸铁、氯化铁）联用，用于去除地表水中的胶体（带负电）。通常采用烧杯搅拌实验来确定浓度、停留时间以及一定水质条件下阳离子聚合电解质和絮凝剂的最佳组合方式。

并不推荐在膜工艺中使用阳离子聚合电解质。

2. 阴离子聚合电解质

阴离子聚合电解质带有负电荷，与铁、铝絮凝剂联用。阴离子聚合电解质用于处理带正电的颗粒。阴离子聚合电解质并不特别地受 pH、碱度、硬度和浊度的影响（Wachinski，2003）。

3. 非离子型聚合电解质

非离子型聚合电解质呈电中性，既释放阳离子又释放阴离子。它们的投加量大于其他电解质，但是价格并不很高（Wachinski，2003）。阳离子和阴离子聚合电解质的正常剂量范围在 0.1～1.0mg/L，而非离子聚合电解质的范围为 1～10mg/L。与其他助凝剂相比，聚合电解质的投量非常小。

2.6.3　用于提高碱度的化学物质

石灰（$CaCO_3$）——无论生石灰还是熟石灰——碳酸钠、苛性钠、碳酸氢钠都是用来提高水中碱度的物质。石灰较便宜，但其他几种易于投加和操作。

2.7　污水回用标准

目前的污水回用标准见附件。如下总结来源于《水处理》（第三版）。

1. 美国国家卫生基金会的标准和认证

当污水回用标准比水质标准还严格时，污水回用将满足更高的标准，这在铜和汞的排放标准上可见一斑。基于此，美国国家卫生基金会和美国自来水厂协会（AWWA）的标准中已经规定了大致的处理措施。

NSF/ANSI 标准 60（NSF 60）已经规定了饮用水处理中膜工艺所需化学物质的品级。NSF 60 规定了微量污染物的数量——USEPA 的主要饮用水标准——这些标准将在之后的内容中呈现——所有允许用于饮用水处理的化学物质。对于回用水处理来说，最终的回用水应用将控制化学物质的等级。在许多情况下，污水排放标准可能比饮用水标准还要严格。

很多年以来，水厂执行 AWWA 的标准，并且产水要得到 USEPA 的批准，以确保饮用水中没有未知的有害化学物质。但实际上并没有第三方对产品进行检验，只能相信产水单位的说法。

最近的毒理学研究表明，对于那些曾经被认为是安全的化学物质，即使是最短的持续暴露都可能对健康产生潜在的负面影响。

早在 20 世纪 80 年代就可以明显地感到，亟需制定更加严格的标准，并且要有相应的保证措施。1985 年，鉴于测试和处理化学品方法和组件的复杂性，美国国家环境保护局鼓励非政府机构标准和认证程序的发展。由 NSF 牵头的团体被授权编制标准，其他的合作机构包括国家饮用水监督协会，美国自来水厂协会，美国自来水厂协会研究基金会，国家健康和环境管理联盟。

这些机构同许多来自供水和制造企业的志愿者一道制定了两项标准。这些标准已经被美国国家标准学会（ANSI）采用，因此除了 NSF，它们还享有 ANSI 的认证。

NSF/ANSI 标准 60 基本涵盖了饮用水的化学处理的所有方面。该标准对每种化学物质都建立了测试程序，并且规定了投加到饮用水中的安全限值，还对可能作为杂质出现在化学物质中的有害物质设定了限值。NSF/ANSI 标准 61 涵盖了与水接触的各种材料，如涂料和建筑材料，以及处理和布水过程所用的材料。该标准对每种产品都建立了测试程序，以确保它们不会过多地促进微生物生长，向水中析出有害物质，或者可能有损公共健康的其他不良作用。

读者可以登录 www.nsf.org 获取更详细的标准信息。

2. NSF 标准术语

目前，美国国家标准学会（ANSI）已经认可 NSF 制定的美国国家标准。以前被称作 ANSI/NSF 的标准，现在称为 NSF/ANSI 标准。

3. NSF 认证

NSF 的认证项目包括两个基本单元。一个是对产品的评估标准，包括测试程序以及通过和落选的标准。所有的饮用水的单元标准都是 NSF/ANSI 标准。

另一单元是 NSF 对饮用水处理系统和组件的认证政策。它详细说明了产品达到 NSF 认证标准所需的程序和标准。

生产化学物质和其他投加到水中或者与水接触的产品的厂商，必须提交产品样品到 NSF 或者其他符合条件的实验室进行基于标准 60 和 61 的测试。如果产品合格，则其随后就会被登记注册。实验室对于定期测试和厂商生产过程的检查也有规定。

在给水厂的应用中 NSF 认证产品列表分为三类。

水处理设施设计过程中，工程师必须对标准中所列的管道、漆料、垫片、封堵材料和其他构筑物中使用的材料，以及处理过程中用到的化学物质进行详细说明。这就以一种非常简单的方式保证水处理设施建造过程中使用的都是合格的材料。在自由竞争的情况下，它提供给承包商关于材料可以合格使用的详尽理由。

各州及地方政府有权出台更严格的要求以及允许基于其他标准下使用产品，但是大多数州还是基本认同 NSF 的标准。政府一旦接受新建水处理系统或改造旧处理系统的计划或规划，他们就会要求建设中所用的添加剂、助剂和组件必须经过测试合格并登记注册。

水系统的运营商如果坚持只将登记注册的产品添加于或接触到饮用水，那么他们将很好地保护自己免受客户责难，甚至可能免受诉讼之苦。不管是为维护厂房购买漆料还是针对化学药剂而进行招标，厂商或代理商将被要求提供这些产品经过测试并登记注册的证据。

国家饮用水项目办公室有标准 60 和 61 已经核准的产品现行清单副本。NSF 网站也有现行清单复印件。

AWWA 标准：

读者可以登录 AWWA 网站（www.awwa.org）。如下是对 AWWA 标准的一个总结，摘自《水处理》（第三版），498～499 页。

自 1908 年开始，AWWA 就一直在制定和改进一系列用于饮用水生产和输送过程的自愿性标准。这些标准规定了对于饮用水系统和一些产品（如管道、阀门、仪表、滤料以及水处理药剂）的最低限值。这些标准同时对容器消毒和管道设计进行了规定。截至 2002 年，AWWA 大约制定了 120 个标准。标准一览表可以从 AWWA 获取。

依据自愿原则，AWWA 鼓励任何团体使用其标准。AWWA 无权强制任何自来水公司，厂商和个人使用其标准，但是很多供水社区的居民愿意使用其标准，许多厂商也根据 AWWA 标准的规定进行生产，水厂和咨询工程师常常在为其项目制定参数和购买产品时引用 AWWA 的标准，管理机构将 AWWA 标准作为其公共用水供应规定的一部分。AW-WA 标准的使用建立了某种强制性关系，如买卖双方之间，但是这种强制关系与 AWWA 本身无关。

AWWA 意识到标准使用者将受制于一种强制关系，因此 AWWA 希望避免因标准为相关方带来的不良影响。标准中避免出现随意对产品功能或结构进行一般性描述的专利产品。AWWA 标准并没有试图规定产品质量的最高标准，反而是对最低水平或表现进行了规定，其目的是为了可以提供长久且有益的服务。

在标准维护或规范化的同时，AWWA 并没有认证、测试、批准和验证任何产品。从来没有产品在 AWWA 得到认证。AWWA 鼓励他人使用其标准，但是使用标准是商家和消费者之间的行为，AWWA 并不牵涉其中。

来自供水社区的成员基于自愿原则组成成分均衡的委员会制定 AWWA 标准，委员会成员包括产品的使用者和生产者以及那些感兴趣的人士。来自水务公司、厂商、咨询公司、管理机构、高校等单位的各界人士一起为标准制定出谋划策。这一团体的意见可以服务于标准，进而是产品，最终更好地为供水社区服务。

2.8 污水回用的水源水

作为可用于污水回用的水源水包括各种处理过的污水。

（1）二级出水：一级出水—格栅—初沉和二级生化处理（常用活性污泥法），见图 2-3。

（2）三级出水：二级出水经砂滤、混合介质过滤、颗粒介质过滤或滤布滤池。见图 2-4。

（3）四级出水：二级或三级出水进一步经过低压膜过滤（微滤或超滤），或经低压膜和扩散膜（纳滤和反渗透）联合过滤。见图 2-5。

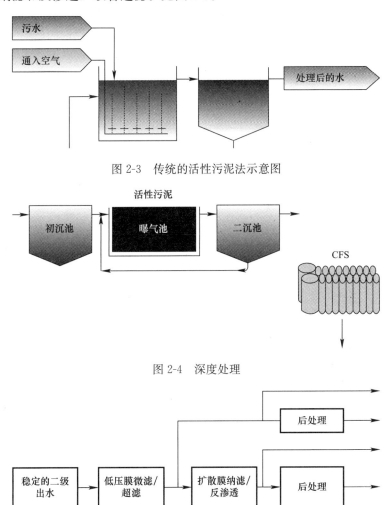

图 2-3 传统的活性污泥法示意图

图 2-4 深度处理

图 2-5 有/无后处理的四级处理

2.9 污水处理前后的重要特征

市政污水处理厂排放的污水中含有各类生物质和有机、无机组分。根据浓度和暴露时间的不同，这些成分对于人体和生态系统的危害程度也是不同的。有些成分在低浓度下是重要的营养物（如微量元素），但是高浓度时则变得有害。这一部分简要描述了污水回用过程中所应关注的关键成分。

　　除了去除排入河道中的二级出水的营养物质以外，膜工艺很少用于处理二级出水。对于地表水（用于饮用水）的处理是饮用水处理的主题。回用水可在多种场合应用，许多应用都使人远离可能影响健康的微生物成分，如灌溉和工业应用，当然，对于工业应用来说，偶发事件是不可避免的。同样的浓度条件下，一些成分可能对水生生物有负面影响，而对人类健康无碍。

　　对于膜工艺设计而言，水是需要考虑的首要因素。劣质水可能需要前处理以保持膜通量，否则需增加膜面积和组件数量，从而增加了成本和规模。

　　污水生物处理工艺中涉及的污染物见表 2-5 和表 2-6。表 2-5 列出了未处理的市政污水的特征。表 2-6（a）～2-6（f）总结了《安全饮用水法案》中所规定的污染物。

污水原水的典型水质

表 2-5

污染物	单位[a]	浓度[b]		
		低浓度	中浓度	高浓度
总固体颗粒物	mg/L	390	720	1230
溶解性总固体	mg/L	270	500	860
稳定的	mg/L	160	300	520
易挥发的	mg/L	110	300	340
总悬浮固体	mg/L	120	210	400
稳定的	mg/L	25	50	85
易挥发的	mg/L	95	160	315
五日生化需氧量，20℃（BOD_5，20℃）	mg/L	110	190	350
总有机碳	mg/L	80	140	260
化学需氧量	mg/L	250	430	800
总氮	mg/L	20	40	70
有机氮	mg/L	8	15	25
氨氮	mg/L	12	25	45
亚硝酸盐氮	mg/L	0	0	0
硝酸盐氮	mg/L	0	0	0
总磷	mg/L	4	7	12
有机磷	mg/L	1	2	4
无机磷	mg/L	3	5	10
氯化物[c]	mg/L	30	50	90
硫酸盐[c]	mg/L	20	30	50
油脂	mg/L	50	90	100
挥发性有机物	mg/L	<100	100～400	>400
总大肠菌磷	个/100mL	10^6～10^8	10^7～10^9	10^7～10^{10}
粪大肠菌群	个/100mL	10^3～10^5	10^4～10^6	10^5～10^8
隐孢子虫	个/100mL	10^{-1}～10^0	10^{-1}～10^1	10^{-1}～10^2
贾第虫	个/100mL	10^{-1}～10^1	10^{-1}～10^2	10^{-1}～10^3

a　mg/L＝g/m^3

b　废水产量大约为 750L/cap-d（200gpd/cap）时为低浓度；废水产量大约为 460L/cap-d（120gpd/cap）时为中浓度；废水产量大约为 240L/cap-d（60gpd/cap）时为高浓度；

c　城市供水系统中该组分数值应该增加

资料来源：改编自麦特卡尔夫和艾迪（2003）.

国家饮用水的基本条例：有机污染物　　　　　　　　　　表 2-6（a）

污染物	最大污染物浓度（mg/L）	公共健康目标
莠去津	0.003	0.003
苯	0.005	0
多环芳烃	0.0002	0
卡巴呋喃	0.04	0.04
四氯化碳	0.005	0
氯丹	0.002	0
氯苯	0.1	0.1
2,4-D	0.07	0.07
茅草枯	0.2	0.2
1,2-二溴-3-氯	0.0002	0
邻二氯苯	0.6	0.6
对二氯苯	0.075	0.075
1,2-二氯乙烷	0.005	0
1,1-二氯乙烯	0.007	0.007
顺式-1,2-二氯乙烯	0.07	0.07
反式-1,2-二氯乙烯	0.1	0.1
二氯甲烷	0.005	0
1,2-二氯丙烷	0.005	0
己二酸二辛酯	0.4	0.4
邻苯二甲酸二（2-乙基己基）酯	0.006	0
地乐酚	0.007	0.007
二氧（杂）芑	0.00000003	0
敌草快	0.02	0.02
草藻灭	0.1	0.1
异狄氏剂	0.002	0.002
表氯醇	特定处理技术	0
乙苯	0.7	0.7
二溴乙烷	0.00005	0
糖磷酸酯	0.7	0.7
七氯	0.0004	0
环氧七氯	0.0002	0
六氯苯	0.001	0
六氯环戊二烯	0.05	0.05
六氯环己烷	0.0002	0.0002
甲氧氯	0.04	0.04
草氨酰	0.2	0.2
五氯苯酚	0.001	0
氨氯吡啶酸	0.5	0.5
多氯联苯	0.0005	0
西玛津	0.004	0.004
苯乙烯	0.1	0.1
四氯乙烯	0.005	0

续表

污染物	最大污染物浓度（mg/L）	公共健康目标
甲苯	1	1
八氯莰烯	0.003	0
2,4,5-滴丙酸	0.05	0.05
1,2,4-三氯代苯	0.07	0.07
1,1,1-三氯乙烷	0.2	0.2
1,1,2-三氯乙烷	0.005	0.003
三氯乙烷	0.005	0
氯乙烯	0.002	0
二甲苯	10	10

国家饮用水的基本条例：无机污染物 表 2-6（*b*）

污染物	最大污染物浓度（mg/L）	公共健康目标
锑	0.006	0.006
砷	0.010	0
石棉（纤维>10μm）	7×10^6 纤维/L（MFL）	7MFL
钡	2	2
铍	0.004	0.004
镉	0.005	0.005
铬（总）	0.1	0.1
铜	特定处理技术活性浓度 1.3	1.3
氰化物（如自由氰）	0.2	0.2
氟化物	4.0	4.0
铅	特定处理技术活性浓度 0.015	0
汞（无机）	0.002	0.002
硝酸盐（以 N 计）	10	10
亚硝酸盐（以 N 计）	1	1
硒	0.05	0.05
铊	0.0005	0.0005

国家饮用水的基本条例：消毒副产物 表 2-6（*c*）

污染物	最大污染物浓度（mg/L）	公共健康目标
氯胺（以 Cl_2 计）	4	4
氯（以 Cl_2 计）	4	4
二氧化氯（以 ClO_2 计）	0.8	0.8

国家饮用水的基本条例：放射性同位素 表 2-6（*d*）

污染物	最大污染物水平	公共健康目标
α 发射体/光子发射体	15pCi/L	0
β 发射体	4mrem/y	0
镭 226 和镭 228	5pCi/L	0
铀	30μg/L	0

国家饮用水的基本条例：二级标准　　　　　　　　　　　　　表 2-6 (e)

污染物	二级最大污染物水平
铝	0.05～0.2mg/L
氯化物	250mg/L
色度	15 个颜色单位
铜	1.0mg/L
腐蚀性	无腐蚀性
氟化物	2.0mg/L
发泡剂	0.5mg/L
铁	0.3mg/L
锰	0.05mg/L
气味	3 个气味单位
pH	6.5～8.5
银	0.1mg/L
硫酸盐	250mg/L
溶解性总固体	500mg/L
锌	5mg/L

国家饮用水的基本条例：微生物污染物　　　　　　　　　表 2-6 (f)

污染物	最大污染物处理技术水平	公共健康目标
隐孢子虫	TT 安全饮用水法	0
贾第虫	TT 安全饮用水法	0
异养平皿计数	TT	测量在自然环境中存在的一系列细菌
总大肠菌群（包括粪大肠杆菌和大肠杆菌）	5.0%[a]	0
浊度	TT	N/A
病毒	TT	0

a 本章中看到的相关论述

《标准方法》（Standard Methods，1995）根据以下参数对水进行界定：色度、浊度、气味、味道、酸度、碱度、碳酸钙饱和度、硬度、需氧化剂量、电导率、盐度、漂浮物（脂肪、油类和油脂——FOG）、固体、温度、金属（回用中涉及的金属有铝、砷、钡、钙、镁、铁、锰和锶）、无机非金属成分（如硼、二氧化碳、余氯、氯化物、pH、氮——如氨氮、硝酸盐氮、亚硝酸盐氮、有机氮——溶解氧、磷、硅、硫化物、硫酸盐）、总有机成分（BOD、COD、TOC、ThOD、FOG、紫外吸收物质）、微生物（病毒、细菌、藻类、原生动物）。

2.9.1 色度

色度用来评价水质条件或反映其状态。无机物质，如铁、锰、腐殖质、杂草、浮游生物、工业废物以及渗滤液都能使水或污水产生色度。未处理的市政污水呈灰色或深灰色，如果污水呈现黑色，则说明溶解氧含量很低且呈厌氧状态。色度可反映水的表观颜色或真色。表观颜色可由溶解性物质或者颗粒态物质决定。真色是水中溶解物质的颜色。目视比色法或分光光度法都可以测定色度。色度用色度单位表示或 pH=7.6 和原始 pH 时的主波长表征。读者可通过任何版本的《水和废水标准检验法》获得完整的测定方法。无论是否投加絮凝剂，低压膜——微滤和超滤都可以去除表观色度，而真色只能通过扩散膜去除。

2.9.2 浊度

根据 USEPA 的定义，"浊度表示水体的浑浊程度，常用其表征水质和过滤效果，例如可用浊度表示是否有致病微生物存在。高浊度往往意味着有着较高浓度的致病微生物存在，如病毒、寄生虫以及部分细菌。"

从技术角度而言，浊度表示的是水体中颗粒物质对入射光的散射程度。常用浊度而非悬浮固体浓度表征饮用水水质好坏。浊度单位为（NTU）。在污水回用工艺中，常用浊度和悬浮固体浓度来一同表征原水和过滤水水质。

在《饮用水法案》中，浊度用来代替某些微生物的检测值，高浊度往往意味着有着较高浓度的致病微生物存在。

2.9.3 嗅味

在写这本书的时候，"从马桶到水龙头"式的污水回用在美国还没有被公众接受。同样，对中水的嗅味检测自然必不可少。加利福尼亚的规定，没有从检测方法对气味进行表述，这对于民众所能接触到的灌溉项目而言确实是个问题。

2.9.4 酸度

酸度是指对碱度的中和能力，酸性物质可以定量地与强碱反应使 pH 达到一定数值。根据终点 pH 的不同，酸度值也有所不同。酸度表示的是总量，一般来说，强无机酸、弱酸、溶解盐都能产生酸度。通常用滴定法测定酸度。

2.9.5 碱度

水体的碱度是指它中和酸的能力，在不引起 pH 太大变化的情况下，表征水吸收氢离子的能力，即水体中和强酸的能力。同酸度一样，碱度表示的是碱性物质的总量，其数值也随着终点 pH 的不同而有所差异。碱度由三类物质产生，即碳酸氢盐、碳酸盐、氢氧根或氢氧化物。在天然水体中，碱度通常由碳酸氢根或碳酸根等碱性物质形成，磷酸盐、硅酸盐和其他碱性物质也能形成碱度。

在水质分析和膜工艺中，必须准确了解水体中的各种碱度组成，这对于设计纳滤和反渗透工艺以软化水质或去除目标污染物，为微滤和超滤设计反冲洗工艺，决定无机助凝剂的剂量都十分必要。碱可用来进行化学强化清洗（CEBs）——Pall 公司用碱进行小规模清洗以维持通量——每 1～3d 用已知量的次氯酸钠和柠檬酸进行清洗，以避免中空纤维膜堵塞。

2.9.5.1 碳酸氢盐（HCO_3^-）

碳酸氢根和钙结合时就会引起反渗透系统结垢。碳酸氢钙的溶解度很低，这可能引发反渗透系统尾端结垢。用 LSI（郎格里尔饱和指数）计量微咸水中的碳酸氢钙的溶解度；用史蒂夫—戴维斯（SDSI）指数计量海水中的碳酸氢钙的溶解度，温度和 pH 越高，碳酸氢钙的溶解度越低。碳酸氢盐会产生碱度。pH＝4.4～8.2 时，碳酸氢盐与二氧化碳存在浓度平衡，pH＝8.2～9.6 时，碳酸氢盐与碳酸盐存在浓度平衡。因为碳酸氢盐碱度来自二氧化碳与水的反应，因此碳酸氢盐碱度可普遍使用。

碱度是通过标准硫酸溶液滴定法测出，常用酚酞（P）碱度、甲基橙（MO）碱度或总碱度表示。酚酞碱度是指滴定到 pH＝8 时的碱度（有称范围为 8.2-8.5）。甲基橙碱度或者总碱度是指滴定到 pH 为 4.3（有称 4.2～4.5）时的碱度。

2.9.5.2 碳酸盐（CO_3^{2-}）

碳酸根是二价阴离子。碳酸钙的溶解度低，可能引起反渗透系统尾端结垢。用 LSI（郎格里尔饱和指数）计量微咸水中的碳酸钙的溶解度，用史蒂夫—戴维斯（SDSI）指数计量海水中的碳酸钙的溶解度。温度和 pH 越高，碳酸钙的溶解度越低。碳酸盐也会产生碱度。pH＝8.2～9.6 时，碳酸盐浓度与碳酸氢盐存在浓度平衡，pH＝9.6 或更高时，没有二氧化碳和碳酸氢盐的存在，碱度全部以碳酸盐的形式存在。

如表 2-7 所示，可能存在 5 种情况：

（1）只有氢氧化物

高 pH 时，一般 pH＞10，样品中只有氢氧化物碱度。在酚酞滴定终点时，滴定基本完成。如此，氢氧化物碱度等于酚酞碱度。

（2）只有碳酸盐

当 pH＝8.5 或更高时，只有碳酸盐碱度。滴定到酚酞终点时恰好完成滴定的 1/2。如此，碳酸盐碱度等于总碱度。

（3）氢氧化物—碳酸盐碱度

高 pH 时，一般 pH 大于 10 时，样品中可能有氢氧化物和碳酸盐碱度。从酚酞滴定点到甲基橙滴定点为碳酸盐碱度的 1/2，因此，碳酸盐碱度可以用下式计算：

$$碳酸盐碱度＝2(酚酞滴定点到甲基橙滴定点)×1000/ml 样品$$
$$氢氧化物碱度＝总碱度－碳酸盐碱度$$

（4）碳酸盐—碳酸氢盐碱度

pH 大于 8.3 且通常小于 11 时，样品中存在碳酸盐—碳酸氢盐碱度。滴定到酚酞终点时为碳酸盐碱度的一半。碳酸盐碱度可用下式计算：

$$碳酸盐碱度＝2(滴定到酚酞终点)×1000/ml 样品$$
$$碳酸氢盐碱度＝总碱度－碳酸盐碱度$$

（5）只有碳酸氢盐碱度

pH＝8.3 或更低时，样品中只有碳酸氢盐碱度。如此，碳酸氢盐碱度等于总碱度。

pH＜4.3 时，没有碱度存在，因为溶液中的二氧化碳与碳酸平衡。pH＝4.3～8.3 时，平衡向右移动，二氧化碳减少，产生碳酸氢根离子。当 pH＞8.3 时，碳酸氢根离子转变为碳酸根离子。pH＞9.5 时，氢氧根出现，并与二氧化碳反应生产碳酸氢盐和碳酸盐。pH＝10～11 时，碳酸根浓度最大。

碱度之间的关系 表 2-7

滴定结果	氢氧化物碱度，以 $CaCO_3$ 计	碳酸盐（CO_3^{2-}）碱度，以 $CaCO_3$ 计	碳酸氢盐（HCO_3^-）碱度，以 $CaCO_3$ 计
P＝0	0	0	T
P＜1/2T	0	2P	T-2P
P＝1/2T	0	2P	0
P＞1/2T	2P-T	2（T-P）	0
P＝T	T	0	0

关键：P＝酚酞碱度；T＝总碱度

2.9.6　碳酸钙饱和度

碳酸钙饱和度指数用以表征污水是否结垢、是否为中性，或者所结垢是否溶解。水中碳酸钙若过饱和则出现碳酸钙沉淀；若水中碳酸钙没有饱和，则溶于水中。碳酸钙饱和度的判定对于纳滤/反渗透的后处理，评价通量保持情况，化学增强清洗（CEB），以及在线清洗（CIP）溶液的配制都很重要。

郎格里尔饱和指数（LSI）——LSI 指微盐水中总溶解性固体较低的条件下，基于碳酸钙饱和度判定水体结垢情况和腐蚀电位势的方法。郎格里尔饱和指数对于市政产水和锅炉用水都十分重要，可用于判断水是否具有腐蚀性（负 LSI）或者是否可能出现碳酸钙结垢（正 LSI）。对于反渗透操作员来说，LSI 可以作为判断是否可能出现碳酸钙结垢的重要判别依据。LSI 指数是用实际 pH 值减去碳酸钙饱和时的 pH 值。碳酸钙的溶解度随着温度升高而减小（已经在茶壶结垢中得到证实），随着 pH、钙浓度和碱度水平的升高而减小。通过向反渗透进水中加酸（特别是硫酸或盐酸）可同时降低 pH 和 LSI 值。反渗透浓水的预计 LSI 指数为 −0.2（意为浓水 pH 比碳酸钙饱和 pH 低 0.2pH 单位）。−0.2LSI 允许实际生产过程中 pH 出现小幅波动。含有阻垢剂的聚合物可以阻止碳酸钙沉淀。一些阻垢剂厂商声称他们的产品可以将反渗透浓水的 LSI 值提升至 2.5（虽然保守的 LSI 设计值为1.8）。六偏磷酸钠是一种无机阻垢剂，用于早期的反渗透系统，它的最大浓缩 LSI 值只有+0.5，因为容易被空气氧化，它必须小批量生产。

2.9.7　硬度

高硬度水可在多方面影响膜工艺。石灰软化法和纳滤均可以去除水中硬度。纳滤将在第五章中介绍。高硬度水不能用来洗膜，也不能用来对膜进行化学清洗和配制在线清洗溶液，因为可能令膜严重的无机污染。

硬度是由于钙盐和镁盐所引起的，钙镁盐包括：碳酸氢盐、碳酸盐、硫酸盐、氯化物和硝酸盐。锶、铁、锰、铝都可能产生硬度，只不过它们的数量有限。硬度可分为永久硬度和暂时硬度。暂时硬度（碳酸盐或碳酸氢盐），可以通过煮沸的方式得到部分去除；而永久硬度则不能通过煮沸去除。硬度用"mg/L 碳酸钙"表示。水可根据硬度分为如下等级：

（1）0～75mg/L 为软水

（2）75～150mg/L 为中等硬度

（3）150～300mg/L 为硬水

（4）300mg/L 以上为极硬水

硬度由可溶的二价金属阳离子（化合价为 2 的正价离子）产生，主要有钙镁离子。硬度表中以碳酸钙表示钙镁离子的总量。锶、钡、铁、锰、铝、锌都能引起硬度，但是它们的浓度有限，也不太会影响总硬度。

美国本土 48 个州不同地理位置的水的硬度也有所差别，这是由于地质构造以及水与地质构造接触时间不同所致。当水流过或穿过石灰岩矿床时，钙溶解其中。同样，当水流过白云岩或其他含镁矿物时，镁溶解于水中。由于地下水与这些地质构造接触时间更久，因此地下水的硬度一般比地表水更高。

硬度有两种分类方法：钙镁硬度以及碳酸盐和非碳酸盐硬度。钙硬度和镁硬度的区别在于溶解的矿物质不同。由钙产生的硬度称为钙硬度，无论是何种钙盐，这里包括硫酸钙、氯化钙以及其他钙盐。同样，由镁产生的硬度称为镁硬度。通常，钙和镁是产生硬度最重要的两种矿物，因此普遍认为：

总硬度＝钙硬度＋镁硬度

碳酸盐和非碳酸盐硬度的区别则在于水的硬度是由碳酸氢钙引起的还是其他钙盐或镁盐引起的。碳酸盐硬度主要是由碳酸氢钙 $Ca(HCO_3)_2$ 或碳酸氢镁 $Mg(HCO_3)_2$ 产生的，钙和镁与碳酸根结合也能产生碳酸盐硬度。非碳酸盐硬度指的是非碳酸盐和碳酸氢盐产生的硬度，包括硫酸钙、氯化钙、硫酸镁（$MgSO_4$）和氯化镁（$MgCl_2$）。钙和镁也可能与硝酸根结合产生非碳酸盐硬度，当然是在极罕见的情况下。碳酸盐和非碳酸盐硬度表示为：

总硬度＝碳酸盐硬度＋非碳酸盐硬度

当水煮沸时，二氧化碳挥发，碳酸氢钙和碳酸氢镁遂形成碳酸钙和碳酸镁沉淀，这种沉淀类似茶壶上的白色沉淀物。因为碳酸盐硬度可通过加热去除，因此有时也将其称为暂时硬度，而非碳酸盐硬度不能通过长时间的蒸煮去除或形成沉淀，因此有时将其称为永久硬度。

通常，硬水产生碳酸钙结垢，可能引发许多问题。如果水垢在微滤或超滤膜表面变干；在水管内壁形成白色的垢，这将使水管过流能力减小甚至完全堵塞管路。

当给硬水加热时（有的化学清洗方案要求使用热水），水垢快速形成。特别是当镁硬度超过 40mg/L 时（以碳酸钙计），热水器中将出现氢氧化镁沉淀（化学增强反洗溶液加热至 $140°F \sim 150°F$［$60°C \sim 66°C$］使用时）。热水器传热表面 0.04 英寸（1 毫米）厚的垢层能产生绝缘效应，增加 10% 的热能损耗——许多膜清洗溶液都需要加热。

2.9.8　对氧化剂的要求

向污水中投加氧化剂是为了消毒或者氧化不溶性污染物，如亚铁离子，还原态锰、硫化物及其他物质。污水回用工艺中常用的氧化剂包括氯、过氧化氢、臭氧和高锰酸钾。氧化剂在投加剂量和氧化剂剩余浓度方面的要求根据不同情况而有所差异，通常在膜工艺前使用则需准确计量。如果膜不耐氧化，则有必要对膜的使用条件进行严格规定以防止膜氧化这些规定包括温度、pH、接触时间、氧化剂剂量以及测定氧化剂的方法。氧化剂在污水中的作用十分复杂，一旦加入后对膜产生危害，则应重新评估氧化剂使用规定同时应对膜采取保护措施。

2.9.9　电导率

电导率是评价水体导电能力的物理量，水体的导电现象是由离子的存在而引起的。电导率取决于水的离子浓度、离子的移动性、价态以及测量时的温度。无机溶液是优良的电介质，对于有机溶液来说，无论其电离到何种程度，都是不良的电介质。当然，纯水中没有离子时自然不会导电。电导率用电导率仪测量，以微欧每厘米（$\mu\Omega/cm$）或西门子每厘米（$\mu S/cm$）计。电导率可以方便地确定水中的离子浓度水平，但如果要确定水中为哪种离子，就显得不够精确了。导电性，即电导率，因离子的不同而有所差异，并且当离子浓度增大时，电导率下降。TDS 测试仪则是通过测定电导率之后利用换算测算出 TDS 的。通过水中各类离子浓度及相应换算系数或者基于离子总数（TDS）而获知的单一换算因子都可以估算出电导率。二氧化碳的电导率则是通过浓度开平方再乘以 0.6 后计算出来的，硅离子无电导率。高规格反渗透产水的电导率都是现场检测，因为二氧化碳浓度可能因水样与空气接触而发生变化。

2.9.10　盐度

盐度指含盐性或者一定体积水体中溶解性盐的含量——最初指的是一定质量的溶液中溶解性盐的质量（Standard Methods，1995），但现在这一术语能表示各种盐的水平，如氯化钠、硫酸镁和硫酸钙，还有碳酸氢盐。盐度为无量纲数，通常以百分比表示，1％＝10000mg/L。

2.9.11　固体

在污水处理领域，固体和颗粒是同义词；饮用水工艺中常使用浊度这一术语，以上两类术语在污水回用和循环工艺中都在使用。颗粒指的是所有的固体、细菌、病毒和原生动物。颗粒物质影响消毒效果。

固体可分为悬浮或溶解性物质，并可进一步分为挥发性（固定或惰性）和不可挥发性物质。读者可参阅《水和污水的标准检测方法》，从中获取检测水样中固体物质的相关知识。溶解性固体成分对膜工艺十分重要。

2.9.11.1　总固体

总固体指的是水样在 103℃ 蒸干后留下的残渣。总固体包括总悬浮固体（可通过过滤截留）以及溶解性总固体。可透过过滤层。《标准方法》将过滤介质的标称孔径定义为溶解性总固体的尺寸，$2.0\mu m$。非挥发性固体是指样品经 550℃ 煅烧后留下的残渣。被蒸发掉的固体称为挥发性固体。

以下为固体物质间的关系：

$$总固体＝总挥发性固体＋总非挥发性固体$$
$$总悬浮固体＝总挥发性悬浮固体＋总非挥发性悬浮固体$$
$$总溶解性固体＝总挥发性溶解固体＋总非挥发性溶解固体$$
$$总固体＝总悬浮固体＋溶解性总固体$$

总挥发性固体乘以 1.1 就等于化学需氧量，即：总挥发性固体×1.1＝COD

2.9.11.2　溶解性总固体（TDS）

TDS 是指一定已知体积的水经过滤、蒸发后留下的残渣。TDS 以 ppm 或毫克每升计。在反渗透系统设计中，TDS 通过阴阳离子和硅离子（已知可用离子如前，无碳酸钙）之和计算得知。原水或渗透液中的 TDS 可以通过测定溶液电导率后利用换算因子计算得知。实际生产中，采用 TDS 测试仪测定 TDS。TDS 测试仪测定水的电导率，然后利用换算因子将数值转换成已知溶液的 TDS（如 ppm 氯化钠和 ppm 氯化钾）。但使用者需要注意的是，离子混合溶液运用电导率测算出的 TDS 也许与通过离子之和方法算出的 TDS 不同。根据经验大致可知，1ppm（氯化钠溶液）的电导率相当于 $2\mu\Omega/cm$（$\mu S/cm$）。

溶解性无机物如溶解性金属的含量是在水样通过孔径为 $0.45\mu m$ 的膜过滤后，利用原子吸收法对膜上的截留金属测定而知的。微滤膜的标称孔径通常在 $0.1\mu m$ 范围内（见第 4 和第 6 章）。超滤膜具有更小的孔，因为测定溶解性固体时使用 $2\mu m$ 的过滤介质，因此微滤膜和超滤膜都可以截留溶解性固体。

基于上述原因，合适的膜孔径可以确保膜系统设计合理。TDS 和出现在膜上的溶解性颗粒态固体物质对于纳滤和反渗透的设计非常重要。能够在膜上沉淀的硅、钙、钡、锶可以在一定条件下结垢并使膜通量快速下降。使用酸或专用阻垢剂等前处理化学药剂可以控制结垢。但是，任何类型的溶解性固体都可以影响系统运行，因为维持通量的净驱动压力与渗透压有关，而后者与 TDS 成正比。因此当 TDS 增加时，需要更大的背压。

微滤和超滤系统一般无需特别注意 TDS，因为这两种膜工艺都不去除溶解性固体。但有些情况下，上游工艺使用的氧化剂可能导致出现铁或锰沉淀（可能是无意的，也可能是预处理过程），可能会加速膜污染。

2.9.11.3 胶体
胶体指的是通过 $2\mu m$ 孔径的滤层而被 $0.45\mu m$ 孔径的滤层截留的物质。

2.9.12 温度

温度是非常重要的参数。它对增压泵的压力，各段间的流量分配，渗透质量以及微溶盐的溶解度都有重要影响。根据经验大体可知，温度每降 $10°F$，增压泵的压力就需升高 15％。各段间的流量分配（换句话说就是每一段的产水量）与温度紧密相关。当温度升高时，系统前端的产水量较大，并将导致系统末端产水量减少。低温下流量分配较均衡。温度较高时盐的截留率下降，因为离子通过膜的移动性增强。温度升高时碳酸钙的溶解度减小。较低的温度则降低了硫酸钙、硫酸钡、硫酸锶和硅的溶解度。

市政污水的温度比普遍高于地表水和地下水。温度是工艺设计时的重要考量因素，在设计低压膜和扩散膜工艺时，温度有重要影响。温度一般在取样时现场测定。温度对于膜的影响将在第 3 章、第 4 章、第 6 章、第 7 章讨论。

2.9.13 透过率

透过率为透明水体对紫外线的透过能力，用百分比衡量。它对任何膜都很重要——微滤、超滤、反渗透和纳滤——位于紫外处理工艺前端。

2.9.14 金属

2.9.14.1 铝
由于铝的溶解度较低，因此在井水或地表水中通常不会有高浓度的铝离子。反渗透原水中出现的铝通常是以胶体态出现（非离子态），一般来自于澄清池或石灰软化器中投加的铝盐。铝（硫酸铝）是常用的絮凝剂，它对吸收和沉淀地表水和污水中的负电胶体物质（如黏土和泥沙）有着良好效果。硫酸铝进入水中后生成三价铝离子和硫酸根离子。水化铝离子与水反应生成许多复杂的氢氧化铝水合物，这些物质进一步聚合和吸附水中带负电的胶体物质。含铝胶体物质可能带来污染，对于反渗透设计人员而言，原水中铝的警戒水平为 $0.1\sim1.0ppm$。由于铝是两性物质，因此铝化学是复杂学科。在 pH 较低时，铝以三价阳离子或氢氧化铝聚合物的形式存在；而 pH 较高时，铝则以阴离子聚合物形式存在。

通常，铝的最小溶解度对应的 pH 范围为 5.5～7.5。

2.9.14.2　钡（Ba）

钡为二价阳离子。硫酸钡的溶解度很低，它可以导致反渗透系统末端结垢。硫酸盐浓度增加和温度降低均可导致硫酸钡的溶解度下降。通常，一些井水中可发现钡，其浓度范围一般低于 0.05～0.2ppm。重要的是，仪器对于钡的最小检测限为 0.01ppm（10ppb）。当 100% 为饱和时使用阻垢剂时，过饱和度可达 6000%。

2.9.15　重金属

通常，重金属镉、铬、铅、汞、镍和锌不会出现在二级出水中，除非污水中混有工业废水。多数时候，低浓度的重金属可经生物处理去除并在污泥中富集。任何回流至进水端的物料均应去除其中的重金属。

2.9.15.1　钙（Ca）

钙离子是 +2 价阳离子。钙与镁是苦咸水硬度的主要组成成分。当使用阻垢剂时，硫酸钙（$CaSO_4$；石膏）的溶解度小于 230%。碳酸钙溶解度用 LSI 值表示，通常为 1.8～2.5。

2.9.15.2　铁（Fe）

作为污染物，铁主要以两种形式存在。溶解态的铁以亚铁状态存在，价态为 +2 价。在无空气的井水中，它的作用类似钙镁硬度，其中的铁可以被软化剂去除，而且也可以通过向反渗透系统中投加化学分散剂来控制系统末端形成沉淀。非溶解态的铁以三价铁的形式存在，价态为 +3 价。通常，反渗透厂商建议原水中各种形态的铁的浓度应小于 0.05ppm。如果水中的铁都以溶解态形式存在，那么在 pH<7.0 时（即使建议使用铁分散剂），浓度不高于 0.5ppm 的铁也是可以接受的。水中若通以空气，则溶解态的铁将被氧化成三价铁。溶解态的铁可在深井中出现，但是如果泵体密封不严或者容器中的某些装置将空气引入水体中，那么这些溶解态的铁将生成更稳定的非溶解态的铁。溶解态的铁可以用分散剂处理，也可以用过滤介质或者软化器和石灰软化法去除。以胶体状态存在的非溶解态的铁或者氢氧化铁将污染反渗透系统的始端。非溶解态的铁来自于含有空气的井水、地表水或者是无衬管和容器结垢。非溶解态的铁可以通过铁过滤器或者石灰软化器、软化器（一定范围内），微滤和超滤膜去除至浓度小于 0.05mg/L，也可以通过投加聚合电解质在多介质过滤内去除（一定范围内）。

在除铁锰砂过滤中使用高锰酸钾需要注意，因为作为氧化剂，高锰酸钾可以破坏聚酰胺膜。同样，使用阳离子聚合电解质也要小心，因为其可以破坏带负电的聚酰胺膜。反渗透系统，前处理以及反渗透系统的管道都要求使用耐腐蚀容器和管路（如纤维增强塑料［FRP］，聚氯乙烯［PVC］和不锈钢）。

作为污染物，铁将迅速增大反渗透的进水压力和透过液的 TDS。有时，铁的出现还可能导致生物污染，因为其可以作为铁细菌的能源。铁细菌可能导致生成生物膜，从而堵塞反渗透进水通道。

2.9.15.3　镁（Mg）

镁离子是 +2 价阳离子。苦咸水中 1/3 的硬度来自于镁，但其在海水中的浓度是钙的 5 倍有余。镁盐的溶解度很高，一般不会导致反渗透系统的结垢。

2.9.15.4 锰（Mn）

作为污染物，锰常出现于井水或地表水中，浓度甚至高达 3ppm。像铁一样，锰在地表水中是以有机复合物的形式出现的。在不含氧的水中，锰呈溶解态。如果被氧化，锰则以黑色二氧化锰（MnO_2）的沉淀形式存在。反渗透系统进水若经曝气，则可能引起膜污染的锰预警水平应在 0.05ppm 以下。饮用水标准规定锰的限值为 0.05ppm，因为它可能导致黑渍出现。用来控制铁污堵的分散剂也可以用来控制锰污堵。

2.9.15.5 钠（Na）

钠离子是＋10 价阳离子，它的溶解度高并且不会使反渗透系统结垢。在海水中，钠离子普遍存在，而且它可以作为自动平衡物质在反渗透系统的原水分析中使用。饮食中，较低的钠摄入量为 2000mg/L，平均消耗量则为 3500mg/L。USEPA 规定饮用水中钠离子的等效限值为 20mg/L，但是再次评估后发现这一限值太低。每天摄入 2L（0.53 加仑）100mg/L 的含钠的水，则钠的摄入量也仅为 200mg。硬度为 10gpg（171.2mg/L）的水（以碳酸钙计）经软化后钠的含量仅增加 79mg/L。

2.9.15.6 锶（Sr）

锶是二价阳离子，其溶解度低，但是可以导致反渗透系统末端的结垢。随着硫酸盐浓度的增大和温度的降低，硫酸锶的溶解度降低。通常，有些井水中可发现锶，同时伴有含铅矿物质的出现，锶的浓度通常小于 15ppm。使用阻垢剂时过饱和度最高可达 800%。

2.9.16 无机非金属成分

2.9.16.1 硼（B）

硼存在于海水中，浓度最高可达 5ppm，但在苦咸水中则浓度较低。硼不会产生膜污堵。在电子工业中，将硼去除到 ppb 水平至关重要，因为过多的硼将对一些工艺产生不良影响。海水脱盐处理后用于饮用或灌溉时，硼的去除是非常重要的，硼的建议限值为 0.5ppm。pH 较高时，硼以 $B(OH)_4^-$ 的形式存在；pH 较低时，以非离子态的 $B(OH)_3$ 形式存在；硼酸盐以及硼酸的浓度取决于 pH，温度和盐度。在较高的 pH、盐度和温度条件下，硼酸盐离子比例较高。因为硼酸盐离子带电，因此其容易被反渗透系统去除。但是非离子态的硼酸则较难去除，因为其尺寸较小且缺少电荷。

2.9.16.2 氯（Cl）

氯离子是－1 价阴离子。市政污水里人的排泄物中氯的含量为 6g/（人·d）。苦咸水或海水的分离可能极大地增加氯的浓度。氯盐溶解度高，不会引起反渗透系统的结垢问题。氯离子是海水的主要成分，可以用来自动平衡反渗透系统的进水分析。因为口感问题，USEPA 以及世界卫生组织建议的饮用水中氯的上限为 250ppm。

2.9.16.3 pH

pH 表示的是水中氢的活度，也是酸碱程度的指标。可以用数学表达式表示为：

$$pH = \log \frac{1}{H^+}$$

水电离产生 10^{-7} mol/L 的氢离子，纯水的 pH 为 7。当氢氧根离子也为 10^{-7} mol/L 时，水即为中性的。氢离子和氢氧根离子的离子积为常数。

$$H_2O = H^+ + OH^-$$

向水中加酸增加了氢离子浓度，并且降低了水的 pH；向水中加碱增加了氢氧根离子浓度，增大了 pH。当水中氢离子浓度增加时，水体的化学平衡发生变化，电离平衡应与化学平衡保持一致，氢离子必须转换为其他形式以使离子积常数为 10^{-14}。

对于水处理技术人员来说，pH 对于明确二氧化碳、碳酸氢盐、碳酸盐和氢氧根离子的碱度平衡至关重要。由于所含碳酸氢盐/碳酸盐浓度高于二氧化碳，因此浓水中的 pH 要高于原水中的 pH。反渗透设计中允许使用盐酸和硫酸调整原水的 pH。使用酸降低 pH 的同时也降低了 LSI 值，这样就减小了碳酸钙结垢的可能性。原水和浓水的 pH 会也会影响硅、铝、有机物和油的溶解度和污堵特性。原水 pH 同样会影响离子的去除，例如当 pH 降低时，氟化物、硅和硼的去除率将下降。

2.9.16.4 氮

氮在水中和污水中是以硝酸盐（NO_3）、亚硝酸盐（NO_2）、氨（NH_3）和有机氮的形式存在的（见表 2-8）。有机氮是以 -3 价有机结合态存在氮，包括蛋白质、多肽、核酸和尿素。细胞中组成中有 7%～9% 的氮。

（1）铵（NH_4^+）

铵离子是 +1 价阳离子。铵离子易溶且不会导致反渗透系统结垢。铵离子是可溶性气体氨气（NH_3）溶于水中得到的。非离子态的氨在水中电离生成铵离子和氢氧根离子。氨的电离度取决于溶液的 pH、温度和离子强度。pH 较高时，气态氨比例较高，做为一种气体不会被反渗透系统去除（类似于二氧化碳气体）。pH 较低时，铵离子比例较高，可被反渗透系统去除。氨和铵的电离平衡出现在 pH 为 7.2～11.5 的范围间进行。井水中不会出现铵离子，因为在土壤中的细菌作用下，铵离子被氧化为过滤态的亚硝酸盐后又被进一步氧化为稳定的硝酸盐。由于细菌作用和有机氮化合物的分解，地表水中铵离子的浓度也很低（不大于 1ppm）。地表水可能受到铵污染，铵离子可能来自化粪池，动物饲养场排水或采用铵盐或尿素作肥料农田的地表径流。市政垃圾处置设施排水中铵离子浓度高达 20ppm，这是高浓度有机氮在生物作用下的结果。氨和氯气反应制备消毒剂氯胺的过程中也会产生铵。

（2）氨

2～4mg/L 范围内的氨是有毒的，它可产生硝化需氧量，与氯反应并消耗氯。它可与氯联用生成氯胺，也可以作为消毒剂使用。污水中氨氮的浓度为 10～30mg/L。如果氨的浓度不足需添加，保证 BOD：氨氮：磷＝100：20：1。如果氨不足会导致污泥膨胀。

氮的形式与定义 表 2-8

化合物	缩写	形态	定义
氨氮	NH_3-N	可溶性	NH_3-N
铵氮	NH_4^+-N	可溶性	NH_4^+-N
总氨氮	TAN	可溶性	NH_3-N+NH_4^+-N
总凯氏氮	TKN	可溶性颗粒	有机 N+NH_3-N+NH_4^+-N
有机态氮	有机 N	可溶性颗粒	TKN-NH_3-N+NH_4^+-N
总氮	TN	可溶性颗粒	有机 N+NH_3-N+NH_4^+-N+NO_3^--N

改编自麦特卡尔夫和艾迪（2003）

2.9.16.5 二氧化碳（CO_2）

二氧化碳是一种气体，溶于水时就会形成弱酸碳酸（H_2CO_3）。如果二氧化碳在纯水中达到饱和，那么其浓度为1600ppm，pH为4.0。在不同pH条件下，水体中二氧化碳可以和碳酸氢盐实现浓度平衡。水体中二氧化碳的浓度可通过测定碳酸氢盐浓度和pH以图形比较法间接计算。当pH为4.4～8.2时，二氧化碳与碳酸氢盐达到平衡（当pH为4.4时，碱度均为二氧化碳贡献；当pH为8.4时，碱度均为碳酸氢盐贡献）。反渗透设计过程中用碳酸氢盐浓度和pH计算出二氧化碳浓度。二氧化碳作为一种气体不能被反渗透系统去除或浓缩；因此其浓度在原水、浓水和产水中是一样的。

反渗透原水酸化处理将使碳酸氢盐转化成二氧化碳，从而使pH降低。

2.9.16.6 硝酸盐（NO_3^-）

硝酸盐是-1价阴离子。硝酸盐极易溶不会导致反渗透系统结垢。硝酸盐与氨气和铵离子是自然氮循环的一部分。原水中的氮源来自腐败的动植物死体、化粪池排水、动物饲养场排水和施用氨肥的农田径流。井水中没有氨和铵，它们已经先被土壤中的细菌暂时转化成亚硝酸盐，之后氧化成更稳定的硝酸盐。在水分析中，硝酸盐的浓度通常是用ppm的氮表示而非ppm的硝酸盐来表示。将ppm氮转换为ppm硝酸盐需要前者乘以4.43。USEPA规定饮用水中硝酸盐氮的最大限值为10ppm（44.3ppm硝酸盐）。硝酸盐对人体有害，因为它与氧争夺血红蛋白中的携位置。硝酸盐将给婴儿和孕妇带来很大风险，因为血液中氧含量减小将导致"蓝婴症"。

2.9.16.7 溶解氧（DO）

溶解氧（DO）对于解决污水中的嗅味问题至关重要。包括氨在内的许多化合物都会消耗氧并导致水的腐败。缺氧状态下的水——也就是DO低至0——投加锰后将导致膜污堵潜势迅速上升，有时甚至可导致不可逆污堵。当考虑是否设置回流时，就应该考量某些上清液和各类澄清污泥的膜污堵潜势。

2.9.16.8 磷

污水中磷的浓度一般为4～8mg/L，这取决于许多因素，包括工业废水排放的影响以及饮用水的特点。通常，禁用含磷洗涤剂将使磷浓度降低，但是其他清洁物质仍可能包含磷。饮用水中使用偏亚硫酸盐螯合水中的铁和锰，磷作为阻垢剂加入后将进入到污水中。

总磷由有机磷和无机磷组成。无机磷酸盐是可溶的，包括正磷酸盐和聚磷酸盐。正磷酸盐（PO_4^{3-}）是最普遍的存在形式，占总磷总量的70%～90%。正磷酸盐可无需分解并直接被生物代谢利用。在化学除磷系统中可与金属盐产生沉淀的也是这种形态的磷。无机正磷酸盐以复杂的形式结合形成的聚合磷酸盐在自然界中通常是合成而来的。在处理工艺中，聚磷酸盐被分解成正磷酸盐。

有机结合磷可以溶解态和颗粒态存在。有机结合磷由种类众多的结构复杂的磷组成，包括蛋白质、氨基酸和核酸等经过降解的产物。有机磷来自于多种工业生产和商业活动。

有机结合磷可进一步细分为可生物降解和非生物降解两种。溶解性非生物降解有机结合磷穿过处理设施后排出，其间浓度并未变化。颗粒态的非溶解性有机结合磷如果没有经沉淀去除，则最终将被污泥去除。

BOD与总磷的比值非常重要，对于没有强化生物除磷的工艺来说尤其如此。BOD与总磷的比值小于20:1的时候预示着强化生物除磷将受影响，因为除磷微生物需要充足的碳源，确切地说，它们需要挥发性甲酸（VFAs）形式的碳源。磷是十分重要的营养物质，如果磷不足，那么微生物的生长将受到抑制，并且生物处理效率将降低。在设有强化初沉池的处理工艺中，为了去除颗粒物而向初沉池中投加絮凝剂将使下游工艺生物处理过程中的可利用的总磷数量减少。当为了降低出水氮磷浓度而对处理设施进行升级改造时，特别是在二沉池或除磷滤池后设有反硝化滤池时。三价盐如铝盐和铁盐都可使磷浓度降至0.5mg/L 磷缺乏导致的影响更为明显。

2.9.16.9　二氧化硅（SiO₂）

硅离子在某些情况下是阴离子。硅的化学性很复杂而且多少有些不可预知。对于硅浓度的表示与 TOC 类似，TOC 只表示有机物（如碳）的总浓度并未表示其组分浓度，同样，硅只表示硅元素（如二氧化硅）总浓度而并不表示其组分浓度。水中的硅由活性硅和非活性硅组成。活性硅（如四氧化硅 $[SiO_4]$）为弱电解质，且不会聚合成长链。反渗透和离子交换运行人员更希望硅以活性硅形式存在。活性硅虽为阴离子，但是在平衡分析中并不将其算作阴离子，而是 TDS 的一部分。非活性硅呈聚合态或胶体态，与溶解的离子相比它更像固体。胶体态的硅可被反渗透去除，但是可能会导致反渗透系统前端产生胶体结垢。胶体态的硅只有 $0.008\mu m$ 大小，它可以大致上以 SDI 表示，但是仅有表示 $0.45\mu m$ 或更大尺寸的颗粒量。颗粒态硅（如土、泥、砂）的尺寸一般大于 $1\mu m$ 或更大，也可以用 SDI 表示。以二氧化硅作为单体形成的聚合硅（如石英和玛瑙）存在于自然界中。当活性硅过饱和时，同样可以形成聚合硅。使用硅分散剂后，活性硅的溶解度通常控制在 $200\%\sim300\%$。活性硅的溶解度在温度升高时，pH 小于 7.0 或大于 7.8 时，或铁减少时都会升高，铁可以作为硅聚合时的催化剂。硅的去除对于 pH 环境很敏感，pH 越高硅的去除率越高，这是因为活性硅在碱性条件下以盐的形式存在的比例更高。

2.9.16.10　硫化氢（H₂S）

硫化氢气体可导致原水产生"臭鸡蛋"气味，其臭阈值为 0.1ppm，产生气味的浓度为 $3\sim5$ppm。硫化氢易被氧化剂（如空气、氯或高锰酸钾）氧化成硫单质。硫作为胶体污染物不易被常规多介质过滤去除。因此在设计反渗透系统时建议令硫化氢保持气态，当硫化氢穿过反渗透系统后，再从产水中将其去除。

2.9.16.11　硫酸盐（SO₄）

硫酸根是二价阴离子。硫酸钙、硫酸钡和硫酸锶的溶解度都很低而且会导致反渗透系统末端结垢。当温度降低时，这些可溶盐的溶解度降低。根据口感，饮用水中硫酸盐的建议上限值为 250ppm。

如同氯化物一样，硫酸盐普遍存在于给水中以及含有蛋白质的污水中。厌氧条件下，硫酸盐可被还原为硫化氢。苦咸水中硫酸盐浓度很高。硫酸盐也是 TDS 的组分（与氯一道），可以通过纳滤和反渗透去除。

2.9.17　有机物总量

2.9.17.1　生化需氧量（BOD）

BOD 用来表示好氧条件下，水或污水中可生物降解的有机物进行生化作用时的耗氧量。三类物质可以消耗氧：

（1）可作为好氧微生物食物来源的含碳有机物；

（2）硝酸盐、氨和有机氮氧化后可作为某些细菌的食物源，如亚硝化细菌和硝化细菌等；

（3）还原性化合物，如亚铁离子、亚硫酸根离子和硫单质都可以被溶解氧氧化。

在生活污水中，所有的耗氧量都是由含碳物质和可氧化的氮引起的。当然，工业污水包含了除有毒物质和不可生物降解的物质（难降解有机物）外的上述三种物质。BOD的单位表示1L水中氧化有机物所消耗的氧的毫克数。

2.9.17.2 化学需氧量（COD）

COD是指氧化水中有机物所需的氧量，这部分有机物可在酸性环境下被高锰酸钾或重铬酸钾氧化。标准COD代表理论COD（ThOD）的$80\%\sim85\%$数值；快速COD测试可代表理论COD（ThOD）的70%数值。

总挥发性固体（TVS）和COD的关系：

糖类：$(1.1\sim1.2)\times TVS=COD$

蛋白质：$1.8\times TVS=COD$

脂类（脂肪）：$3.0\times TVS=COD$

2.9.17.3 有机碳

有机碳是另一种影响膜通量的成分，它可以用TOC或DOC表示。水中的有机碳可导致污染膜污堵，其中溶解性的碳可在膜表面吸附，而颗粒态碳可能堵塞膜。因此，如果用膜来处理有机物含量很高的水，则须采用较低的膜通量。

2.9.17.4 理论需氧量（ThOD）

若假设某种化合物被彻底氧化为水和二氧化碳时，可写出其ThOD的计算公式。以$100mg/L$的葡萄糖为例：

$$C_6H_{12}O_6+6O_2\longrightarrow 6CO_2+6H_2O$$

葡萄糖的分子量$=180$

氧气的分子量$=32$

等式为：

$$\frac{100mgL}{180}=\frac{COD}{6\times32}$$

$$COD=\frac{100\times6\times32}{180}mg/L$$

$$COD=106mg/L$$

原本用于测定低有机物含量的饮用水源水的方法已经普遍应用于市政污水回用领域。

2.9.17.5 总有机碳（TOC）

TOC是总有机碳（total organic carbon）或总可氧化碳（total oxidizable carbon）首字母的缩写，是指测量有机物中碳的数量的非特异性指标，用碳的ppm浓度表示。因为TOC只检测有机质中的碳，因此自然界中地表水中有机物的实际质量可以高于其三倍以上。有机物是指含碳化合物（除了二氧化碳、碳酸氢盐和碳酸盐）。在水处理工艺中，有机物可分为天然有机物和人工合成有机物两类。天然有机物是带负电的胶体和悬浮固体物质，由单宁酸、木质素以及植物腐败而生成的富里酸和水溶性腐植酸组成。天然有机物对于反渗透膜而言是污染物，特别是对带负电的合成聚酰胺膜更是如此。电中性膜（如中性的合成聚酰胺膜和醋酸纤维素膜）有更好的抗有机污堵性能。反渗透可有效去除有机物。一般来说，对分子量大于 200 道尔顿的有机物截留率大于 99％。对于分子量小于 200 道尔顿的有机物而言，其在 RO 中的去除情况取决于分子量、形状和带电情况。根据经验天然水体中可引发有机污堵的警戒水平为 TOC 为 3ppm，BOD 为 5ppm，COD 为 8ppm。表 2-9 表示的是二级出水的 TOC 的值以及经 MF 处理后的各参数值。在一定的条件下，TOC 与 BOD、TOC 与 COD 或者 TOC 与 TVS 间都有相关性。TOC 可通过混凝＋MF/OF 或 MF＋RO 工艺去除。

微滤/超滤对二级出水的处理效果　　　　　　　　　　　　　表 2-9

参数（mg/L，除有特殊标示外）	二级出水	μF 产水（设计目标）
BOD_5	20	＜5
COD	37（最高 42）	＜10
TOC	12	＜4
TSS	＜10	＜0.1
TKN	4	＜4
NH_3-N	0.1（最高 1.0）	＜0.1
TP	＜3（最高 10）	＜0.10
正磷酸盐	＜2	＜0.10
浊度	＜10	＜0.1
粪大肠菌群（CFU/100mL）	—	0

2.9.17.6 脂肪，油类，脂类（FOG）

脂类包括脂肪、油类蜡以及污水中其他相关成分。过去，油脂量由正己烷萃取后测定，现在则用氟氯烷萃取。

很多脂肪不容易被细菌分解。将脂肪和强碱混合则形成肥皂，它溶于水但具有很高的硬度，可与钙镁反应生成不溶性沉淀。脂肪，油类，脂类（FOG）可能堵塞下水道和水处理构筑物。它们覆盖在膜表面，阻碍生物反应过程，对设备维护产生不利影响。如果把它们排放到河里，将会与水生生物相互作用，产生的漂浮物和油膜影响景观。FOG 超过 20ppm 就可能导致膜污染因此在系统设计时应重点关注。

2.9.17.7 紫外吸收物质

TOC 对膜的影响和水中天然有机物的性质有关。TOC 可以是亲水性的也可以是疏水性的，疏水性组分对膜污染的贡献更大。有机碳的性质大致可用 SUVA 表征，SUVA 可通过式（2-6）计算得到：

$$SUVA = \frac{UV_{254}}{DOC} \tag{2-6}$$

SUVA——比紫外吸光度，L/(mg·m)；

UV$_{254}$——254nm 处的吸光度，1/m；

DOC——溶解性有机碳，mg/L。

因为给水处理中，TOC 比 DOC 用得更广泛，所以 SUVA 有时用 TOC 计算。

较高的 SUVA 值预示疏水性组分比例较高，也就表明膜更容易受到污染。一般而言，水样 SUVA 值超过 4L/(mg·m)，表明该水样处理起来有一定难度。但是，可以通过絮凝或者预沉淀的方法有效地去除有机碳（和浊度），有机物疏水性强时效果更明显，这样做将减小膜污染，同时提高膜通量。可在微滤/超滤系统之前絮凝（无预沉淀时）。使用粉末活性炭前处理可以减少膜进水端的 DOC，但是因为卷式膜组件无法反洗，因此粉末活性炭不能与纳滤/反渗透系统联用，除非这些颗粒已在前端被去除。

2.9.18 微生物病原体

污水中包含了许多微生物但是仅有一部分微生物——肠道病原体——对人类健康构成潜在危害。可使人类感染的微生物有蠕虫（寄生蠕虫）、寄生原生动物、细菌和病毒。一些微生物是专性病原体（从一个宿主转移到另一宿主后会导致疾病），而有一些微生物则是条件病原体，它们不一定致病。在美国，最常见的水生肠道病原体为原生动物——隐孢子虫，贾第虫；细菌——沙门氏菌，志贺氏菌，产毒素的大肠杆菌 O157：H7；肠道病毒和诺瓦克病毒（Craun et al.，2006）。它们导致急性胃肠道疾病，同时可能导致大规模传染疫情的发生再生水中微生物病原体的出现和浓度水平取决于。汇水区域公众健康状况和再生水处理工艺。

一级处理不能去除病原体。二级处理对病原体的去除能力也有限。三级处理可以将大肠菌群控制在 $100/mL$ 以下。完整的微滤系统被认为可去除原生动物和细菌，但不能去除病毒，氯可将病毒灭活。通常，超滤系统对病毒的去除率为最高可达 6log，一般为（1～4）log。

2.9.18.1 蠕虫

在发展中国家，当未经净化的污水或一级出水回用于农业时，寄生蠕虫可能引发严重的健康问题（Shuval et al.，1986）。西方国家污水回用时采用经二级处理后的膜出水，由于蠕虫已被去除，因此不必考虑它的影响。

2.9.18.2 原生动物

原生动物是单细胞真核非自养型生物，一般来说尺寸比细菌大。一些原生动物可以借助鞭毛、纤毛、伪足移动。疟疾就是由疟原虫引发的。美国的水处理系统中，被污染的水中的贾第虫、隐孢子虫和人隐孢子虫都是引发胃肠疾病的元凶。在 1993 年威斯康星州的密尔沃基，由于饮用水受到隐孢子虫的污染，导致大约 400000 人生病，超过 50 人死亡（Mac Kenzie et al.，1994；Hoxie et al.，1997）。部分原生动物会产生孢子、囊孢、卵囊，它们都对氯有很强的抵御力。来源于人体的隐孢子虫的卵囊和贾第虫的囊孢常见于污水二级出水中（Bitton，2005），即使经过介质过滤或膜过滤并经消毒处理后，上述物质仍能存在于出水中（Rose et al.，1996）。由此，在回用水作为饮用水源水时，需要增加额外的处理工艺以降低隐孢子虫和贾第虫的感染风险。

原生动物，尤其是隐孢子虫和贾第虫，在污水回用实践中非常重要。对此类病原微生物进行控制是美国饮用水法规的基础。隐孢子虫和贾第虫都具有抗氯性，并且缺少治疗方法。两者都能很容易地被微滤和超滤去除。

2.9.18.3 细菌

细菌是单细胞原核微生物，在环境中无处不在。市政污水中有大量的致病菌，它们随着人口分布遍布各处。值得注意的是，致病菌通过粪—口途径传播（肠道细菌病原体）引发胃肠疾病。1971 年～1990 年间，肠道细菌引发的疾病占美国全部水生疾病的 14%（Craun，1991），1991 年～2002 年间，这一比例提高到 32%（Craun et al.，2006）。医疗记录表明，大多数严重的细菌性传染病是由大肠埃希氏菌，志贺氏菌和沙门氏菌引起的，比例分别为 14%、5.4% 和 4.1%。

由于细菌病原体对于公共健康具有重要影响，因此美国以及世界上很多国家针对粪大肠菌群（一种分类方法，包括大肠埃希氏菌）和肠球菌都建立了监测系统和水质标准（NRC，2004）。需要说明的是，大多数大肠埃希氏菌和肠球菌都不是致病菌。相反，它们对于人体消化和营养吸收都十分重要。在水质监测和检测系统中，大肠埃希氏菌和肠球菌是人体排泄物的指示菌（也称为粪便指示菌），因为它们以很高的浓度出现在人体粪便和污水中，相比于其他细菌病原体，它们的生命力更顽强。因此，可以通过分析对粪便指示菌的去除效果判断污水的处理效果（NRC，2004）。根据进水水质不同，未消毒的二级出水中粪便指示菌的数量为 $10^2 \sim 10^5/100mL$（Bitton，2005）。过滤并经消毒处理的二级出水中的粪便指示菌的数量低于 2.2/100mL 的一般检测下限，深度处理则可使这一数值更低。

2.9.18.4　病毒

病毒是非常小的传染性病原体，它们在宿主细胞内进行复制。因为病毒的尺寸很小，具有抗消毒性以及低传染剂量，因此在污水回用于饮用水生产时受到特别关注。病毒种类很多，它们几乎可以感染各种生命体，包括动物、植物和细菌。海水中水生病毒的浓度一般为 $10^8 \sim 10^9$ 个/100mL（Suttle，2007），污水中水生病毒的浓度为 $10^9 \sim 10^{10}$ 个/100mL（Wu and Liu，2009），但这些水生病毒大多是噬菌体——以细菌为感染对象。污水回用或处理后的污水排放至饮用水源中涉及的病毒都是人类的肠道病毒（如脊髓灰质炎病毒和甲肝病毒），诺氏病毒（诺瓦克病毒）、轮状病毒和腺病毒。人类病毒常出现于未消毒的二级出水中，即使经过深度处理后仍有可能存在（Blatchley et al.，2007；Simmons and Xagoraraki，2011）。目前用于监测水质的粪便指示菌不能精确反映病毒是否存在，因为相对肠道病毒而言，细菌可以在污水处理过程中被更加有效地去除或灭活（Berg，1973；Harwood et al.，2005）。基于此，处理后的市政污水无论是排放还是回用于可能与人体接触的情景，其中的病毒都应仔细处理，特别作为全部或部分饮用水源时更应如此。

病毒指标是污水回用的关键参数。它们的脱氧核糖核酸（DNA）和核糖核酸（RNA）都很容易地被氯破坏。超滤对病毒的去除率可高达几个数量级。微滤对于病毒的去除率为 $(0.5 \sim 2.5)$log。

2.10　基础化学的相关术语

超纯水：因为缺少电离物质（电解质），所以高纯度的水导电性差。在 77℉（25℃）条件下，这种水的电阻率为 18 MΩ · cm（180000 Ω · m），电导率为 0.0556 MS/cm（0.00000556 S/m）。

阴离子：向阳极移动的带负电的原子或分子。

阴离子型：带有负电荷的离子。

原子量：以碳 12 作为标准，其他原子相对于碳 12 的质量。

阳离子：向阴极移动的带正电荷的离子或基因（如 NH_4^+）。

钙（Ca）：水中的钙可能结垢或生成不溶性凝乳，它们都是判断硬度的指标。

碳酸钙（$CaCO_3$）：一种无色或白色晶体。碳酸钙是可溶盐，其溶解度随着温度的升高而降低。如果碳酸钙过饱和将结垢。

碳酸钙当量：一种表示水中某种组分浓度相对于碳酸钙当量值的表示方法例如，水的硬度是由钙、镁和其他离子产生的，一般以碳酸钙的当量浓度表示。例如，钙离子（Ca^{2+}）的浓度乘以 100/40（碳酸钙分子质量与钙离子的原子质量之比）就可以得到钙离子的碳酸钙当量。

钙硬度：由钙（碳酸钙、硫酸钙）等产生的硬度。

硫酸钙：一种可溶盐。其溶解度随着温度的升高而降低。含水硫酸钙称为石膏。脱盐系统中，如果硫酸钙过饱和则可能结垢。

阳离子型：带有正电荷的离子。

苛性物：氢氧化钠或其他化学性质类似氢氧化钠的物质。常用于表示强碱。

苛性钠（NaOH）：氢氧化钠作为一种强碱，可用来调节 pH，水的软化，还可用于阴离子交换器的再生以及其他用途。氢氧化钠也被称为苛性钠。

螯合剂：一种化学试剂，主要为可溶于水的有机物，如柠檬酸或 EDTA。它们可以与溶液中的金属离子并与其反应，从而提高了金属的溶解度。

电导率：衡量溶液导电能力的物理量，与溶解性总固体（TDS）的量有关。

道尔顿（Da）：质量单位，等于碳 12 原子质量 1/12（一个原子质量单位 [amu]），常用来表征超滤、纳滤和反渗透膜的截留分子量。

溶解性二氧化碳：溶于液体中的二氧化碳，用毫克每升表示。溶解性二氧化碳的饱和度受很多因素影响，包括分压、温度和 pH。

溶解态物质浓度：水样经孔径为 $0.45\mu m$ 膜过滤后，每单位体积所含有的溶解性物质的数量。

溶解性气体：溶于液体中的全部气态物质。具有代表性的溶解性气体包括氧气、氮气、二氧化碳、甲烷、硫化氢等。溶解性气体浓度过高将导致过滤器气塞和水泵气蚀。

溶解性有机物（DOM）：可通过孔径为 $0.45\mu m$ 膜的水中有机质的含碳部分。对于腐殖质而言，碳大约占有机质的 50%（其余为氢、氧、氮、硫）。

溶解性固体：为便于操作将可通过孔径为 $0.45\mu m$ 膜的物质称为溶解性固体。另见溶解性总固体。

二价离子：带有 2 个正电荷或 2 个负电荷的离子，如二价铁离子（Fe^{2+}）和硫酸根离子（SO_4^{2-}）。

当量：含有 1g 有效氢或其化学等值物的化合物的质量；组分的分子量除以净正价。根据相对质量和可反应的质子数量而确定的物理量。对于某一物质来说，其当量等于原子量除以可反应的质子数。如钙，原子质量为 40，有两个反应质子，则钙的当量为 40/2＝20。对于化合物来说，当量等于分子量除以可反应的质子数。如氯化钠，分子量为 58.5，有一个反应质子，则当量为 58.5。碳酸钙分子量为 100，有 2 个可反应的质子（位于钙离子内），则其当量为 100/2＝50。当量也被称为化合量。

克原子量：用克表示的原子质量（如 Ca^{40} 为 40g 钙，O^{16} 为 16g 氧）。

克分子量：用克表示的分子质量，如氧的克分子量为 16g，氢氧化钠为（23＋16＋1）g＝40g，次氯酸钠为 74.5g。

亲水性：吸引水。

疏水性：排斥水。

无机化学物：砷、石棉、镉、铬、铜、氰化物、氟化物、铅、汞、镍、硝酸盐和亚硝酸盐。

离子键：由电子转移而产生的化学键。

离子化：分子拆分或分解成阴阳离子。

朗格利尔饱和度指数（LSI）：一种表示一定 pH、温度、碱度、硬度和溶解性总固体条件下碳酸钙沉淀特性的方法。

石灰（CaO）：氧化钙经焙烧后的产物。石灰可用于石灰软化法和石灰-苏打水处理工艺中，但其首先应熟化成为氢氧化钙。石灰又被称为锻石灰、助溶石灰、生石灰等。

金属：容易失去电子（氧化）而形成阳离子（如铜离子和铵离子）的物质。

微米（μm）：长度单位，相当于 10^{-6} m（4.0×10^{-5} in）。常用来衡量膜孔径大小。

无机酸：特指盐酸、硝酸和硫酸。

无机酸度：由水中无机强酸（如盐酸、硝酸和硫酸）而不是弱酸（如碳酸和乙酸）产生的酸性。在水分析化学中，无机酸度常表示为游离矿物酸度。

无机盐：无机酸碱反应生产的化学组分。矿石中的无机物以无机盐的形式存在于水中。无机盐过量则使水的口感变差，严重的会危及人类健康。

去矿物水：蒸馏或去离子化而产生的水。瓶装水上常用此名，常见到的名称是蒸馏水和去离子水的别称。

分子量（MW）：分子中所有原子量之和。

分子：保留有元素或组分性质的最小粒子。一个分子由 1 个或多个原子组成，如氦分子只由 1 个原子组成，氧气分子由 2 个氧原子组成，臭氧则由 3 个原子组成。化合物分子通常由许多类原子组成。

中和：（1）溶液中的酸性离子和碱性离子相互结合形成水的化学反应。典型的中和作用如氢离子和氢氧根离子相互结合形成水（$H^+ + OH \longrightarrow H_2O$），其余产物为盐类。无机和有机组分均可发生中和反应。中和反应不一定有水生成，如氧化钙和二氧化碳形成碳酸钙的反应（$CaO + CO_2 \longrightarrow CaCO_3$）。中和作用不意味着 pH 要等于 7，它代表的是酸碱反应的当量点已经到达。（2）抗体与病毒中的细胞结合蛋白反应，从而屏蔽了病毒的感染能力。

pH：衡量溶液酸碱度的指标。如 pH 值为 7 意味着中性溶液，小于 7 为酸性，大于 7 为碱性。严格来说，pH 是氢离子浓度（摩尔每升）的负对数，如氢离子浓度为 10^{-7} mol/L 时，pH 等于 7。作为表示溶液酸碱性的指标，测定 pH 应按已经确立的标准条件操作，以便使测定结果能得到广泛认可。pH 是影响水处理和分析的重要指标。

饮用水：安全且能够满足饮用和食用要求的水。

盐度：溶液的含盐量，通常在溶液的含盐量超过 1000mg/L 时使用，有时和溶解性总固体（TDS）共同使用。

掩蔽剂：通过向溶液中添加化学试剂（如六偏磷酸钠），使溶液中的物质（如铁和锰）形成复合物。在螯合作用下，一些物质不能被氧化为易产生膜污堵的状态。螯合剂对于金属而言是活跃组分，它们可以溶解沉淀金属，也可能腐蚀金属管道。

软化：去除水中的硬度（二价金属离子，主要为钙、镁离子）。

溶质：溶于溶液中的物质（如化学品）。

溶剂：包含有溶解性物质或溶解性固体的水（或其他液体）。溶液由溶剂和溶质组成。

人工合成有机化学物：农药、溶剂、单体、药物、内分泌干扰物质和激素。

溶解性总固体：盐度、硫酸盐和氯化物。

第 3 章 基 本 概 念

3.1 引 言

本章对膜过滤过程的基本概念进行了概述，膜过滤技术包括低压膜工艺——微滤（microfiltration，MF）和超滤（ultrafiltration，UF）；扩散膜工艺——纳滤（nanofiltration，NF）和反渗透（reverse osmosis，RO）。本章的主要内容包括定义、术语以及对不同类型的膜、膜材料、膜的几何结构、膜组件、组件结构、驱动力、膜操作过程和水力设置的描述。

通常，用于污水循环和回用的膜工艺的理论依据是，当驱动力作用于膜上时，膜材料上的一层薄膜（称为半透膜）可以分离污水中的污染物。

膜的分类方法有很多种。其中一种是根据分离机制对膜进行分类，即根据污染物尺寸加以去除，也称为筛分作用；利用或者是扩散原理，根据溶液的渗透压进行分离。还可以分为多孔膜（有固定的孔）和无孔致密膜（也称为扩散膜）。

多孔膜有固定的孔。国际纯粹和应用化学联合会（1985）根据膜的孔径将多孔膜分为以下 3 类：

（1）大孔——孔径>50nm；

（2）中孔——孔径范围 2~50nm；

（3）微孔——孔径<2nm。

多孔膜包括微滤膜和超滤膜。无孔或致密膜包括纳滤膜和反渗透膜。某些情况下，两种分类中都包括纳滤膜。

按照孔径从大到小的顺序，膜可分为微滤膜、超滤膜、纳滤膜和反渗透膜。低压膜工艺是一种由压力（正压或负压）驱动的分离过程，所用的半渗透性材料（膜）为聚合物膜或陶瓷膜。微滤和超滤是膜过滤过程中最常用的两个术语。微滤和超滤过程利用筛分原理，通过膜孔与待分离物质的尺寸差异分离去除悬浮物和胶体。

根据操作压力从大到小排序，顺序依次为反渗透、纳滤、超滤和微滤。高压或扩散膜工艺也是一种由压力驱动（无负压）的工艺，该工艺过程利用了可溶物质的扩散性。该工艺过程可去除的物质包括二价阳离子和阴离子，如钙、镁离子（膜软化）、硝酸盐和砷。溶解性有机物如天然有机物，溶解性有机化合物以及人工合成的有机化合物也可被去除。

污水中污染物的物理化学性质，以及去除这些污染物所需的驱动力和所需的膜孔尺寸常作为选膜的依据。当污染物的渗透系数（或为渗透压）显著不同时，可利用扩散膜（如纳滤膜和反渗透膜）去除水中污染物。

图 3-1 为过滤范围图谱，以病原体大小为去除依据，揭示了不同类型的膜过滤系统对其去除能力。该图显示了病毒、细菌、隐孢子虫卵囊和贾第虫孢囊的尺寸，以及，微滤、超滤、纳滤、反渗透工艺去除上述病原体的能力。图中病原体尺寸范围和膜工艺覆盖范围

的重叠部分显示出膜工艺去除病原体的能力。需要注意的是，图中提及的分子量并不与病原体的大小严格对应，只是大致反映纳滤、反渗透和一些超滤工艺以截留分子量表征其去除溶解性固体和较大分子的能力。同时，图 3-1 也展示了其他一些污染物的尺寸范围以及去除这些物质的典型工艺。图 3-2 是微粒与微滤膜孔的相对大小。该图显示了一个铅笔点、一个大的硅酸盐颗粒（一颗沙粒）、一个隐孢子虫卵囊和一个贾第鞭毛虫孢囊相对于 0.1μm 微滤膜孔的大小。

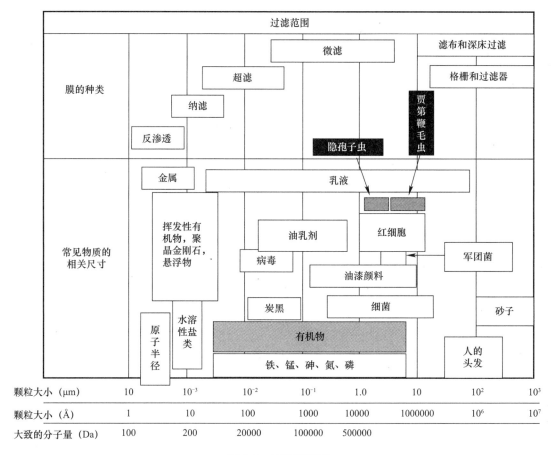

图 3-1　过滤范围图

虽然不同的膜过滤过程可去除不同大小的颗粒，但是微滤和超滤的操作运行原理与纳滤和反渗透有所不同。下文将介绍以上两类系统的特点。

反渗透膜的截留分子量水平小于 200Da，纳滤膜的截留分子量主要在 200～1000Da 之间。扩散膜并不是溶解性固体的"过滤器"，因为纳滤和反渗透使用的半透膜没有物理意义上的孔。纳滤和反渗透过程利用反渗透原理去除溶解性污染物。高压膜包括纳滤膜（疏松反渗透）和反渗透膜。有时去除溶解性固体的过程也被称为脱盐。

由压力驱动的膜处理工艺主要有微滤、超滤、纳滤和反渗透。除此之外，用于污水处理的重要工艺还包括电渗析（electrodialysis，ED）和频繁倒极电渗析（electrodialysis reversl，EDR）。污水循环和回用过程中最常用的膜过滤工艺主要为微滤、超滤、纳滤和反渗透，电渗析和反向电渗析虽有应用，但在本书中不做讨论。

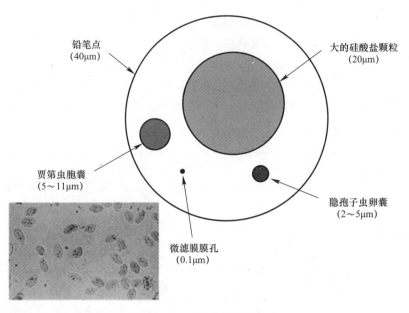

铅笔点
（40μm）

大的硅酸盐颗粒
（20μm）

贾第虫胞囊
（5～11μm）

隐孢子虫卵囊
（2～5μm）

微滤膜膜孔
（0.1μm）

图 3-2　相关颗粒尺寸

　　用于污水再生的膜技术中，微滤和超滤属于低压膜的形式有中空纤维式、管式和平板式（专门用于膜生物反应器），纳滤和反渗透一般采用卷式膜。碟管式膜组件（Disk tube technology）主要采用膜片和导流盘技术，在纳滤和反渗透中应用时需要很高的压力，例如用于垃圾填埋场渗滤液的处理。

3.2　术语和定义

　　图 3-3 是所有膜处理工艺（包括低压膜和扩散膜）的典型示意图——一个有对角线的长方形。这一原理图也可以用一个长方体表示，如图 3-4 所示。出水或原水（在污水回用工艺中为二级出水）进入膜，经过处理的水称为产水（permeate）。浓水、截留液或反渗透膜用于处理海水或苦咸水时产生的浓盐水中，则包含了所有被膜去除的污染物。对于低压膜来说，浓水或截留液包含了所有被去除的颗粒物和生物质。对于扩散膜来说，浓水中包含了所有被截留的溶解性物质。

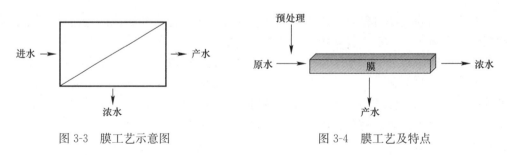

进水　→　　　　　→　产水

浓水

预处理

原水　→　　膜　　→　浓水

产水

图 3-3　膜工艺示意图　　　　　　　　图 3-4　膜工艺及特点

3.2.1　低压膜工艺——微滤和超滤

　　所有的膜都有其孔径分布特性，这一分布特性因膜材料以及制造过程的不同而有所差异。当提及膜孔尺寸时，通常可用公称孔径（如平均孔径）或绝对孔径（如最大孔径）表示，并以 μm 为计量单位。根据作者的经验，用于污水回用工艺的微滤或超滤膜的公称孔径大多在 $0.001\sim0.2\mu m$ 之间。这两种膜都是用来去除颗粒物，包括浊度。浊度广泛用于评价为常规介质过滤和各种类型膜过滤系统的性能，因为低压膜工艺专门用于去除颗粒物，因此，常用浊度（而非悬浮固体浓度）来评测低压膜的性能。浊度高时意味着悬浮固体浓度也较高，说明膜污染的可能性也更高。

一般情况下，用于污水循环和回用工艺的微滤膜的孔径范围在 $0.1\sim0.2\mu m$（公称孔径通常为 $0.1\mu m$），当然也有例外，存在孔径大于 $10\mu m$ 的微滤膜。通常情况下，常用截留分子量表征超滤膜，其孔径范围在 $0.05\sim0.001\mu m$（公称孔径为 $0.01\mu m$）甚至更小，当孔径小到一定程度时，膜孔概念已经不再适用，一些分散的大分子物质可被膜材料截留。就超滤膜而言，可定义的最小孔径大约为 $0.005\mu m$。

微滤膜和超滤膜的判别依据存在重叠部分。一些情况下，若以孔径为判断依据，某种膜既可以认为是微滤膜也可以认为是超滤膜。表 3-1 大体上描述了膜处理工艺用于污水回用时的一般特点，表 3-2 中显示的被膜去除的物质成分也反映出膜特性存在重合。尽管有时用公称孔径或绝对孔径的概念描述膜材料的去除能力，但是以作者的观点，这样的概念未免太过简单，或者说无法完全表示膜的去除效率。例如，比绝大多数膜孔小的颗粒通过过滤介质时也存在被截留的概率，因此，与膜孔径分布有关的过滤机理要比筛分机理更复杂。此外，对于膜材料而言，颗粒可能会因静电作用而被去除或者被膜材料本身吸附。随着过滤过程的进行，沉淀下来的颗粒会掩盖住膜孔，进而提高对颗粒物的去除效率，所以膜的过滤能力也可能取决于过滤过程中滤饼层的形成。

膜处理工艺用于污水回用的一般特点　　　　　　　　　　表 3-1

膜工艺	膜的驱动力	分离机理	典型孔径	典型回用孔径（μm）	材料
微滤	负压压差或敞口容器的负压	筛分机制	大孔（>50nm）	0.08～0.2	陶瓷（多种材质），聚丙烯（PP），聚砜（PS），聚偏氟乙烯（PVDF），聚醚砜（PES）
超滤	静水压差或敞口容器的负压	筛分机制	中孔（2～50nm）	0.005～0.2	聚芳酰胺，陶瓷（多种材质），醋酸纤维素，聚丙烯，聚砜（PS），聚偏氟乙烯（PVDF）
纳滤	静水压差	筛分或溶解/扩散＋去除	微孔（<2nm）	0.001～0.01	纤维素，聚芳酰胺，聚砜，聚偏氟乙烯（PVDF），复合膜
反渗透	静水压差	溶解/扩散＋去除	致密（<2nm）	0.0001～0.001	纤维素，聚芳酰胺，复合膜

膜去除的物质　　　　　　　　　　表 3-2

物质	微滤	超滤	纳滤	反渗透
悬浮物	可以[①]	可以[①]	可以	可以
溶解性固体	不可以	不可以	部分可以	可以
细菌和囊孢	可以	可以	可以	可以
病毒	不可以	可以	可以	可以

物质	微滤	超滤	纳滤	反渗透
溶解性有机物	不可以②	不可以②	可以	可以
铁和锰	可以（氧化后）	可以（氧化后）	可以	可以
硬度	不可以	不可以	可以	可以

① 高浓度悬浮固体将导致膜污堵。
② 经过适合的预处理可以部分去除。

目前尚无标准的方法对不同类型膜过程的孔径加以表征。制造商已开发和使用了他们各自的方法，不同制造商对于膜孔径的定义有所不同，因此限制了这个参数的价值。孔径的概念并不能代表膜组件的完整性随时间的变化，因为经年累月的运行也可能使比膜孔大的颗粒穿过膜。例如，对一新的超滤膜的测试结果显示，超滤膜对病毒可呈对数性去除。几乎没有数据可以显示长期运行（可持续10年以上）的超滤膜对病毒的去除能力。以上结论十分重要因为超滤膜常因其对病毒的去除能力而被选取污水回用工艺，超滤膜对病毒有1～5倍对数去除率。

表3-3比较了微滤膜和超滤膜对隐孢子虫卵囊、贾第虫孢囊、MS-2噬菌体、颗粒数目和浊度的截留实验结果。除了对MS-2噬菌体的去除有所差异，两个膜的截留能力并无不同。

微滤和超滤膜的典型去除率　　　　　　　　　　　　　　表3-3

	微滤	超滤
贾第虫孢囊	（4.5～7）log	（5～7）log
隐孢子虫卵囊	（4.5～7）log	（5～7）log
MS-2噬菌体病毒	（0.5～3）log	（4.5～6）log
粒径>2μm的颗粒物	<10/mL	<10/mL
粒径2～5μm颗粒物	<10/mL	<10/mL
粒径5～15μm颗粒物	<1/mL	<1/mL
平均浊度	0.01～0.03ntu	0.01～0.03ntu

因为超滤膜具有截留较大有机大分子的能力，因而常用截留分子量而非孔径对超滤膜进行表征。截留分子量的概念（用道尔顿——一个质量单位——表示），是以原子重量（或质量）而非原子大小为依据来表征膜的去除特点。因此，具有一定截留分子量的超滤膜对于那些分子量大于该超滤膜截留分子量的组分或分子来说就如同一个屏障。这些有机大分子物质形态很难定义，通常不是以悬浮固体的形式存在于溶液中，因而当讨论和这类物质有关的问题时，习惯上用截留分子量而非孔径的概念来定义超滤膜。通常，超滤膜的截留分子量水平在10000～500000Da之间，大多数污水循环和回用工艺所用的超滤膜的截留分子量大致为100000Da。但是，超滤膜是通过尺寸筛分原理而不是以分子量为依据去除颗粒污染物的。因此，当论及用于污水循环回用工艺的超滤膜对微生物和颗粒物的去除能力时，仍需以孔径对其进行描述。

3.2.2　跨膜压差

使水通过低压膜的必要驱动力——过膜时的压力降——称为跨膜压差（transmembrane pressure，简称 TMP)。跨膜压差不同于平均进口压力和渗透压，它是一种和特定的通量相联系的驱动力或水头损失。跨膜压差是膜系统所需进水压力的总体指标。它和通量一同用来预测膜污染的情况以及是否需要进行化学清洗。跨膜压差的单位是磅每平方英寸(psi) 或（bar)，1bar 相当于 14.5038psi。压强也可以用千帕表示，1bar＝100kPa。

低压膜的跨膜压差可通过下式计算：

$$TMP＝(进口压力＋浓水压力)/2－产水压力$$

在图 3-5 跨膜压力的计算中，进口压力为 11psi（0.8bar)，浓水压力为 9psi（0.6bar)，产水压力为 3psi（0.2bar)，跨膜压力计算得（11psi＋9psi)/2－3psi＝7psi（0.5bar)。

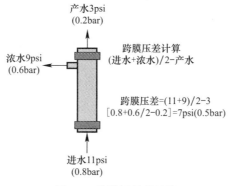

图 3-5　跨膜压差的计算

3.2.3　通量

压力驱动膜过滤系统的设计和运行中，存在很多普遍适用的基本原理。其中之一就是通量的概念。通量，即单位时用内通过单位膜面积的流体体积。高通量的膜系统比低通量的膜系统效率更高。低压膜的通量直接影响投资和运行成本，膜的更新（膜材料）和化学品的使用。通量采用过膜流量除以膜面积来计算，既可以用每天每平方英尺膜表面通过的加仑数来表示，（gpd/ft²，简写为 gfd)，也可以用每小时每平方米膜表面通过的加仑数来表示（L/(m²·h)，简写为 lmh)，有时也用每小时每平方米膜表面通过的立方米数来表示（m³/(m²·h)，简写为 m/h)。

一些典型的低压聚合膜的膜通量为：膜生物反应器的通量为 5～15gfd（8.5～25.5lmh)；扩散膜的通量为 10gfd（17lmh)；用于处理干净地下水（低浊度）的低压膜膜通量可高达 120gfd（204lmh)。因原水水质、膜制造工艺、膜类型（超滤膜或微滤膜）以及预处理工艺的不同，处理二级出水的低压膜膜通量有所不同，为 15-80gfd（25.5～135.8lmh)。有研究表明，用于处理投加絮凝剂和臭氧氧化后的二级出水的陶瓷膜的比通量高于 40gfd/psi（984lmh/bar）(Lehmann et al.，2009)。比通量或膜的渗透率为单位跨膜压差下通过单位膜面积的流量，通常表示为 gfd/psi 或 lmh/bar。

3.2.4　浊度的影响

作为评价过滤介质性能的指标，浊度广泛被用来评测传统的介质过滤和各种类型的膜过滤系统。由于微滤膜和超滤膜系统专门设计用来去除颗粒物，因此浊度也经常作为低压膜性能的评测工具。浊度表示的是粒子的光散射性，因此不应与悬浮物的概念相混淆，二者之间也没有直接的换算关系。原生动物（如隐孢子虫和贾第鞭毛虫），大肠菌裙（包括大肠埃希杆菌和可引发军团病的微生物）以及悬浮物（如铁、锰）都可产生浊度。

针对浊度较高的水不一定非要在较低通量条件下运行，即使为了控制膜污堵以及降低后续反洗和化学清洗的频次也不一定采用低通量运行。其运行设计取决于膜的特点、经济可行性以及业主的决定。较高的浊度也意味着较高的悬浮物浓度，因此膜污堵的可能性也越高。

3.2.5　完整性检测

膜处理工艺的基础是完整的膜将彻底去除比其孔径大的污染物。完整性检测就是一种检测膜是否存在可能致使进水中物质通过的瑕疵、缺口或孔洞的方法。污水处理或回用中所使用的低压膜，其目标是去除微生物病原体（如原生动物、细菌、病毒），或者是作为其他污水再生处理过程（如纳滤和反渗透）的预处理单元。如果膜是完整的，它将百分之百去除目标微生物病原体。如果膜不完整——取决于膜丝受损的数量——将使微生物污染物通过膜。因此，检测膜是否受损十分重要。目前使用的一些直接或间接的完整性检测方法包括空气压力保持法、泡点测试法、颗粒在线检测和浊度在线检测法。

尽管与饮用水处理完整性检测的目的和性能标准有所差异，但美国国家环境保护局的指导性手册（2005）中所提及的基本原则仍然适用于处理污水。

如图 3-6 所示，5 摄氏度条件下，膜去除隐孢子虫、细菌、病毒所需的压力分别约为14.5、97 和 1750psid（1.0、6.7 和 120.6bar）。如果是以彻底去除病毒甚至是细菌为目的，由于压力过高，通过压力降的方法检测膜的完整性显然是不合适的。因此对于细菌和病毒的膜，建立其完整性检测方法非常有意义。

另一个问题就是完整性检测方法的灵敏度问题。通常来说，所有能够连续地检测膜完整性的方法灵敏度都不高，非连续性方法具有相对较高的灵敏度。目前，膜的使用企业不得不周期性停产以检测膜的完整性，这样可以保证检测方法的灵敏度。这种运行模式是膜完整性破坏带来的水质风险和企业生产能力之间相互平衡的结果。

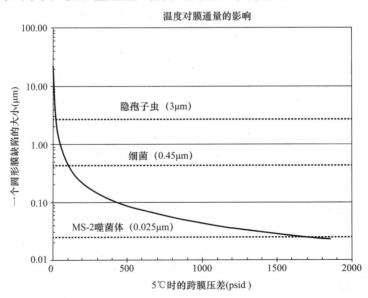

图 3-6　膜缺陷大小与跨膜压差大小的关系曲线（Liu，2012）

3.2.6 膜污堵

膜污堵是一种膜通量降低的现象。它是因有机或无机污染物堵塞膜孔引起的。膜污堵可能是污染物与膜介质相互作用，污染物之间相互作用以及污染物和水环境相互作用的结果。

对于微滤膜和超滤膜，特别是对用于地表水过滤的微滤膜和超滤膜来说，天然有机物（NOM）和总有机碳（TOC）是主要的膜污堵物。二级出水中的溶解性有机碳（DOC）以及与悬浮性固体和胶体相关的有机物，则被认为是水再生工艺中的膜污堵物。天然环境下的总有机碳和溶解性有机碳可以是亲水的也可以是疏水的，这取决于污水的比紫外吸光度（见第二章）。高的 SUVA 高往往表示更多的疏水性物质更多。一级出水中的悬浮固体和生化需氧量限制了膜技术应用于直接处理一级出水。扩散膜通常采用预处理来减少膜污堵，因此，扩散膜的膜污染与微滤膜和超滤膜有所不同，这将在之后的章节进行讨论。随着对二级出水有机物和天然有机物的分析技术和结构认知的不断进展，对膜污染机理的认识将更加深入，预防和控制膜污染的方法也将得到进一步发展。

对于积累在膜表面的微生物（生物污染）、有机（有机污染）和无机污堵物，可以被机械清洗（空气、水或化学物质）所去除的称为可逆污堵，反之则为不可逆污堵。图 3-7 显示的是膜污堵随时间的变化情况。在进行膜清洗的情况下，随着时间的推移跨膜压差逐步增加，这是由膜清洗不能去除的膜污堵所导致的。当对膜进行在线清洗时该现象仍出现，则说明污堵是不可逆的。在行业内，将污堵物的机械性去除称为膜清洗（flux maintenance）。膜清洗是指定期使用气体、水和化学物质，如次氯酸钠、氢氧化钠、硫酸、盐酸、柠檬酸等无机酸去除膜污堵物以减少膜污堵速率。

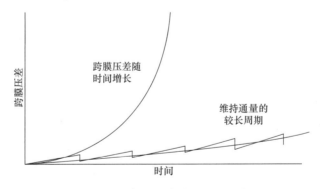

图 3-7　膜清洗对跨膜压差的影响

3.2.7 温度的影响

一般来说，市政污水的温度要比地表水和地下水高。温度对于确定污水处理工艺十分重要，它在低压膜和扩散膜系统的设计中发挥着重要作用。温度通常在取样时获得。

与浊度和总溶解性固体（对于纳滤和反渗透系统）等其他水质参数类似，进水温度同样影响着膜滤系统的通量。在较低温度情况下，水的黏性增加，因此，较低的温度将降低恒定跨膜压差下的膜通量，或者可以通过增加跨膜压差来维持恒定通量。针对这种现象的补救方法因膜系统的不同而有所差异。对微滤、超滤、纳滤和反渗透而言，一般性的黏度补偿法应对温度变化是可行的。膜制造商可能有更好的针对特定产品的方法。

　　微滤膜和超滤膜系统可以在相对较窄的跨膜压差范围内运行，当水温降低时，可以通过提高跨膜压差来保持通量，这在负压系统中确实可行。当跨膜压差超过膜制造商规定的上限时，膜组件可能受损，因此在寒冷季节，也许无法在达到产水量所需的跨膜压差下运行膜系统。在负压系统中，跨膜压差不可能超过规定值。因此，在膜系统设计之初已经将额外的处理能力（如增加膜面积或者膜组件数量）考虑在内，这样就可以满足全年的产水能力。图 3-8 表示的是在 8℃ 和 16℃ 时膜通量的曲线。这张图揭示了温度对膜通量的影响，同时解释了存在温度变化的膜系统设计中，为什么要将温度因素考虑在内。

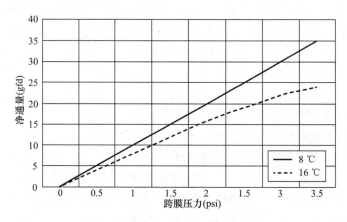

图 3-8　温度对于膜通量的影响

　　对于微孔微滤膜和超滤膜而言，膜通量、跨膜压差和流体黏度的关系公式已经在膜指导手册（2005）中给出：

$$J = \frac{\text{TMP}}{R_t \times \mu_\omega} \tag{3-1}$$

式中　　J——膜通量，gfd；

　　TMP——跨膜压差，psi；

　　R_t——总的膜阻力，psi/gfd-cP；

　　μ_ω——流体黏度，cp。

　　要使膜系统在恒定通量下运行，在总的膜阻力不变的前提下，流体黏度的增加，需要使跨膜压差也成比例增加。但是跨膜压差一旦接近膜所能承受的最大值，流体黏度的进一步增大将造成膜通量的减小。因此，为了满足产水量（也是为了满足客户要求），那么膜面积就要随着膜通量的减小而成比例增加，二者的计算如公式（3-2）所示：

$$J = \frac{Q_p}{A_m} \tag{3-2}$$

式中　　J——膜通量，gfd；

　　Q_p——过滤流量，gpd；

　　A_m——膜表面积，ft²。

　　结合公式（3-1）和式（3-2）可以看出，在通量、跨膜压差、膜阻力一定的情况下，需增加的膜表面积和流体黏度成正比，如公式（3-3）所示：

$$\frac{Q_p}{A_m} = \frac{\text{TMP}}{R_t \times \mu_\omega} \tag{3-3}$$

式中　Q_p——过滤流量，gpd；

　　　A_m——膜表面积，ft^2；

　　TMP——跨膜压力，psi；

　　　R_t——总的膜阻力，psi/gfd-cP；

　　　μ_ω——流体黏度，cP。

通常，膜系统在一定的膜通量和温度条件下运行以达到特定产水量（额定系统处理量），其中膜通量可能是通过中试试验得来的，也可能是国家规定的。因此，利用公式（3-3）就可以计算出一定温度条件下的膜面积。寒冷季节所增加的膜面积，用原膜面积乘以预计最低温度（最低月平均气温）与参考温度的黏度的比值得出。流体的黏度值可以在文献中查知。

在参考温度（对超滤和微滤来说一般为20℃）和预计最低温度下的黏度值分别确定后，作为补偿季节性温度变化的设计膜面积可以通过公式（3-4）计算得出：

$$A_d = A_{20} \times \frac{\mu_T}{\mu_{20}} \tag{3-4}$$

式中　A_d——设计膜面积，可根据温度 T 调整，ft^2；

　　　A_{20}——20 摄氏度条件下对应的膜面积，ft^2；

　　　μ_T——温度 T 条件下的流体黏度，cP；

　　　μ_{20}——20 摄氏度条件下的流体黏度，cP。

3.2.8　膜材料

膜材料是指制造膜的物质。复合膜是在 20 世纪 60 年代产生的。膜材料多种多样，有纤维材料、热塑性材料、陶瓷材料和烧结金属材料。根据不同的应用，不同的膜材料各有利弊。选择膜材料的时候要考虑众多因素，因为不同的应用有各自独特的要求。这些考虑因素将在"第 4 章低压膜技术——微滤和超滤"、"第五章扩散膜技术——纳滤和反渗透"中进行讨论。

膜可能是固态和也可能是非流动液态，包含有机或无机材料，可能含有催化和非分离性能并兼具分离功能。

制造低压膜的传统材料有醋酸纤维素（cellulose acetate）、聚酰胺（polyamide）、聚砜（polysulfone）以及聚醚砜（polyethersulfone）材料。其他一些制造膜的大分子材料包括聚丙烯（polypropylene）、尼龙（nylon）、聚丙烯腈（PAN）、聚碳酸酯（polycarbonate）、聚乙烯醇（PVA）和聚偏二氟乙烯（PVDF）。陶瓷和金属膜材料常用于制造微滤和超滤膜。

膜材料的性质影响膜系统的设计和运行。通常用聚合高分子作为膜材料，当然陶瓷和金属材料也是可行的。直到最近，用于污水循环和回用工艺的膜都用聚合高分子材料制造，因为聚合高分子材料相对于其他材料更便宜。

过去几年中推出的新一代陶瓷膜相比于高分子膜具有独特优势。陶瓷膜在苛刻的化学和热环境中更具耐久性，与高分子膜相比陶瓷膜更具工作效率。试验性陶瓷膜能够在更高的膜通量和更高的水回收率下运行，并且具有更高效的反洗间隔，更低的化学清洗要求，使用寿命更长，运行更具保证。陶瓷膜可在臭氧氧化处理工艺之后运行，比通量高达

40gf/psi（998lmh/bar）（Lehmann 等，2009）。

膜介质可制作成平板式或中空纤维式，然后固定在进膜组件中。目前，大多数普通膜组件的形制为中空纤维式、管式和平板式。卷式膜组件（平板式膜介质在管上缠绕而成）很少应用于微滤和超滤工艺。具有一定面积、装在具有滤液出口结构的装置中的最小膜单元，称之为组件（module）。组件经常用来指代各种各样的膜组件结构，在不同的膜制造商之间叫法不同。

3.2.9 膜组件

各种膜材料、膜组件以及膜滤过程使用的相关膜系统有很多。尽管不同类型的膜组件可应用于任意一类膜工艺，但通常来说，污水循环利用、再生以及水处理应用中，每种膜工艺一般仅对应一类膜组件。一般情况下，微滤和超滤使用中空纤维膜组件，纳滤和反渗透使用缠绕式膜组件。所谓"中空纤维式"和"缠绕式"都是指内部含有膜介质的组件。

这些工艺将膜作为屏障，允许水通过并在不同程度上截留污染物。除了膜组件的差异外，不同的类型的膜过滤系统（微滤、超滤、纳滤和反渗透）也会存在膜材料、水力条件以及操作驱动力（正压或负压）的差别。

膜介质可制作成平板式或中空纤维式，然后将其放入不同的膜组件中。膜组件是膜系统中最小的分离过滤单元。膜组件的构建就是将膜材料装配或密封在配件中，这样可能形成一个完整的密闭结构，如中空纤维组件。这类组件将长期使用。虽然在由卷式膜组件组成的膜滤系统的设计中，膜组件需要被装在压力容器中，但组件也可长期使用。

除中空纤维式和卷式膜组件之外，膜滤系统中还存在其他一些不常用的膜组件。这些组件包括毛细管式（HFF），管式和平板式膜组件。这些膜组件也可能应用于膜生物反应器等膜与生化处理耦合相关的膜滤系统。

半透性的毛细管膜是原始的中空纤维膜，可用其进行除盐（如反渗透）。随着有较大纤维直径的多孔中空纤维微滤和超滤膜用于颗粒的去除，毛细管膜的半透性变化也逐渐被人们知晓。毛细管膜被纵向绑扎成 U 形（称为 U 形管），然后封闭进圆柱形的压力容器内。原水通过容器中部多孔管进入毛细管组件中，然后通过膜束向外放射性流动。透过膜的水被收集在纤维腔中，然后在 U 形管的敞口端流出。没有渗透进纤维腔的水中含有浓缩的盐分和悬浮固体，通过浓缩水出口流出压力容器。通常情况下，毛细管膜的内径只有 $40\mu m$，这就使得一个压力容器内可以盛放很多纤维，并且使单位体积的压力容器具有更大的膜表面积。但是高的填充密度同样增加了膜污染的可能性，就通量而言，可能比卷式膜组件的通量降得更低，这些缺点相比于其增加膜面积这样的优点更为突出。目前毛细管膜通常用于海水的脱盐处理（特别是在中东地区）。

管式膜基本上是刚性更大的的中空纤维膜。直径可达 1～2in.（25.4～50.8mm）的管式膜不易堵塞，膜材料（管壁）相对容易清洗。然而，管式膜压力容器单位体积的膜表面积较小。在污水回用工艺中，多孔膜（微滤膜和超滤膜）和半透膜（纳滤和反渗透膜）都可以采用管式膜形式。

平板式膜组件是最早出现的膜组件之一，也是一种最简单的膜组件，它由一系列平板膜构成，这些平板膜被过滤间隔区或是进水/浓缩间隔区分隔开。因为平板式膜组件单位体积的膜表面积很小，因此缺乏效率，但是在处理垃圾填埋场渗滤液方面却有独特的应用。

图 3-9 是一个具有平板式构造的碟管式膜组件，相比于卷式结构它可以保持更高的压力。

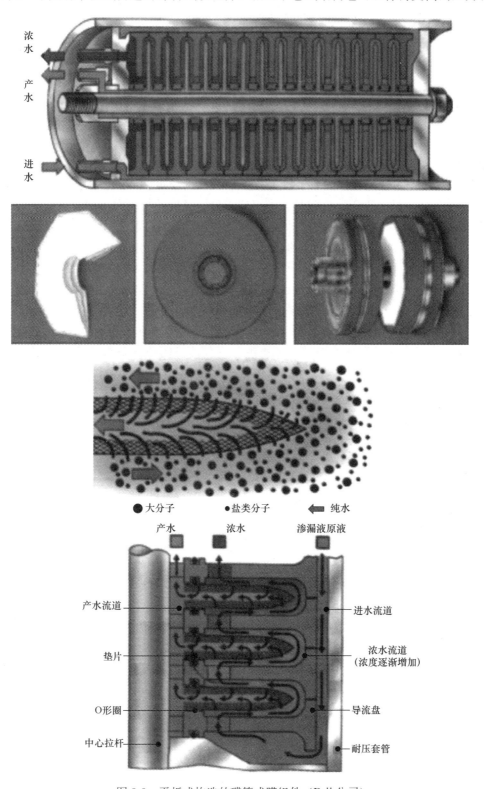

图 3-9 平板式构造的碟管式膜组件（Pall 公司）

3.3　高效能低压膜——理论解释

3.3.1　概述

高效能膜可以保持高通量但却不以牺牲寿命和提高能耗为代价，从而具有更高的效率。高效能膜具有很多属性。一些属性是固有的，如它们本身就具有渗透性；一些属性则是人为赋予的，如可以保持膜的渗透性。孔径及孔径分布、厚度、表面孔隙率是高效能膜的固有属性。

受用以去除污染物的孔径限制，以及用来维持膜的稳定性的膜厚的限制，孔隙率极大地影响了膜的渗透性。人工属性包括化学组成，分子结构，与压力方向有关的链取向以及形态，这些属性与膜的表面性质，机械强度以及膜的化学稳定性直接相关。化学组成和分子结构相同的膜介质中，大分子的形态（晶型或非晶形）成为保持膜的机械强度和化学稳定性的重要因素。高结晶度的膜具有高的机械强度，因为这种膜可以均匀地传递和分布压力，而且能够减缓裂纹的增长。此外，结晶度增加了膜承受化学侵蚀的能力，因为它减少了大分子的内部扩散，减缓了化学试剂与大分子的反应速率。一些属性也有负面效应。例如，薄的多孔膜可能不具备足够的结构稳定性和机械强度去承受剧烈的清洗，这反过来又影响其性能的保持。所以说，高效能膜需要具备合理的综合属性。

3.3.2　增加膜通量的属性

许多因素能够影响膜通量，大致可分为三类：

（1）固有属性。膜本身的性质与其渗透性有直接关系。这类性质包括膜的物理性质，如表面孔隙率、孔径及孔径分布、厚度。

（2）和膜污堵有关的膜的表面性质，膜污堵是导致膜通量降低的主要因素。这类性质包括膜的表面电荷、粗糙度和疏水性。

（3）有些性质影响膜的机械强度和化学稳定性的特性。膜被污堵后需要机械（水力学方法）或化学的方法进行清洗。为了维持膜的渗透性，清洗是频繁且严格的，因而高效能膜应具备机械强度和化学稳定性以承受频繁且严格的清洗。

需要指出的是，膜的一些性质对其渗透性、机械强度和化学稳定性的影响并不统一。有时，一个因素对膜的渗透性和机械强度、化学稳定性产生截然相反的影响，这在之后的讨论中更加显著。因此为了获得具有最佳性能的膜，平衡膜不同方面的性质并对其进行全面优化显得十分必要。

3.3.2.1　影响膜渗透性的固有属性

膜的固有属性是指与膜通量有关的物理和化学属性。相关的物理属性包括膜的形态、孔隙率、厚度、孔径以及表面粗糙度；化学属性包括膜的化学组成、分子量、分子分布、结构形态和疏水性。

根据哈根—泊肃叶公式，膜通量可以用式（3-5）表示：

$$J = \frac{\varepsilon d_{\mathrm{p}}^2 \Delta P}{32 \delta \mu} \tag{3-5}$$

式中　　J——膜通量；

　　　　ε——膜的表面孔隙率（膜孔面积与总膜面积的比值）；

　　d_p——膜平均孔径；

　　ΔP——跨膜压差；

　　　δ——膜的有效厚度；

　　　μ——流体黏度。

哈根—泊肃叶公式是达西公式的特例，假设：膜孔中流体呈层流不可压缩状态；膜孔为圆形。

公式（3-5）可以改写成如下形式：

$$J = K \frac{\Delta P}{\mu}$$

$$K = \frac{\varepsilon d_p^2}{32\delta} \tag{3-6}$$

式中，K 为渗透性。

如公式（3-6）所示，膜的渗透性与膜的表面孔隙率（ε）及膜的平均孔径的平方（d_p^2）成正比，与膜的有效厚度（δ）成反比。一般来说，孔隙率伴随着孔径的增加而增加。很多超滤膜的孔隙率小于 10%。微滤膜的孔隙率可达到 $30\% \sim 80\%$（Cheryan，1998）。图 3-10 为微滤膜（a）和超滤膜（b）的电镜图。两种膜在孔隙率方面的差别是显而易见的。一般来讲，微滤膜比超滤膜更具渗透性，因为前者具有较大的孔径和孔隙率。

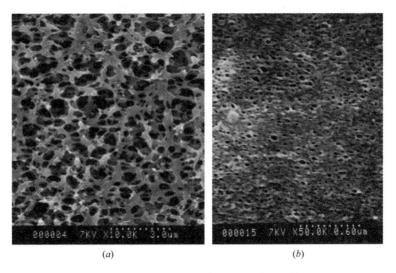

(a)　　　　　　　　　　　　　　　(b)

图 3-10　两张不同孔隙率 PVDF 膜的电镜图

因为要满足对微生物病原体（如原生动物和细菌）的去除要求，饮用水过滤所用低压膜的公称孔径上限一般为 $0.1 \sim 0.2 \mu m$。此外，大孔径膜往往表面粗糙，这反过来促使污染物沉淀在膜表面上。如果高通量是唯一的考虑因素，那么由于孔径方面的限制，理想的膜就应该兼具孔的数量大且孔径小的特点。但在现实中这种膜无法使用，因为这种膜的结构稳定性很差，机械强度很低，不可能承受剧烈水力清洗带来的压力。因此，高效能膜的关键在于对物理性质的合理组合。

增加膜通量的方法之一是制造复合膜——一种覆盖在多孔支撑层上的功能性薄膜。这种方法已经用来生产高规格的高压膜如纳滤膜和反渗透膜。虽然超滤膜也可以用复合结构，但是这种结构在反冲洗过程中难以承受水力冲洗。对于复合膜而言，其表层是通过界面聚合法"粘"在支撑层上的。由于膜材料和支撑层材料弹性的不同，中空纤维膜（过滤过程中常用的构件）的轴向张力转化为膜和支撑层交界处的剪力。此外，反冲洗也将产生使两层分开的张力。这将产生脱层作用——功能性膜层从支撑层上剥离。对复合膜上机械压力的详细分析将在之后几何构型及结构对膜的影响部分进行论述。

3.3.2.2　影响膜污堵的膜表面化学性质

前面论述了膜固有的物理性质对膜通量的影响。但是在过滤过程中，水中许多成分可能粘附在膜上并减小膜的渗透性，这种现象称为膜污堵。膜被污染后，表面孔隙率和水力直径都减小，有效厚度增加。膜污堵对于通量的影响可以用污染膜和清洁膜的比通量表示，见式（3-7）：

$$\frac{J}{J_0} = \frac{(\varepsilon/\varepsilon_0)(D_H/D_{H0})^2}{(\delta/\delta_0)} = \left(\frac{\varepsilon}{\varepsilon_0}\right)\left(\frac{D_H}{D_{H0}}\right)^2\left(\frac{\delta}{\delta_0}\right)^{-1} \tag{3-7}$$

式中，J、ε、D_H 和 δ 分别代表污堵膜的通量、表面孔隙率、水力直径和有效厚度；J_0、ε_0、D_{H0} 和 δ_0 分别代表清洁膜的通量、表面孔隙率、水力直径和有效厚度。

公式（3-7）右侧的 3 个乘数项分别对应 3 种污堵机制，孔阻塞，内部孔隙堵塞以及泥饼层形成（Cheryan，1998）。在膜污堵前后表面孔隙率之比等于 1 的条件下，公式（3-7）最后两个乘数项对于膜通量降低的影响如图 3-11 所示。因为表面孔隙率 $\left(\frac{\varepsilon}{\varepsilon_0}\right)$ 对于通量之比（J/J_0）的影响是线性的。当表面孔隙率之比 $\frac{\varepsilon}{\varepsilon_0} < 1$ 时，图 3-11 中所示曲面应向下移动至 $(\varepsilon/\varepsilon_0)$。

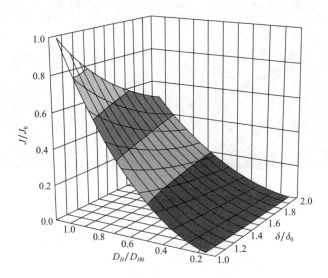

图 3-11　J/J_0 是 D_H/D_{H0} 和 δ/δ_0 的函数，$\left(\frac{\varepsilon}{\varepsilon_0} = 1.0\right)$

对于保持膜的渗透性而言，膜污堵是最大的难题，而且是一个涉及很多因素的难以理解的复杂现象。尽管如此，膜介质的化学性质与膜污堵有着很重要的关系十分密切。

膜的化学性质包括膜的化学组成和大分子的结构形态，这些性质又会影响膜的表面电荷，疏水性和粗糙度等性质。

膜的表面电荷与膜介质的疏水性在一定程度上呈反比关系，考虑到水是极性溶剂，因此这点倒不足为奇。因此，带有高电荷的膜介质往往通过氢键吸附水分子。但是这种联系并不具有普遍性，因为对于膜的亲水性而言，表面电荷是必要非充分条件。带有负电荷的膜被认为不易被污堵，因为水中的污染物如胶体和天然有机物也是带负电的。但这种联系仍不够明确，因为膜污堵现象十分复杂，并且如表 3-4 所示，影响膜污堵的因素很多。尽管我们常认为亲水性膜不容易被污堵，但是疏水性对膜污染的作用并不明确，这还是因为膜污堵的复杂性远超过我们的想象。最新的关于膜污堵的研究表明，天然有机物组分中亲水性高分子量物质对于膜污堵有着重要影响。

影响膜污堵的相互作用 表 3-4

化学作用	性质	能级（kJ/mol）	影响范围
化学键	键合	>150	分子内部
静电	通常为排斥	≤30	1nm～1μm，取决于电荷量
氢键	通常为排斥	5～30	分子内及分子间，<4nm
空间位阻效应	排斥	因结构而异	分子间最大 10nm
范德华力	吸引	≤1	分子间，$\propto r^{-6}$
疏水作用	吸引	～2.5/mol.—CH$_2$	最大 10nm

膜污堵是污染物质和膜之间相互作用的综合结果。如果可以对每个单独的反应进行定量化研究，那么整体的污堵可能性就可以通过诸如 Deryagin-Landau-Verwey-Overbeek (DLVO)（Gregory，1993）这样的理论模型加以预测。但是，目前的研究离定量化预测膜污堵以及预测每种膜表面性质对膜污堵的影响还有很大的距离。

3.3.2.3 影响膜机械强度和化学稳定性的因素

如前所述，保持膜通量的关键在于克服膜污堵。实际应用中通过水力学和化学的方法控制膜污堵以恢复膜的渗透性。水力学方法包括使用和不使用气体的反洗，化学方法则为多种形式的化学清洗。在化学清洗过程中，因为导致膜污堵的物质与化学试剂发生了化学反应，所以污堵物发生溶解或者对膜的粘附性降低。因为低压膜应具有较长的使用寿命（超过 10 年），因此它们必须经受住反复、强烈的清洗（无论是水力学清洗的还是化学清洗），所以可以认定，机械强度和化学稳定性即使不直接增加膜的渗透性，也对膜保持高通量条件稳定运行有着深远影响。

影响聚合物物理化学性质的主要因素（Alfrey，1985；Kumar 和 Gupta，1996）包括：

（1）化学组成，包括单体结构以及单体成链方式。

（2）分子构型，指大分子结构，包括平均分子质量（AMW），分子分布，分子衍生及交联等。

（3）相对于主要压力方向的分子链方向。

（4）分子形态（晶态或非晶态）。

（5）膜的几何结构。

制作低压膜的高分子材料包括聚偏二氟乙烯（PVDF），聚醚砜（PES），聚砜（PS），聚丙烯（PP），醋酸纤维素（CA）。2003 年，美国自来水厂协会研究基金会（AWWARF）的调查显示，装机容量在每日百万加仑（mgd）的不同的微滤和超滤膜中，过半数为聚偏二氟乙烯（PVDF）材料。其他材料（PES，PS，PP，CA）只占到装机容量的 8％～15％（Adham 等，2005）。聚偏二氟乙烯膜的主导地位可能与材料本身具有很高的化学稳定性和机械强度有关。

但是，材料不是膜机械强度的唯一决定因素。熔融挤出技术贯穿了中空纤维膜制造的全过程。在这一过程中，首先高分子融化并与通过旋转喷头注入的溶剂混合，然后冷却。膜孔在化学致相或热致相分离过程中形成。这一过程中的每一单独步骤都对分子结构、分子链方向和最终产品的形态产生重要影响，进而将使膜具有不同的机械强度和化学稳定性。

聚合物机械强度和化学稳定性的决定性因素是分子的结晶度。不同于金属，聚合物无法形成完美的晶型结构。结晶度对聚合物机械强度和化学稳定性的影响体现在如下几个方面：

（1）通常，较高的结晶度可通过更均匀地传递和分布压力来增强机械强度。

（2）较高的结晶度可以显著地减缓聚合物内裂纹的扩展。非晶形聚合物裂纹的增长速率要比半晶型聚合物裂纹的增长速率大一个数量级（Hertzberg 和 Manson，1980）。

（3）晶型聚合物不仅可以在其变形时分散能量，而且可重组为一个极强的晶体结构。

（4）较高的结晶度可以十分有效地阻止溶剂或非溶剂（如水）进入并穿过聚合物（Vieth，1991），就化学稳定性而言，这是值得注意的重要方面。事实上，聚合物的化学降解最有可能限制扩散。

（5）较高的结晶度有可能极大地减缓聚合物动力学反应的速率。相比于晶态聚合物，非晶态聚合物更容易受化学试剂的侵蚀（Reich 和 Stivala，1971）。

通过聚偏二氟乙烯膜可以看到结晶度对于化学稳定性的影响。通常，聚偏二氟乙烯具备很强的耐氧化性。但是当氢氧化钠存在时，PVDF 耐氧化性降低，这是因为聚偏二氟乙烯通过脱氟化氢作用与氢氧化钠反应：

$$CF_2-CH-CF-CH_2 + NaOH \longrightarrow CF_2-CH=CF-CH_2 + NaF + H_2O$$
$$\overset{\displaystyle |}{H} \quad \overset{\displaystyle |}{F}$$

反应式即为聚偏氟乙烯分别脱掉相邻两个碳原子上的氢原子和氟原子，然后两个碳原子形成双键，如图 3-12 所示，样品 B 和 C（低结晶度的膜）显示出明显的棕色。

分子链中碳碳单键的旋转在碳碳双键形成后受到限制。因此，分子链变得更具刚性且更脆弱。此外，碳碳双键的位置更易被氧化，而且分子链更容易在碳碳双键处断裂。碳碳双键氧化解离的例子为：

$$R_1-HC=CH-R_2 + NaOCl \longrightarrow R_1-HC=O + O=CH-R_2$$

当聚偏二氟乙烯出现脱氟化氢作用和氧化解离作用时，膜逐渐变得脆弱，最终在机械压力的作用下断裂。图 3-13 表示在 25℃ 条件下，两种聚偏二氟乙烯中空纤维膜 A 和 B 分别在 0.5％次氯酸钠溶液和 4％的氢氧化钠溶液中浸泡 24h 后的相对抗拉强度和伸长率。

图 3-12 和图 3-13 显示，脱氟化氢作用并没有在高结晶度的膜 A 中显著出现，但是却出现在低结晶度的膜 B 和 C 中。由于脱氟化氢作用以及之后发生的氧化作用，膜 B 和 C

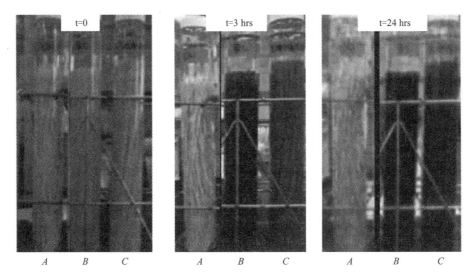

图 3-12 室温下，三个 PVDF 中空纤维膜样品在质量分数为 0.5％次氯酸钠和 1％
氢氧化钠溶液中浸泡后的颜色变化

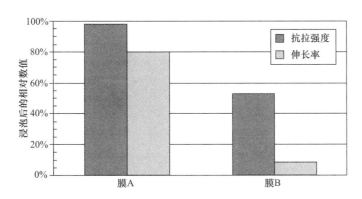

图 3-13 25℃下，膜在质量分数 0.5％次氯酸钠和 4％氢氧化钠
溶液中浸泡 14d 后抗拉强度和伸长率的变化

的机械强度锐减；拉伸强度几乎减少为最初的 1/2，拉力值和伸长率不到初值的 1/10。与
此相反，膜 A 的拉伸强度和伸长率分别为初值的 98％和 80％。模拟实际化学清洗条件
（药剂浓度和时间），假设每月清洗一次，上述膜浸泡试验的等效暴露时间相当于膜 14 年
的运行时间。膜 A 的高化学稳定性使其可以在必要的情况下承受更激烈的化学清洗以缓解
膜污染，反而保持膜通量运行。

3.3.2.4 膜的几何结构

　　大多数用于过滤的低压膜都是中空纤维式的，因为这种膜通常在机械压力下结构更稳
定。究其内部结构而言，单层膜和复合膜之间有所不同：前者由一种材质制作而成，后者
制作材料不止一种（复合膜大多用于超滤膜）。复合膜是由一层很薄的功能性膜附着在多
孔的支撑层上形成的。复合膜在结构上与纳滤膜和反渗透膜中常用的复合薄膜（TFC）相
似。功能性表层和支撑层是通过界面聚合法"粘"起来的。在典型的水力反冲洗和气体清

洗过程中，中空纤维膜主要经受来自径向（σ_x）和轴向（σ_y）两种方向的应力，如图 3-14 所示。

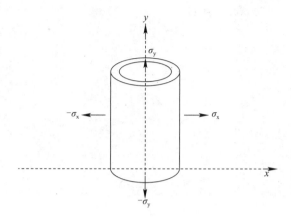

图 3-14　施加在中空纤维膜上的主要压力

在径向上施加一个力，该力可使功能性表层和支撑层分离。另一方面，轴向上的应力会在中空纤维上产生张力。因为膜材料和支撑层材料的不同，在聚合界面处张力衍生出剪力，如图 3-15 所示。

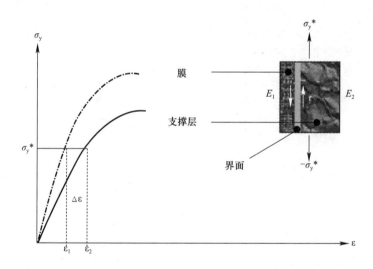

图 3-15　复合膜的拉力和弹力图

当中空纤维经受 Y 方向的张力（σ_y^*）时，膜介质和支撑层受力按式（3-8）、式（3-9）计算：

$$\varepsilon_1 = \sigma_y^* / E_1 \tag{3-8}$$

$$\varepsilon_2 = \sigma_y^* / E_2 \tag{3-9}$$

式中，E_1 和 E_2 分别为膜和支撑层的伸缩系数。

因为膜和支撑层的伸缩性能不同，所以对于两种材质来说，由张力产生的拉力也不同。

$$\Delta\varepsilon = \varepsilon_2 - \varepsilon_1 = \sigma_y^* \left(\frac{1}{E_2} - \frac{1}{E_1} \right) \tag{3-10}$$

张力使两种相邻材质产生不同的膨胀，进而在界面出产生剪力：

$$\tau = G\Delta\varepsilon = G\sigma_y^* \left(\frac{1}{E_2} - \frac{1}{E_1}\right) = \frac{G\sigma_y^* (E_1 - E_2)}{E_1 E_2} \tag{3-11}$$

公式（3-11）表明，剪力分别与纵向拉力的波幅、弹性模量之差和界面的切变模量成正比，与膜和支撑层的弹性模量之积成反比。

压力循环作用在复合膜上的结果就是使膜从支撑层上剥离——当压力削弱了聚合界面处两材质的接合时，膜就从支撑层上剥离开来。即使膜没有遭到结构上的破坏，膜的脱层导致膜破损且允许污染物通过，从而使膜失去使用功能。

3.4 扩散膜——纳滤和反渗透

纳滤膜和反渗透膜通过反渗透过程去除溶解性固体。渗透就是溶剂（如水分子）经半透膜（作为对溶解性固体的屏障）从低浓度溶液流到高浓度溶液（膜的另一侧总的溶解性固体集中的区域）的过程。渗透存在于植物从根系向叶输水的过程中。当膜两侧的化学势（或实际浓度）相等时，渗透停止。作用于高浓度溶液处使渗透停止的压力称为渗透压。根据经验，对 100mg/L 不同溶解性固体浓度每上升 100mg/L，淡水或含盐水的渗透压大约增加 1psi（0.07bar）。

图 3-16 和图 3-17 分别为渗透和反渗透过程。反渗透是渗透过程的逆过程，当在浓水侧施加的压力高于渗透压时，反渗透过程出现。驱动反渗透过程的压力使水逆渗透梯度通过半透膜，因此增加了膜一侧（进水侧）溶解性固体的浓度，增加了溶解性固体浓度较低一侧（渗透侧或过滤侧）水的体积。根据进水组分的渗透压、膜性能和温度的不同，反渗透的压力也不一样，一些纳滤膜小于 100psi，海水脱盐过程中所用的膜大于 1000psi。表 3-5 表示的是氯化钠、硫酸钠、氯化钙和硫酸铜大致的渗透压。

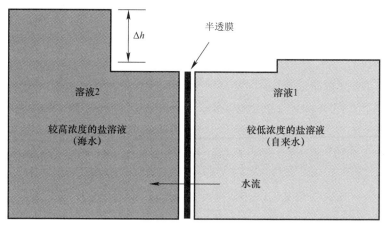

图 3-16 渗透

纳滤和反渗透都是压力驱动的分离过程，两过程中都使用半透膜。两者不同之处在于，相比于反渗透，纳滤对于溶解性物质特别是对于单价离子（如钠离子）去除效率更低。这使得纳滤相比于反渗透，在低压下去除硬水离子（钙镁离子）具备更为广泛和特殊的应用。因此，纳滤经常被称为膜软化或者疏松反渗透。

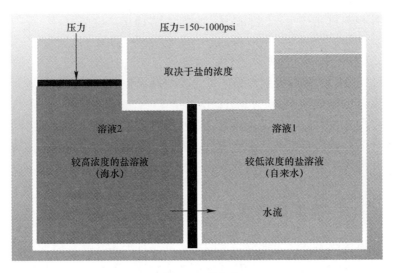

图 3-17 反渗透

部分盐类的大致渗透压   表 3-5

盐类	浓度（%）	大致的渗透压（psi；bar）
氯化钠		
	0.5	55（3.8）
	1.0	125（8.6）
	3.5	410（28.3）
硫酸钠		
	2	110（7.6）
	5	304（21.0）
	10	568（39.2）
氯化钙		
	1	90（6.2）
	3.5	308（21.2）
硫酸铜		
	2	57（3.9）
	5	15（7.9）
	10	231（15.9）

3.4.1 跨膜压差

扩散膜的跨膜压差比低压膜组件的跨膜压力高。低压膜组件的跨膜压差为 5～40psi（0.3～2.86bar）。根据组分渗透压的不同，扩散膜的跨膜压差在 100～1200psi（6.9～82.7bar）。

3.4.2 净推动压

净推动压等于进水水压减去渗透压和反渗透压，见式（3-12）。

$$\text{NDP} = P_F - \frac{1}{2}(P_F - P_C) - P_P - \Delta\pi \qquad (3\text{-}12)$$

式中 P_F——进水水压；

$\qquad P_C$——浓水压力；

$\qquad P_P$——产水压力；

$\qquad \Delta\pi$——渗透压变化。

3.4.3 浊度的影响

对于纳滤和反渗透工艺而言，浊度达标不是问题，因为两者的差别在去除微粒方面差异很小，从这个角度说，两者功能相仿。半渗透性的纳滤膜和反渗透膜不是多孔膜，两者有能力去除进水中的微生物和微粒物质，但是它们的去除并不绝对彻底。

这些膜的设计运行条件是进水不含浊度。污染指数（SDI），（见术语部分和第 5 章）以及其他相关测试都被用来测定进水污染的可能性。现在污染指数限制标准越来越严格，因此应用扩散膜之前，需要先用低压膜来预处理。

3.4.4 完整性检测

在污水处理和回用中，膜可用来去除微生物致病体，如原生动物、细菌、病毒；也可作为其他污水回用工艺如纳滤和反渗透的预处理工艺。扩散膜无法进行直接完整性检测操作。虽然目前的卷式膜系统并不能进行自动完整性检测（ITs），但是类似的负压试验有时可以用来检测扩散膜的完整性。对于去除溶解性物质的纳滤和反渗透而言，其他在线参数也可以用来检测完整性。电导率是一个易得的准确的检测参数。目前，在线 TOC 检测和硫化物传感器也用来检测完整性。

为了获得高品质产水，就要对膜重要参数的下降进行监控。

对于扩散膜之前采用低压膜进行预处理的情况，要对低压膜做直接完整性检测，保证出水满足扩散膜的进水要求。

纳滤和反渗透膜是专门设计用来去除总的溶解性固体的，而非去除颗粒性物质，因此对脱盐性能影响不大的密封泄漏的排查不是膜生产过程中的重点工作。纳滤和反渗透的卷式膜组件不具备隔离细菌的功能制作过程中的瑕疵可能导致微生物通过。基于以上原因，扩散膜对病毒的去除率比超滤膜低。反渗透膜的病毒对数去除率为 2，而超滤膜通常达到 1~4。这对将反渗透膜用于高级别的污水高品质回用处理有重大影响。

3.4.5 膜污堵

污染密度指数（Silt Density Index，SDI）可用来预测扩散膜污堵的潜势，也是衡量致密膜有预处理设施有效性的一种方法。测试方法详见 ASTM 标准方法 D4189-95 和 D4189-07（最新的标准）。

纳滤和反渗透进水的 SDI 采用 $0.45\mu m$ 滤膜的流速衰减速率计算。该方法的详细介绍见第五章。

在几年之前，还在考虑进水 SDI 大于 5 时卷式膜处理效率下降的问题，随着低压膜预处理工艺的应用，现在通常要求进水 SDI 小于 3。指导手册《膜过滤》（MFGM）比较了 SDI 为 2～4 的地表水和清洁地下水的纳滤和反渗透通量，两种水的通量分别为 8～14gfd 和 14～18gfd。纳滤和反渗透的预处理使其拥有更高的通量和临界通量。

3.4.6　温度影响

相比于低压膜，纳滤和反渗透膜在更高的跨膜压差下运行。在污水回用领域，纳滤和反渗透的跨膜压力通常在 150～300psi 之间。用于处理苦咸水和海水时，跨膜压差可达到 1000psi。为了补偿膜污堵和低温带来的通量下降，扩散膜必须增加跨膜压差以保持通量。膜过滤指导手册（USEPA，2005）给出了温度修正因子（TCF）：

$$TCF = \exp\left[U\left(\frac{1}{T+273} - \frac{1}{298}\right)\right] \tag{3-13}$$

式中　TCF——温度修正因子；

　　　　T——水温，℃；

　　　　U——膜厂商提供的膜特征常数。大多数情况下，膜厂商会提供 TCF。

已知 TCF，温度 T 下的跨膜压差可以通过下式计算：

$$TMP_T = TMP_{25}/TCF$$

式中　TMP_T——跨膜压差（温度为 T），psi；

　　　TMP_{25}——25 摄氏度下的跨膜压差，psi；

　　　TCF——温度修正因子。

公式（3-13）也可以用来计算温度升高后黏度的下降值。

3.4.7　膜材料

扩散膜的膜材料将在第 5 章中论述。

3.4.8　膜组件

膜组件是膜系统中最小的分离过滤单元，与低压膜类似，扩散膜也有很多种膜材料、组件和附件。一般来说，纳滤和反渗透使用卷式膜组件。所谓卷式是指膜材料的组装形式。

膜组件的组装就是将膜材料封装在容器中。虽然在由卷式膜组件组成的膜滤系统中，膜组件需要被装在压力容器中，但组件也有较好的独立性。

除中空纤维式和卷式膜组件之外，还有一些不常见的膜组件形式。这些组件包括毛细管式（HFF），箱式、管式和板框式膜组件。这些膜组件可能在膜生物反应器等与生化工艺结合的膜系统中得到应用。

半透性的毛细管膜是原始的中空纤维膜的初始形态，可用其进行除盐（如反渗透）。随着有较大膜丝直径的多孔中空纤维微滤和超滤膜用于颗粒的去除，毛细管膜的半透性变化也逐渐被人们知晓。毛细管膜被纵向绑扎成 U 形（称为 U 形管），然后封闭进圆柱形的压力容器内。原水通过容器中部穿孔管进入容器中，然后通过膜束向流动。

透过膜的水被收集在膜丝内腔，然后在 U 形管的敞口端流出。没有渗透进膜丝内腔的水中含有浓缩的盐分和悬浮固体，通过浓缩水出口排出压力容器。通常情况下，毛细管膜的内径只有 $40\mu m$，这就使得一个压力容器内可以盛放很多膜丝，并且使单位体积的压力容器具有更大的膜表面积。但是高的填充密度同样增加了膜污堵的可能性，产生的通量远低于卷式膜组件，抵消了膜面积增加带来的优势。目前毛细管膜通常用于海水的脱盐处理（特别是在中东地区）。

第4章 低压膜技术——微滤和超滤

4.1 引言

本章论述了用于污水回用的低压膜工艺——微滤（MF）和超滤（UF）。

皮尔斯（Pearce，2007）以及美国自来水厂协会（AWWA）的期刊专业委员会（2008）都介绍了微滤和超滤工艺简明而辉煌的历史。表 4-1 为净水用膜产业发展的大事记表。

净水用膜产业发展大事记表　　　　　　　　　表 4-1

1784 年	Jean-Antoine Nollet 发现渗透作用
1960 年	反渗透膜首次应用
1960s	非对称膜得到发展；低压膜商业化
1970s	复合反渗透膜商业化
1976 年	21 世纪水厂——使用常规预处理与 RO 组合工艺对 500 万加仑/日的污水进行回用处理
1980s	纳滤膜商业化
1990s	美国的微滤/超滤膜水处理产业快速发展
1993 年	首个大规模膜滤水厂建成（萨拉托加，加利福尼亚——360 万加仑/日）

注：改编自皮尔斯（2007）和美国自来水厂协会 M53 手册（2005）。

低压膜技术出现于 20 世纪 50 年代，当时微滤膜在商业上用于杀菌。超滤膜首先用于蛋白质分离，截留分子量为 3～1000Da（道尔顿）。即使采用管式和中空纤维的形式，这种膜也因太过致密而难以在水和废水处理中应用。目前，污水回用所用的超滤膜的典型公称孔径为 $0.01～0.024\mu m$，即截留分子量为 $8\times10^4～15\times10^4$Da（道尔顿）。据皮尔斯报道，第一个大规模市政超滤水厂投产于 1988 年。20 世纪 90 年代初，第一个采用低压膜工艺的市政供水厂在北美建成，该低压膜工艺用来去除地表水和地下水中的浊度和微生物。1993 年，装机容量为 360 万加仑/日（约 1360 万 L/d［MLD］）的低压膜工艺系统在加利福尼亚的萨拉托加建成（美国自来水厂协会，2008）。膜系统被看作是完整的水处理体系中的一个环节，包括预处理和后处理单元，预处理单元包括沉淀，后处理单元包括颗粒活性炭吸附（GAC），UV-O_3 等高级氧化，（AWWA M53 手册，2005）。表 4-2 列出了完整的膜处理工艺系统的可选方案。

越来越严格的标准以及激烈的市场竞争持续地推动着膜的应用普及。《长期强化地表水处理规定（二期）》（The final Long Term 2 Enhanced Surface Water Treatment Rule）和《消毒剂和消毒副产物管理条例（第二版）》（Stage 2 Disinfectants and Disinfection Byproducts Rule）的出台，推动了更多公共事业采用替代性的膜技术来满足现有规定。越来越严格的排放标准迫使市政和工业考虑污水回用这一问题，以避免违反美国国家污染物排放削减（NPDES）许可证制度。单一的传统处理工艺不能完全满足标准的要求。市场竞争已经推动科技的创新和工艺的进步，这极大地提升了工艺效率。其中一个例证就是现在许多低压膜制造商使用增强型化学反洗及其衍生技术。有研究表明，这些技术与高效能膜结合使用之后，运行通量可由 30％提升至 60％。如果将 8 年前的膜通量和跨膜压差与目前的通量与跨膜压差值相比较，会发现它们有了全面而巨大的提高。

毫无疑问，膜系统在高通量条件下运行更具效率，较低的跨膜压差对运行成本的影响很显著。膜通量对膜系统成本的影响包括：膜及相关系统配件的投资，设备的运行和维护，膜的更换以及化学药剂的使用。有资料表明，决定膜处理设施运行费用的首要因素就是膜通量（Chellam，Serra，Wiesner，1998），目前仍然如此。

膜通量不是唯一可以改进的地方。低压膜可以在非常低的跨膜压差下运行。膜丝破损极少的前提下，微滤膜的寿命甚至能与新型陶瓷膜相当。

完整的膜处理工艺的可选方案   表 4-2

预处理系统
膜过滤→紫外消毒＋过氧化氢
膜过滤→臭氧生物过滤
膜过滤→纳滤或者反渗透
中间处理系统
常规预处理→膜过滤→纳滤或者反渗透
石灰软化→膜过滤→纳滤或者反渗透
末端处理系统
预氧化→膜过滤
吸附→膜过滤
在线混凝→膜过滤
常规预处理→膜过滤
石灰软化→颗粒活性炭吸附→膜过滤
石灰软化→传统预处理→膜过滤
臭氧氧化→接触絮凝（粉末活性炭）→膜过滤

来源：美国自来水厂协会（2005）。

4.2 水质

微滤和超滤是最常见的两种膜过滤工艺。用于水和废水处理的微滤膜和超滤膜的公称孔径为 $0.001\sim0.2\mu m$（AWWA，2005）。这两种膜都是在环境温度下利用筛分机制去除颗粒物，包括去除浊度（对饮用水而言），悬浮物（对污水而言）或者是以上两类物质（在污水回用工艺中），原生动物（隐孢子虫和贾第鞭毛虫等），细菌（大肠菌群（大肠杆菌和军团菌）等），病毒，以及某些无机物（铁和锰等）。

微滤和超滤的特点是，利用膜孔和颗粒物的相对尺寸差异，通过筛分机制去除悬浮物和胶体颗粒物。

所有的膜都有其孔径分布，这一分布也因膜材料以及制造过程的不同而有所差异。当膜有确定孔径时，孔径可用公称孔径（即平均孔径）或绝对孔径（即最大孔径）表示，以"μm"计量。一般情况下，用于污水循环和回用工艺的微滤膜的孔径范围在 $0.1\sim0.2\mu m$（公称孔径为 $0.1\mu m$），当然也有孔径大于 $10\mu m$ 的微滤膜。常用截留分子量表征超滤膜，其孔径范围在 $0.01\sim0.05\mu m$（公称孔径为 $0.01\mu m$）甚至更小。当孔径小到一定程度时，膜孔已不可辨识，一些分散的大分子物质可被膜截留。就超滤膜而言，且最小孔径大约为 $0.005\mu m$。

尽管有时用公称孔径或绝对孔径的概念描述膜材料的去除能力，但是，这样的概念未免太过简单，或者说无法完全表示膜的去除效率。例如，尺寸小于绝大多数膜孔的颗粒通过过滤介质时也存在被截留的概率，因此，对于与膜孔尺寸相当的颗粒物的过滤机理要比筛分机理更加复杂。此外，对于膜材料而言，颗粒可能会因静电作用而被去除或被膜材料吸附。膜的过滤能力也可能取决于过滤过程中滤饼层的形成，这是因为随着过滤进行，颗粒的沉积会覆盖住膜孔，进而增加了膜的去除效率。

目前尚无确定的标准方法对不同类型膜的孔径加以研究。因此，孔径的含义随着制造厂家而变化，这样就限制了它的应用价值。对于纳滤和反渗透膜来说，膜孔的概念没有意义，因为它们是半透膜且没有膜孔。孔径的概念并不能表示膜组件的完整性随着时间的变化，因为比膜孔大的颗粒也可能穿过膜。表 4-3 比较了微滤膜和超滤膜对隐孢子虫卵囊、贾第鞭毛虫孢囊、MS-2 噬菌体、颗粒数目和浊度去除的挑战性试验结果。

微滤和超滤工艺去除率对比表 表 4-3

	微滤	超滤
贾第鞭毛虫孢囊	$(4.5\sim7)$ log	$(5\sim7)$ log
隐孢子虫卵囊	$(4.5\sim7)$ log	$(5\sim7)$ log
MS-2 噬菌体病毒	$(0.5\sim3)$ log	$(4.5\sim6)$ log
粒径>$2\mu m$ 的颗粒物	<10/mL	<10/mL
粒径 $2\sim5\mu m$ 颗粒物	<10/mL	<10/mL
粒径 $5\sim15\mu m$ 颗粒物	<1/mL	<1/mL
平均浊度	0.01~0.03NTU	0.01~0.03NTU

来源：Pall 公司（2004）。

微滤膜和超滤膜的判断依据存在重叠部分。一些情况下，若以孔径为判断依据，某一特定的膜既可以认为是微滤膜也可以认为是超滤膜。表 4-4 揭示了这种重叠。

污水回用膜工艺的一般特性表 表 4-4

膜工艺	膜的驱动力	分离机理	典型孔径	污水回用典型孔径（μm）	材料
微滤	真空压差或敞口容器的负压	筛分机制	大孔（>50nm）	0.08~0.2	陶瓷（多种材质），聚丙烯（PP），聚砜（PS），聚偏氟乙烯（PVDF），聚醚砜（PES）

膜工艺	膜的驱动力	分离机理	典型孔径	污水回用典型孔径（μm）	材料
超滤	静水压差或敞口容器的负压	筛分机制	中孔 （2～50nm）	0.005～0.2	聚芳酰胺，陶瓷（多种材质），醋酸纤维素，PP，PS，PVDF
纳滤	静水压差	筛分或溶解/扩散＋去除	微孔 （<2nm）	0.001～0.01	纤维素，聚芳酰胺，PP，PVDF，复合膜
反渗透	静水压差	溶解/扩散＋去除	致密 （<2nm）	0.0001～0.001	纤维素，聚芳酰胺，复合膜

注：改编自 Asano 等（2007）427 页。

因为超滤膜具有截留有机大分子的能力，因而习惯上常用截留分子量而非孔径对超滤膜进行表征。截留分子量的概念（用"Da"表示）是以原子重量（或质量）而非原子大小为依据来表示膜的去除特性。因此，具有一定截留分子量的超滤膜对于那些超过该截留分子量的组分或分子来说就如同一个屏障。有机大分子类的物质在形态上很难确定，通常不是以悬浮固体的形式存在于溶液中，因而当讨论和这类物质有关的问题时，习惯上用截留分子量而非孔径的概念来定义超滤膜。通常，超滤膜的截留分子量在 10000～500000Da，大多数污水循环和回用工艺所用的超滤膜的截留分子量大致为 100000Da。但是，超滤膜是通过尺寸筛分原理而非以分子量为依据去除颗粒污染物的，因此，当论及用于污水循环回用工艺的超滤膜对微生物和颗粒物的去除能力时，仍需以孔径对其进行描述。

微滤和超滤一个显著的区别在于：对于净水中的病毒，超滤可持续获得高于 3log 的去除率。大多数超滤膜可满足美国《安全饮用水法》中规定的病毒的 4log 去除率。对于净水中的病毒，微滤膜对其并无很高的去除率，但是在添加絮凝剂条件下或处理污水过程中，可以获得高于 2log 去除率。很多情况下，微滤工艺需增加一个消毒的步骤。

孔径为 0.1μm 的微滤膜对原生动物的胞囊、卵囊以及细菌来说如同绝对的屏障。如果水是浑浊的，例如污水，那么微滤膜对病毒的去除能够达 2.5log 去除率。如果水是蒸馏水等净水，并且膜未被污染，那么微滤膜对病毒的去除率可以忽略不计。

用于污水回用的微滤工艺被认为是超滤和介质颗粒过滤工艺的中间工艺，微滤膜孔径范围在 0.08～0.2μm。用于饮用水处理的微滤膜的孔径范围在 0.1～0.2μm。用于污水再生处理的中空纤维微滤膜的孔径范围在 0.1～0.4μm（0.4μm 微滤膜常用于膜生物反应器，见第 6 章）。对于颗粒物、细菌和原生动物的胞囊来说，微滤膜是一个有效的屏障，其操作压力在 10～30psi（0.7～2.1bar）。

在污水回用处理中，微滤膜和超滤膜的显著区别在于：微滤膜不是病毒的有效屏障。采用《膜过滤指导手册》（美国国家环境保护局，2005）规定的水质进行的实验表明，超滤膜能够实现对病毒 6log 去除率。通常，行业内的病毒去除率在（1～4）log 去除率之间，这些都是指新膜的去除率。目前没有数据可以反映超滤膜在运行半年、一年或两年之后的病毒去除率。在不经过预处理，或不使用絮凝剂或氯的情况下，超滤膜是否能达到理想的去除率也是值得关注的问题。病毒对氯环境有很低的耐受性。在饮用水典型的温度范围（0～20℃）和 pH 条件下（6～9），实现病毒 4log 去除率所需的 Ct 值（消毒剂浓度与暴露时间的乘积）为 3～12mg/（L·min）。一般情况下，微滤膜去除净水中的病毒低于

0.5log 去除率，去除浑浊水中的病毒低于 1log 去除率。对更脏的水如污水处理二级出水中病毒的去除能力还没有在全面试验中得到验证。新罕布什尔大学的研究表明，在高跨膜压差条件下运行的微滤膜对病毒可达 3log 去除率（Dwyer，2003）。膜的使用者可以从制造商处获得该膜在一定条件下的去除数据。

超滤膜在 4~50psi（0.3~3.5bar）的压力条件下运行，分离比其截留分子量大的颗粒物、细菌、原生动物、病毒和有机分子。完整的超滤膜对囊孢，细菌和大多数病毒来说是绝对的屏障。通常，超滤膜的操作压力比纳滤和反渗透膜低，比微滤膜高。部分超滤膜的操作压力比微滤膜低。根据膜运行的方式，一般情况下，超滤膜的膜通量比微滤膜低，能耗比微滤膜高。超滤膜系统可以满足对病毒的对数去除率。大多数超滤膜对于氧化剂没有很好的耐受性，并且当原生动物和病毒过多时，不能起到绝对的屏障作用。皮尔斯（2007）称超滤膜的全孔径范围在 0.001~0.02μm 间，具有去除能力的孔径范围为 0.01~0.02μm。膜的孔径以及孔径分布数据都要从制造商处获得。

美国大多应用微滤膜系统，欧洲大多应用超滤膜系统。处理污水处理二级出水时，如果使用直接絮凝，微滤对病毒的去除高于 2log 去除率，如果使用絮凝池则去除率更高。对于大多数污水回用工艺来说，病毒灭活不成问题。

4.3　膜滤工艺的形式

4.3.1　死端过滤

根据美国国家环境保护局《膜过滤指导手册》（2005）中的定义，"死端过滤"是指"膜过滤系统中采用沉积型的水力形态"，与"直接过滤"同义。《膜过滤指导手册》进一步将"沉积型"定义为"过滤过程中污染物从原水中分离并累积到膜表面（微滤和超滤过程积累的污染物随后被反洗去除）"。

在死端过滤中，通过加压，流体垂直流向膜，颗粒物和分子因为比膜孔大而无法通过膜，因而积累在膜表面或者膜介质的纵深处。污染物的积累导致压差的增加或者膜通量的降低，需要经常性地从膜表面通过物理或化学方法清除。死端过滤如图 4-1 所示。

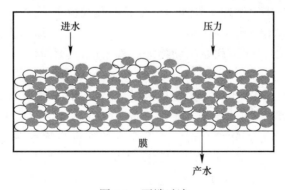

图 4-1　死端过滤

死端过滤应用于一次性或重复使用的膜组件中，包括 Pall 生产线特制的微滤和超滤组件。图 4-2 用简图表示了一次性死端过滤装置及微滤/超滤中空纤维膜组件结构和操作方

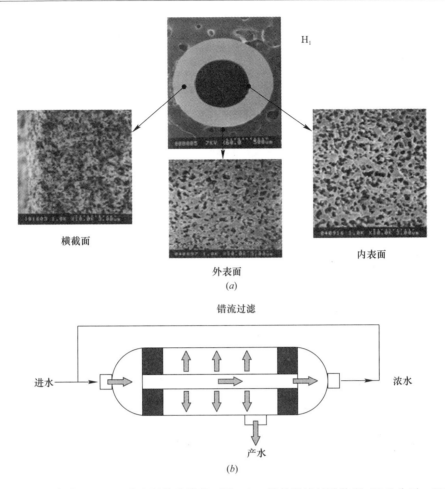

图 4-2　(*a*) 高晶型 PVDF 中空纤维膜横截面图；(*b*) 简单错流过滤装置（Pall 公司，2011）

面的相似性。在两种情况下，受压流体通过进口进入外罩，垂直于膜表面方向穿过膜孔。如美国国家环境保护局在死端过滤图册中描述的那样，水中去除的污染物积累在膜表面。这两个设计都有一个额外的多用途出口，可用作出气孔或者膜的冲洗和清洁。

　　与错流过滤装置不同，以死端过滤方式运行的中空纤维膜，流体通常以很慢的流速（＜0.1m/s）从外部流向内部。颗粒物及其他污染物被截留在膜的外表面以及其所通过的区域，直到化学清洗或再生使这些污染物得到去除。虽然一部分过滤区域上存在流速的切向分量，然而死端过滤装置内较低的流速，不足以使污染物处于悬浮状态进而防止膜污堵的发生。除了一些特殊情况，大多数微滤和超滤使用的都是中空纤维膜组件。中空纤维膜组件由一个或多个独立的产水单元组成，也被称为支架、行列或者滑道。一个膜单元由共用进水和过滤阀的若干个膜组件组成，每个单元都能够独立进行检测、清洗和修复。一个典型的中空纤维过滤体系由若干相同的膜单元组成，共同工作产水。

　　目前市面上的中空纤维膜过滤系统都是专有的，一个供应商甚至可以生产整个过滤系统，包括膜、管路、附件、控制系统以及其他设施。这也意味着每个供应商提供的膜组件或膜组件系列设计均存在差异。使用者可通过登录供应商网站进行咨询，或考察正在运行的净水厂和污水厂来确定哪种膜结构和材料适合自身需求。

根据皮尔斯报道（2007），某制造商基于反渗透膜组件的安装形式发明了一项超滤膜多重水平设计专利，即将 4 个 1.5m（4.9ft）的膜件放入一个 6m（19.7ft）的压力容器中。这一设计可以实现更有效的空间利用，操作通量较低，化学药剂使用也较少，据报道跨膜压差也较低。这一设计采用大尺寸的收集管，两端进水，容器中部存在一个死端。设计一个标准的微滤膜组件一直未能获得成功。皮尔斯分析称，高通量条件下的超滤膜系统中间部分的膜组件流量非常少，会使得膜产生不均匀污堵。垂直布置的膜组件有利于空气逸出，而水平布设组件则使空气难以逸出。如果化学试剂不能有效循环，那么在线清洗（CIP）浸泡时间就更长。所有的这些局限不一定影响设计，然而，在具有很多单元的大型膜滤水厂中，这些局限则会给操作带来很大挑战。作者在这一问题上无据可依。

虽然不同厂商的膜过滤系统各有不同，但是根据运行驱动力划分，中空纤维膜系统大致可分为两类——正压驱动或者负压驱动。在正压驱动的膜系统中，受压原水沿管路直接进入膜单元，进而进入组件并通过滤膜。典型的操作压力范围为 3～40psi（0.2～2.8bar）。大多数工艺需使用进水泵以满足操作压力，当然也有一些工厂利用有利的水力条件依靠重力运行微滤和超滤系统。

4.3.2　正压和负压

微滤和超滤系统都可以在室温下通过正压或负压驱动运行。在正压驱动的膜系统中，水在水泵提供的压力作用下进入膜孔。

早期的膜系统设计时为正压驱动，也就是利用泵的驱动力使原水进入膜孔。随着正压驱动系统的发展并取得成功，浸没式膜系统，也称为负压系统应运而生。

所有的中空纤维膜过滤系统都是靠压力驱动的，其中负压驱动系统的特点在于其利用负压作为驱动力，因此也带来设计和结构上的重要变化。不像正压驱动系统的膜组件全部放置在一个压力容器中，使用中空纤维膜组件的负压驱动系统浸没在一个敞口的容器或者池子中。组件两端被固定，中空纤维膜浸没在原水池中，利用真空泵的抽吸作用使滤后水通过膜。相比正压系统，淹没式负压系统的一项特有优势在于：能够适应更高浓度的固体物质，如悬浮物和浊度，以及浸没式膜生物反应器中的混合液悬浮固体。因此，对于膜生物反应器以及处理高浊度和高悬浮物方面的应用来说，浸没式系统是首选。微滤和超滤浸没式系统最近被用来处理微滤和超滤过程中产生的反洗污水，以及常规颗粒介质过滤的反洗污水。设计规定，负压驱动的膜滤系统不能依靠重力运行，也不能采用内压膜式运行。但是，良好的水力梯度也许可以令重力虹吸作用产生的吸力推动负压系统的运行。在水利梯度充足的情况下，大量的可用水头可以通过原位涡轮机为抽吸泵提供驱动能量，可以根据系统在污水厂的位置考虑以上情况的可行性。

相比于负压系统，正压驱动膜系统具有如下优势：

（1）更大的操作压力范围；

（2）更高的设计通量；

（3）在低温操作环境下没有通量衰减；

（4）更安全的化学清洗操作；

（5）可以更稳妥地应对事故或可预见的污染；

（6）更易监测且泄露故障更容易修复；

（7）更小的占地面积；

（8）无需配备固定式起重设备。

正压系统最大的优势在于其有很好的压力维持性能，以应付系统中出现的状况。负压系统只能在很有限的压力范围内运行，运行过程中可能会出现问题时，安全性更低，相反，正压系统通常在远低于设备额定压力的条件下运行。在同一种水质条件下，负压系统运行的平均压力为最大压差的 70%（10～11psig；0.69～0.76bar）；正压系统运行的压力为最大压差的 40%～50%（16～20psig；1.1～1.4bar）。这为设计增加了一个天然的安全因素，允许压力系统更好地应对运行过程中出现的问题、进水水质的变化以及运行过程中的其他变化。

如果负压系统被安置在海拔 4000ft 以上时，其对大气压的依赖进一步限制了它的应用，高海拔地区的大气压明显减小，比如在海拔 4000ft 以上地区，大气压从 14.7psia 减小到 12.7psia（1.0bar 减少到 0.9bar）。大气压越低，意味着压差越小会产生更低的通量，更大的占地面积，以及更高的投资和运行成本。

4.3.3 设计通量

正压系统一般比负压系统的运行通量更高。若原水经过混凝沉淀处理，正压系统运行时的通量通常高于 80gfd（136lmh）。在俄亥俄州巴伯顿和俄勒冈州圣海伦，两组中试膜组件的运行通量为 80～100gfd（136～170lmh）。负压系统的通量最大值一般为 40～45gfd（68～77lmh）。

4.3.4 冷水中通量下降

正压系统的另一个优势在于其可以在寒冷地区进行操作。在冬季，原水水温下降，这增加了水的黏度和促使水通过膜孔所需的驱动压力。这极大地影响着负压系统，因为它能达到的最大压差为 14.7psia，这就要求负压系统只能根据较低的通量条件进行设计。而对于正压系统而言，冷水环境则不是问题。因为正压系统自身的性能特点，使得它可以在较大的压差范围内运行（0～40psig；0～2.8bar）。因此无论原水温度如何，压力系统都可以保证连续出水。

因为原水盛放在一个敞口的水池中，膜丝外部受压不能超过容器的静压水头，因而通过泵的抽吸作用在膜丝的内部产生一个 $-3～-12$psi（$-0.2～-0.8$bar）的负压。池中的水穿过膜丝，进入到膜丝内腔中。

4.4 膜材料

微滤和超滤膜都是有孔膜，它们可以去除有机或者无机污染物。微滤和超滤膜用料很广，包括醋酸纤维素、聚偏氟乙烯（PVDF）、聚丙烯腈（PAN）、聚丙烯、聚砜（PS）、聚醚砜（PES）以及其他一些高分子材料。这些材料在表面电荷、亲疏水性、pH 和耐氧化性、强度和弹性方面具有不同性质。

目前应用最为广泛的是 PVDF 和 PES 材料。许多微滤膜制造商使用 PVDF 材料，超滤膜厂商也使用 PVDF 材料，当然制模工序与微滤膜不同，同时也使用聚醚砜（PES）、醋酸纤维素（CA）和聚砜（PS）材料。独立研究表明，选材对于膜的机械和化学长期稳定性至关重要。Zondervan 与其同事（2007）曾利用气压脉冲装置模仿聚醚砜膜的水力清洗并得出结论：膜污堵是其老化的主要影响因素。

Arkhangelsky 等（2007）曾研究了次氯酸钠（化学清洗剂）对聚醚砜膜和醋酸纤维素膜的作用效能。其结果表明，随着次氯酸盐清洗的进行，膜的机械强度变差。随着与次氯酸钠暴露值（接触时间与浓度的乘积）的增加，膜的极限抗拉强度、极限伸长率和杨氏模量都减小。Pellegrin 与其同事（2011）的研究也表明，聚砜膜与次氯酸钠的接触使膜的性能变差。

对于某些特定高分子材料的选取对于膜的机械和化学稳定性具有重要影响。在使用过程中，极限温度也可能使低压微滤和超滤膜的高分子材料表现出玻璃性（脆性）或者韧性（延展性）。

表 4-5 总结了制造微滤和超滤膜所使用的普通高分子材料的玻璃化转变温度（TG）和熔点温度（TM）。

制造微滤和超滤膜的普通高分子材料的 TG 和 TM 值　　表 4-5

高分子	化学结构	TG（℃）	TM（℃）
醋酸纤维素		67～68	150～230
聚丙烯腈（PAN）	$-(CH_2-CH)_n-$ 带 CN 支链	80～110	320
聚醚砜（PES）	苯环-S(O_2)-苯环-O 重复单元	225	不适用
聚乙烯	$(CH_2)_n$	-90～-30	137～145
聚砜（PS）	苯环-S(O_2)-苯环-O-苯环-$C(CH_3)_2$-苯环 重复单元	190～250	不适用
聚乙烯醇	$-(CH_2-CH)_n-$ 带 OH 支链	65～85	230～260
聚偏氟乙烯（PVDF）	$(CH_2CF_2)_n$	-50～-35	160～185

ⓒ美国自来水厂协会 WQTC 会议，2007。版权所有。

对于大多数制造微滤和超滤膜所使用的普通高分子材料，聚偏氟乙烯和聚乙烯的玻璃化转变温度远低于 0℃，而其他材料的玻璃化转变温度则高于 60℃。说明除聚乙烯和聚偏氟乙烯之外，其他材料都在玻璃化材料的范围内，这些材料将表现出刚性和脆性。如果使用聚丙烯腈、聚砜、聚醚砜和聚乙烯醇作为制膜材料，那么用以保持膜通量的水力清洗将受到限制。换句话说，聚乙烯和聚偏氟乙烯作为韧性材料将对剧烈的水力清洗表现出更高的耐受性（Liu，2007）。Childress 等（2005）对聚偏氟乙烯、聚砜、和聚丙烯腈中空纤维膜进行了完整性检测，所有膜的物理完整性检测都历经 10 个月之久。聚偏氟乙烯膜几乎将大肠杆菌全部去除，而聚砜和聚丙烯腈膜则存在着明显的大肠杆菌通过现象。研究表明，使用聚砜膜时可测到大肠杆菌的概率超过 90％，表明膜丝存在损伤。

近几年，新建水处理装置多用聚偏氟乙烯膜。根据美国自来水厂协会研究基金会 2003 年的调查，装机容量为百万加仑每天的水处理厂中，50％以上为聚偏氟乙烯材料的微滤和超滤膜。其他材质的膜（聚醚砜，聚砜，聚丙烯和醋酸纤维素）只占到装机容量的 8％～15％（Adham 等，2005）。聚偏氟乙烯膜的主导地位与其较高的强度和化学耐受性有关。将机械强度作为考量因素是因为膜的强度越高承受的跨膜压差越大，这样就使操作具有灵活性。使用耐压能力更强的膜则能够通过基于压力的直接完整性检测发现更小的孔。具有双向强度的膜既可以在进水端又可以在产水端完成清洗和完整性检测。

材料的特性影响膜的去除性能。带有一定表面电荷的膜可能因为静电引力而增强对带有相反电荷的颗粒或微生物污染物的去除能力。膜的性能可以用亲水性（吸引水）或者疏水性（排斥水）表征。它们描述的是膜被湿润的难易度，某种程度上也可以表明膜的抗污性能。相对来说，亲水膜不易污堵，但是机械强度和抗氧化性更低，而且通过膜清洗来维持通量的作用也是有限的。

考虑到膜对于化学药剂和氧化剂的耐受性，向膜制造商咨询之后再采取化学预处理措施是非常必要的。

在非溶剂致相分离法中，当非溶剂进入到由聚合物和溶剂组成的溶液中时，会发生相分离。而在热致相分离法中，通过改变铸膜过程中材料溶剂的温度，高分子材料固化生成多孔产物。其他的生产要素同样会影响膜孔的形成和聚合物的形态。

总之，一些微滤和超滤膜不能与消毒剂和其他氧化剂相容。高晶型的 PVDF 膜抗氧化性最强，而且对高浓度的氯、高锰酸钾和过氧化氢有耐受力。但是，与强氧化剂（如氯）不相容的微滤和超滤膜也许可以耐受弱消毒剂（如氯胺），这就要在不损害膜的前提下考虑生物污染的控制手段。某些微滤和超滤膜需要在一定的 pH 范围内运行，这一范围在一定程度上取决于与膜电荷有关的聚合物的电荷情况。聚合物所带电荷如果与膜电荷相反，则可能导致快速的不可逆污染。聚偏氟乙烯的耐氧化性最强，而且具有出色的抗污堵性能和易清洗性能。

4.5 中空纤维膜组件

在 2005 年，大约有 6 家主要的微滤和超滤膜供应商计划投身于北美的市政饮用水处理领域，当然目前这项应用已经十分普遍。大多数情况下，膜制造商都有各自的专利产品体系，使用自制的组件设计、操作装置、设备和控制系统等，以至于不同厂商之间的膜组件不能通用。大多数供应商只生产一种膜（如微滤或者微滤/超滤）。这些膜系统采用以直接过滤（死端过滤）和最小循环的方式运行。在运行过程中，原水垂直膜表面流入，因此悬浮物和污染物截留在膜表面。流体阻力和膜表面壳一侧固体物质的积累导致跨膜压差的增加，跨膜压差是膜两侧的有效压差。

在污水回用处理中，大多数的中空纤维膜组件都装填多孔微滤或超滤膜用以去除颗粒物。顾名思义，这些组件由中空纤维膜组成，即之前提到的膜材料制作而成的细长的管道。

中空纤维微滤膜是有机高分子管状物（纤维），通常直径＜1mm 且被密封在组件内。在过滤膜件底端将中空纤维密封，因此滤液从内部流向外侧或膜壳侧。在过滤膜件顶端将中空纤维密封，滤液从纤维内部（纤维内腔）流出。需要处理的水被泵入组件然后从腔的敞口端流出。垂直布设可以利用重力分离空气和水。组件中的膜丝数以千计，组件一般长 1～2m。原水与中空纤维膜外壁接触，滤后水则在内腔中收集。组件的进水泵在微滤膜纤维的膜外壁加压。高晶型的聚偏氟乙烯中空纤维膜基本上对于任何氧化物都具有耐受性，进水经氯、高锰酸钾和过氧化氢氧化后无需清除氧化剂就可以进行膜处理。如果阳离子聚合电解质过量，可能会与膜发生联结。

中空纤维微滤和超滤膜系统的运行方式有三种选择：错流式，死端式，浸没式。在正压的错流布置中，一部分原水循环到工艺的前端，由于循环水中固体物质含量较高，需要添加一个污水/废水出流以减少固体物质的积累。

正压死端过滤方式类似一个没有循环流和废水出流的筒式过滤。

在浸没式组件中，膜没有封装在组件内，而是浸没在一个池体中，采用真空抽吸泵提供驱动力。使用者可以与制造商联系以确定最佳的控制流量和去除固体物质的方案。

微滤和超滤膜可以采用恒通量或恒压模式运行。大多数微滤和超滤膜是以恒通量方式运行的，运行过程中采用变速泵以满足膜污堵时为保持恒通量所需增加的压力。以恒压方式运行时，膜通量——个膜单位面积通过的流量——随着过滤周期的增加而减小。沉后废水的通量范围在 35～75gfd（60～128lmh）。对于一些处理水，采用 $0.1\mu m$ 的聚偏氟乙烯微滤膜，按照自外向内过滤计算，有记载表明通量超过 75gfd（128lmh）。这一通量条件下，清净膜的跨膜压差为 3psi（0.2bar），污染后膜的跨膜压差为 43.5psi（3bar）。典型的跨膜压差为 7～30psi（0.5～2.1bar）。处理沉后污水时，膜单元的回收率为 95%，当采用微滤系统处理微滤膜浓缩水时，回收率高达 99%。

通常情况下，微滤和超滤膜 1～3 个月进行一次化学清洗。聚偏氟乙烯，聚醚砜和聚砜膜可用无机酸、强碱、螯合剂（如柠檬酸）、氧化剂（如次氯酸钠）清洗。根据需要，膜纤维会以某一种布置方式捆绑在一起。通常，许多厂商将膜纤维纵向绑扎，用树脂将两端封闭，放进一个压力容器中，该容器是组件的一部分。这些组件通常被垂直安装，当然也有水平安装的案例，这样的布设类似于卷式膜组件，在卷式膜组件中，膜丝都被置于压力容器中，压力容器与组件分离，这些组件及其相关的压力容器水平安放。另一种布设方式是一束膜丝被垂直绑扎，浸没在水池中而不使用压力容器。通常工业用中空纤维膜组件可能由成千上万根膜丝组成。虽然不同厂商的产品规格不同，但大致的参数如下：

（1）外径 0.5～2.0mm；

（2）内径 0.3～1.0mm；

（3）膜丝厚度 0.1～0.6mm；

（4）膜丝长度 1～2m。

图 4-2 显示的是一对称中空纤维的横截面。中空纤维膜组件的运行方式可能为内压式，也可能是外压式。在内压式运行中，原水进入膜丝内腔，然后呈放射状通过膜丝壁，产水从外部收集。在外压式的运行中，原水穿过膜丝壁进入膜丝内部，产水在腔内收集。虽然内压式运行方式在错流水力结构下具有十分明确的进水路径，但是由于膜丝内腔可能被堵塞，因此膜更易污染。外压式运行方式虽然进水路径不很清晰，但是增大了每根膜丝的过水面积，因此可能避免内腔被污染的问题。

外压式和内压式在实际中都有应用，但是考虑到高昂的运行成本，外压式已经成为标准的运行方式。当采用内压式运行时，进水受压进入组件末端的膜丝内腔中，而产水从位于组件末端或者中部的出水口流出。当采用外压式运行时，通常原水从位于组件中部的进口流入，过滤到膜丝内腔中，产水在膜腔中被收集进而从组件末端的出口流出。大部分中空纤维系统采用死端过滤或直接过滤方式运行，并且定期反洗以去除累积的固体物质。值得注意的是，浸没式中空纤维膜采用外压式运行但不使用压力容器。

除了个别情况，大多数微滤和超滤工艺采用中空纤维膜组件，中空纤维膜组件由一个或多个分散的产水单元组成。一个膜单元由共用进水和过滤阀的若干个膜组件组成，每个单元都能够独立进行测试、清洗和修复。一个典型的中空纤维过滤体系由若干相同的膜单元组成，共同工作产生流量。

目前市面上的中空纤维膜过滤系统都是专有的，一个供应商甚至可以生产整个过滤系统，包括膜，管路，附件，控制系统以及其他设施。供应商还将决定水力流态和相关的子运行过程，如反洗，化学清洗和完整性检测，这些子过程专属于某个特定的系统。因此，不同厂商生产的中空纤维膜有着很大的不同，膜和配件也不能互换通用。虽然不同厂商生产的中空纤维膜不同，但是所有的膜都可以根据操作驱动力分为两类：正压式和负压式。

微滤膜和超滤膜都是多孔膜，如果不经过预处理（如氧化、活性炭吸附或絮凝）或直接絮凝联合后续处理（如离子交换、纳滤或反渗透，或臭氧、紫外－臭氧、紫外－过氧化氢等高级氧化），则不能去除溶解性物质。

根据过滤系统处理目标物质的不同，微滤和超滤的预处理过程将投加不同的化学物质，例如，软化处理中投加石灰和苏打；投加絮凝剂来提高总有机碳和颗粒物的去除效果，减少消毒副产物的生成；消毒剂用来消毒或控制生物污染；各种氧化剂则用来氧化金属（如铁、锰）使其能够通过过滤所去除。确保预处理中使用的化学物质和膜材料的兼容性是非常重要的。对于常规介质过滤而言，预沉淀经常与前处理（如絮凝和石灰软化）结合使用。微滤和超滤系统中直接投加石灰、絮凝剂可以提高运行效率，与预处理相关的直接混凝和预沉淀能够增加膜通量，通过减少固体污染物负荷增加产水量，同时减小了反洗和化学清洗的频率。

单独的絮凝/絮凝和直接絮凝都是为了减小废水中可溶性物质的浓度。活性炭吸附是常用方法。铁、锰离子的氧化需要能使溶解物质变成颗粒物质，根据铁、锰离子的状态或者它们是否被分离选择氧化剂。

有机物的去除程度与 pH、絮凝剂的选择、混合时间、温度和混合速率有关，这对于常规处理工艺也是适用的，除了要求絮体大于微滤膜和超滤膜孔径之外。活性炭的去除效率与活性炭种类、停留时间和投量有关。

当微滤和超滤过程使用铁系混凝剂时，砷能够被去除。在处理之前也许需要对砷进行氧化。如果预处理操作得当，二级出水将产生性质均匀的出流（对于膜来说是原水）。对传统活性污泥的扰乱频率将影响预处理的类型和处理程度。典型出水中悬浮物浓度为 20mg/L，生化需氧量 20mg/L。水中可能会出现丝状菌和污泥膨胀，从而改变膜的进水水质。

4.6　应用

为了满足安全饮用水标准，微滤和超滤膜系统被用来处理地表水和地下水。要求滤出水浊度≤0.1NTU，经消毒后，隐孢子虫、贾第鞭毛虫和大肠杆菌数量需达到 0，但是研究表明，实际值为 2（plateformingunits）pfu/100mL。无论进水浊度和微生物浓度如何，膜系统去除能力应是始终如一的。微滤和超滤去除地表水、地下水、海水和二级出水中的铁、锰，使之小于 0.05mg/L。与铁盐混凝相结合，微滤系统可将出水中的砷控制在 $10\mu g/L$ 或更少。污染密度指数（SDI）低于 3，通常能够低于 2。微滤和超滤能够作为纳滤和反渗透的预处理工艺去除营养物质，如硝酸盐。微滤和超滤系统与三价盐联用可以将磷酸盐控制在 0.1mg/L 以下。这些系统可以和絮凝剂结合使用来去除总有机碳和溶解性有机物。

图 4-3～图 4-6 为微滤和超滤应用方面的代表性案例。

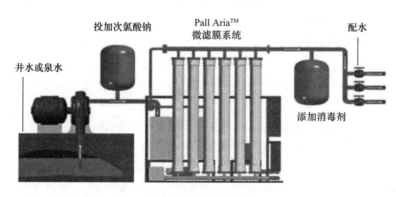

图 4-3　铁的去除

注：溶解性铁和锰可通过氧化去除。MF 截留和去除沉淀的铁/锰，
使其浓度＜0.05mg/L。PVDF 膜可处理一系列氧化物。

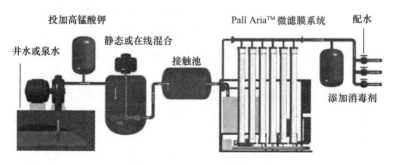

图 4-4　锰的去除

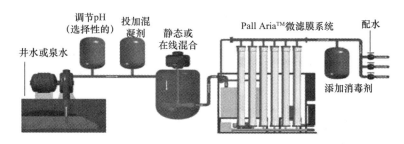

图 4-5 地下水中砷的去除

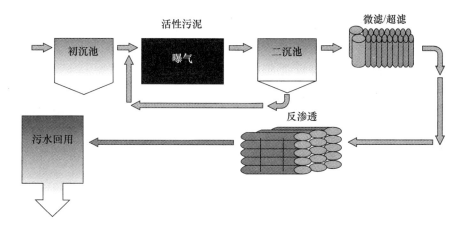

图 4-6 微滤/超滤对二级出水的处理

4.7 膜系统

除了少数情况，大多数微滤和超滤工艺采用中空纤维膜组件，中空纤维膜组件由一个或多个分散的产水单元组成。一个膜单元由共用进水和过滤阀的若干个膜组件组成，每个单元都能够独立进行检测、清洗和修复。一个典型的中空纤维过滤体系由若干相同的膜单元组成，共同工作产水。

4.7.1 运行

微滤和超滤膜可以采用恒通量或恒压模式运行。直接过滤（死端过滤）方式的回流最小。在运行过程中（如图 4-7 所示），原水垂直膜表面流入，因此悬浮物和污染物截留在膜表面。流体阻力和膜表面滤层一侧固体物质的积累导致跨膜压差的增加。在恒压方式运行下，随着过滤的进行，膜受到污染，膜通量降低。但是，大多数微滤和超滤膜是以恒通量方式运行的，运行过程中采用变速泵以满足膜污染时为保持恒通量所需增加的压力。有些情况下，运行中跨膜压差的范围从 3psi（0.2bar）变化到高达 43.5psi（3bar），但通常范围为 7.3psi（0.5bar）到 29psi（2bar）。

对于微滤和超滤系统来说有 3 种不同的常用运行布置方式。随着过滤过程中膜被污染，利用反洗和化学清洗相结合的方式最大程度去除污染物，并可理想地将通量（对于恒压运行方式）和跨膜压差（对于恒通量运行方式）这些参数恢复到基线水平。对于大多数

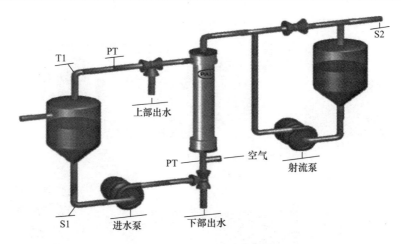

图 4-7　产品的过滤模型——顺流（改编自 Escabar，2010）

微滤和超滤系统来说，过滤每运行 30～60min，就要利用水、气或两者结合的方式进行
1～5min 的反洗。反洗也可能根据跨膜压差的设定值和预计的产水量来进行。当常规反洗
对系统的通量和跨膜压差效果明显变小时，将进行化学清洗。化学清洗需要考虑的重要因
素包括，化学剂的类型和用量，清洗频次、时间、温度，清洗剂的用量、回收、回用，以
及残留物的中和与沉淀。各种各样的化学物质都可以用来进行清洗，包括清洁剂，酸，
碱，氧化剂，螯合剂以及酶。氯常用于化学清洗，包括消毒和氧化（对于可承受的膜材
料），投量范围较广（2～2000mg/L）。

　　图 4-8 是包含跨膜压差、通量、温度、进水浊度和产水浊度等参数的代表性监测曲
线。完整性检测也是微滤和超滤系统的一个重要特征，它可以检查出膜的缺陷，这些缺陷
将妨碍膜对病原体以及颗粒物的去除。大多数用于市政污水处理的微滤和超滤系统，都可
以利用空气进行压降测试，它通过给膜组件加压并显示短时间内（约 5min）压力降低速
率来检测膜的性能。

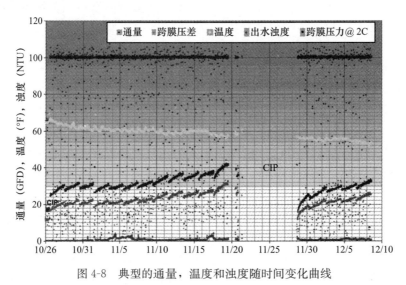

图 4-8　典型的通量，温度和浊度随时间变化曲线

超过标准限值的压力降低速率（不同系统有所差异）表明膜存在缺陷，其降低的速率

值与膜缺陷成正比。还会用到一些检测过滤水水质的低灵敏度的间接方法，例如监测浊度或者颗粒物数量。由于目前完整性检测这一直接方法不允许边检测边产水，因此，在周期性使用直接方法（如压力降测试）检测的空档，一般会使用间接方法进行膜的完整性检测。

要想使膜系统维持较高的产水效率，包括颗粒物、微生物、化学沉淀物和其他物质等在内的污染物质必须从中空纤维膜表面被有效去除。可以实现这一目标的物理方法包括反向过滤，进行化学清洗的过程中有必要时还需要将组件停运拆除。

4.7.2 反向过滤（反洗）

可以利用流体反向通过膜的方法或反向过滤（RF）清除 PVDF 膜表面的污染物。如图 4-9 所示，反向过滤效率取决于反洗速率、水量和反洗时间。通常采取仅用水洗或者水加氧化剂、酸或者压缩空气（气相冲刷）的方式进行反向过滤。在气液反洗过程中，污染物被水移除。气相冲刷增加了膜表面水流速率，因此会在膜表面形成巨大的剪切力。气相冲刷的时间通常较短。膜件中脱离下来的污染物随着进水被冲走。有时在反洗中添加氧化剂，这样可以增加反洗效果。在工业上，这称为化学强化反洗。强氧化剂（例如次氯酸钠）能够破坏污染物的结构使之易于去除。膜表面小气泡的再循环也可以破坏并去除污染物。

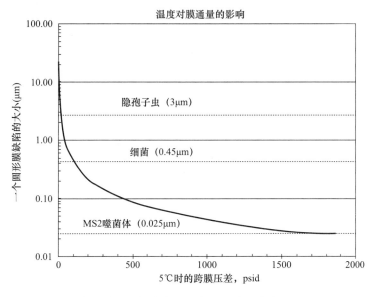

图 4-9　膜缺陷大小与跨膜压差大小的关系曲线（Li，2010）

4.7.3 化学清洗

反向过滤和气相冲刷可以作为去除污染物的短期策略。虽然有效的反向过滤或气相冲刷可以延缓膜污染的速率，但是最终仍要靠化学清洗恢复跨膜压差。化学清洗间隔时间通常为 4～6 周。微滤膜化学清洗的方案要根据膜对于化学物质的耐受性制定。通常，低 pH 的溶液（pH＝2-3）用来去除阳离子，高 pH（pH＝11～12）的溶液用来去除有机污染物。为了增强化学清洗的效果，可以添加非离子型表面活性剂（添加的表面活性剂可以被洗掉），该物质可以分散有机颗粒而不会与膜发生结合；或者添加熬合剂，用于破坏膜生物污染形成的阳离子架桥作用。

在反洗、化学清洗和完整性检测方式方面，不同的系统有所差异。不同厂商生产的中空纤维膜系统存在差异，膜及其配件也不能互换。

一般来说，大部分纳滤膜、反渗透膜和部分微滤膜、超滤膜与消毒剂和其他氧化剂不相容。工业应用的高晶型的 PVDF 膜是最具抗氧化性的，而且对高浓度的氯、高锰酸钾和过氧化氢有承受力。但是，与强氧化剂（如氯）不相容的微滤和超滤膜可能可以承受弱消毒剂（如氯胺），这就需要在不损害膜的前提下衡量控制生物污染的手段。某些类型的微滤、超滤、纳滤和反渗透膜要求在某一 pH 范围内运行。包括石灰、次氯酸钠和碳酸氢钠在内的化学物质都可以造成 pH 的升高。无机酸、盐酸和硫酸则用来降低 pH。根据水质不同，无机絮凝剂也会影响 pH。

微滤和超滤系统通常在较窄的跨膜压差的运行范围内运行，这可能使在水温降低情况下为了维持通量而需要增高跨膜压力受到限制。如果跨膜压差超过厂商规定的上限，则膜组件在该跨膜压差下运行将受损，而且如果在寒冷季节对膜系统要求很高，跨膜压差也不太可能满足生产需求。因此在设计系统时要考虑额外的处理能力（如增加膜面积和增加组件数量），这样全年的产率才能得到保障。

对于温度、膜材料，或者其他特定因素条件下的应用，微滤和超滤膜制造商会有优选的方法来确定膜面积。推荐使用者与地方政府、膜制造商、顾问工程师一起合作，选用最合适的方法来确定膜面积。需要注意的是，为了补偿低温流量而增加的膜面积，使系统在温暖季节无需在过高的通量条件下运行就能满足较高的流量要求。如果必要，微滤和超滤系统的温度补偿方法也适用于 MCF 系统。

4.7.4 系统回收率

与纳滤和反渗透不同，微滤工艺的系统回收率不受结垢或盐沉淀的影响。回收率定义为产水体积（滤出液）与进水体积之比，见式（4-1）。

$$R = \frac{Q_P}{Q_F} 100\% \tag{4-1}$$

式中 R——回收率（%）；

Q_P——产水流量，gpm 或者 m/h；

Q_F——进水流量，gpm 或者 m/h；

进一步可以简化为：

$$回收率（\%）= \frac{产水体积}{进水体积} \times 100\%$$

微滤系统的回收率是与产水流速、过滤周期和反洗水量相关的函数。处理地表水时，过滤周期一般为 20～30min，膜系统回收率为 95%～97%。根据二级出水水质和预处理工艺的不同，处理二级出水的膜系统回收率为 80%～95%。

4.8 低压膜的完整性检测

低压膜工艺的一个独特特征就是能够进行完整性检测。膜的完整性指膜是完整的或无缺陷的，膜的完整性是饮用水净化中的一个重要问题。USEPA 在 2005 年出版的《膜过滤指导手册》中用了很多的笔墨论述膜的完整性检测。虽然手册的内容主要是针对饮用水方面的膜工艺，其原理同样适用于污水回用。

在膜的完整性方面有如下若干重要问题：

（1）膜过程去除的目标污染物是什么？

（2）验证完整性的方法是什么？

（3）膜对目标污染物的去除有多少能够通过上述方法显示出来？

（4）多久进行一次完整性检测？

（5）完整性检测结果的可靠度如何？

（6）包含许多膜的系统中，如何快速定位膜的缺陷？

因为低压膜主要用来去除水中的颗粒物质和病原体，因此，浊度、总悬浮物、颗粒数量、病原体数量是最常选择的目标去除物。因此膜完整性检测的目的就是要验证膜对这些物质的去除率。

有两种检测膜完整性的方法：（1）基于流体穿过膜的检测方法；（2）基于测试过膜水质的检测方法。第一类检测方法中包括的具体方法有压降法、前向流法、真空衰减法、水代替流法和其他测试方法等。第二类检测方法包括在线浊度检测、在线颗粒物数量检测及其衍生方法以及微生物实验。在 USEPA 的指导手册中，完整性检测方法分为直接方法和间接方法。直接方法包括所有的流体和标记物穿过膜的检测方法（例如在膜上游注入标记物，测试膜对标记物的去除率），而间接方法包括所有基于测试膜后水质的方法，如在线浊度检测和在线颗粒计数。

直接法和间接法的显著区别在于灵敏度和测试频率的不同。一般来说，直接法比间接法具有更高的测试灵敏度。但是间接法可以对膜的完整性进行连续测试，而直接法一般进行周期性的测试（如每天或每周）。因此，直接法和间接法是互补的。低压膜系统如果要满足 LT2ESWTR（USEPA，2006）的要求时，直接法和间接法都要进行。

直接完整性检测方法有专属的操作标准：分辨率（可以发现的最小的膜缺陷）、灵敏度（测试可以达到的最大的对数减小值）以及测试频率。此外，无论是直接方法还是间接方法，膜系统必须设置控制限值。

污水处理中应用的膜工艺有时是为了去除病原体（如原生动物、细菌和病毒），有时则作为其他污水处理工艺如反渗透的预处理工艺。虽然与饮用水净化过程中所应用的完整性检测方法的目标和参数不尽相同，但是 USEPA 指导手册中提出的主要原则仍然适用。

污水处理中的一个相关问题是如何明确完整性检测的分辨率。大多数低压膜采用压降测试作为标准的直接检测方法。压降测试通常是先给膜一侧加压，然后监测压力随时间的衰减情况，以此来作为膜完整性的评定指标。如图 4-9 所示，压力降低测试法的分辨率取决于测试压力和膜缺陷大小之间的关系。

如图 4-9 所示，在 5℃条件下，去除隐孢子虫，细菌和病毒所需的跨膜压差大致分别为 14.5psi、97psi、1750psi（1bar、6.7bar、120.6bar）。显然，如果是以完全去除病毒甚至是细菌为目的，那么采用压降法来进行完整性检测会因为压力过高而不切实际。因此，建立一种可以满足去除细菌或病毒的分辨率要求的完整性检测方法很有必要。检测的灵敏度也是需要关注的问题。所有对膜进行连续性检测的方法都是低灵敏度的,而高灵敏度的方法则无法连续检测,因此,目前用户不得不周期性地停工进行检测以满足灵敏度的要求。这种运行模式是在膜缺陷带来的水质风险和企业生产力间平衡的结果。为了解决这样的问题,就要建立能够兼顾灵敏度和连续性检测的方法。因此,膜完整性检测方法亟待创新。

如果膜是完整的,对于目标微生物致病体的去除能够达到 100%。如果膜不完整——取决于纤维受损的数量——微生物污染物将通过膜。因此,检测膜损害是否存在十分重要。

4.9　废液的特征及管理

微滤和超滤系统的主要废液是在维持通量过程中(如反洗和气体冲刷,以及化学清洗如化学强化反洗和在线清洗)产生的。错流运行中封装的微滤和超滤也会产生与反洗废液相似的浓缩废液。除了在错流条件下运行的系统(或类似的水流条件),微滤和超滤系统由于常规反洗而间断性产生废液;然而,对于更大的系统而言,多个反洗单元相互间隔和错开使用能够连续产生废液。反洗废液的性质取决于原水水质及膜系统的恢复情况。通常,恢复率为 85%~95%时,原水中的固体物质被浓缩到反洗废液中,浓度为原水中浓度的 7~20 倍。

废液来源于污染控制的清洗措施,微滤和超滤系统的反洗水量为废液总体积的 95% 到99%。清洗废液则是化学清洗剂与脱附堵塞物的联合产物。化学增强反洗(CEB)废液的体积非常小,比如,每天的化学增强反洗量通常低于总流量的 0.2% 到 0.4%。每月在线清洗(CIP)产生的残留物一般小于总流量的 0.05%(典型的工业基本时间间隔)。如果清洗液循环使用或者回用,那么这些体积将减少。表 4-4 为反洗和化学清洗废液的特征列表。

如表 4-6 所示,微滤和超滤系统废液的处置与传统处理工艺废液的处置相同。当然为了保护敏感的生态环境,如冷水渔场或原始流域,一些附加的州立或地方规章也对其处置有相关规定。

微滤和超滤水处理废液的处置方法和规定　　　　　　　　表 4-6

处置方法	规定	典型的排放限值
排入地表水	净水法案下,允许 NDES	pH=6~9 总悬浮物<30mg/L,加上原水总悬浮物 氯<0.2mg/L BODS<30mg/L 总悬浮物和囊孢的最小去除率 90%
排入地下水 (只有当含水层紧邻地表水时)		
排入地下水	安全饮用水法案下, 地下排放控制允许	含水层和自然环境中水质指标 依各州规定
池塘渗滤或沥滤场排放		
其他可能影响地下水的排放方法		
地下管道或公共净化排放	净水法案下进行 工业预处理	pH=6~9 总悬浮物<400~500mg/L 氯<10mg/L BODS<400~500mg/L 没有损坏公共设施或运营的物质,并且 不违反 NPDES 许可证制度

处置方法	规定	典型的排放限值
填埋场排放	资源保护和恢复法案	进行涂料过滤试验（固体含量>20%）和毒性试验 若未通过以上测试则为危险废物，必须妥善处置
固体物质的土地利用	固废排放法案	金属的累积量限值

废液处置方法的选择取决于几个特定因素（AWWA，2005）：气候、场地设备的可利用性、微滤和超滤设施的规模、可行性，以及联邦、州和地方政府的要求。根据美国垦务局（Bureau of Reclamation）最近 65 份关于微滤/超滤的报告，对于反洗废液最常用的几种处置方法包括：地表水排放（38%），污水排放（25%），土地利用（如池塘渗流和灌溉）（22%），循环使用（14%）。只有在少数为了满足特殊排放要求时才采取处理措施。俄克拉荷马州的一个蒸发塘是惟一一个小型处理设施（0.12mgd；0.45MLD）。

在线清洗废液最常用的处置方法是：污水排放（37%）、土地处置（25%），和地表水排放（11%）。混合、中和以及其他处理措施常与上述方法结合使用。其他关于膜清洗废液处置管理的更详细的叙述可参考美国自来水厂协会膜废液管理委员会 2003 年的报告——低压膜工艺废液管理。

微滤和超滤用于处理二级出水时产生的废液的处置则颇受限制，因为恢复通量产生的废水中除了含有水中污染物之外，还含高浓度的微生物和有机物。地表排放和池塘渗滤都不可行。可以考虑污水排放以及在厌氧环境下进行反洗液回收（微滤反洗液被浓缩 7~10 倍）。根据反洗液特征和废液体积，常规浓缩法、重力带式浓缩以及脱水工艺都可以考虑。

第5章 扩散膜技术——纳滤和反渗透

5.1 简介

利用压力驱动的纳滤（NF）和反渗透（RO）工艺，可去除经膜处理的二级出水中的溶解性成分、溶解性无机固体、总溶解性固体（TDS）、溶解性有机物以及溶解性有机碳（DOC）。本书将纳滤和反渗透均视为扩散膜，在本章加以详细介绍。

Michael E. Williams（2003）博士已经从学术角度对 RO 工艺在学术领域作了明晰而深入的介绍。RO 工艺是在 20 世纪 50 年代为去除海水中的溶解性盐类而发展起来的，当时可达到的通量为 0.1gfd（0.17lmh），RO 膜的保用期为 3 年。中空纤维膜与卷式膜是同时开始研发的，目前其通量可超过 18gfd（30.61lmh），膜保用 5 年。大多数污水回用项目的 NF 和 RO 系统均使用卷式膜。

5.2 技术与定义

图 5-1 所示膜处理工艺与特点与图 3-4 相同，展示了膜系统各类进水和出水的一般流程。扩散膜即为纳滤膜或反渗透膜。

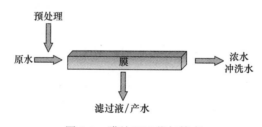

图 5-1 膜处理工艺与特点

1. 进料

进入 NF 或 RO 膜系统的溶液——在污水回用系统中，很有可能是经微滤（MF）或超滤（UF）处理后的二级出水。

2. 进水温度

进水温度是一个关键设计参数，对进水增压泵所需压力、段间通量平衡、产水水质及微溶盐的溶解性有很大影响。作为一个经验参数，进水温度每下降 10℉，进水增压泵的压力即需增加 15%。段间通量平衡（换言之，即为各段的产水量）受温度影响。当水温升高时，位于系统前端的膜元件产水量增加，导致位于系统末端的膜元件产水量减小。在温度较低时，段间通量平衡性较好。在温度较高时，离子渗透通过膜的能力也会增强，盐的透过率增加。高温会降低碳酸钙的溶解度；低温会降低硫酸钙、硫酸钡、硫酸锶和硅的溶解度。设计中必须掌握最低温度和最高温度。NF 和 RO 系统的标准设计温度为 25℃

（77°F），低温会导致产水量低于设计值。

3. 产水

进水中透过膜的那部分水。

4. 浓水

进水中未透过膜的那部分水，水中含有被膜截留的离子、溶解性有机物、溶解性无机物以及胶体颗粒。

5. 系统回收率

NF 或 RO 系统产水量与进水量的比值。

6. 膜元件回收率

系统中单个膜元件的产水量与进水量的比值。

7. 渗透压

因 RO 膜两侧盐的浓度差所产生的压力。TDS 值上升将导致渗透压增加。RO 进水增压泵必须产生足够的压力来克服渗透压才能产水。根据经验，1000ppm 的 TDS 相当于 11psi 的渗透压，TDS 为 550ppm 的苦咸水可产生 5psi 的渗透压；TDS 为 35000ppm 的海水可产生 385psi 的渗透压。

8. 温度修正系数

见第 3 章的预测公式。可利用 www.rotools.com 等网站上的信息预测流量变化。

9. 跨膜压差（TMP）

见第 3 章。致密膜的 TMPs 是渗透压的函数，范围为 75～300psi（5.2～20.7bar；本书作者估计）；NF 和 RO 膜的 TMPs 范围一般为 100～1200psi（6.9～82.7bar）。与在较窄的 TMP 范围内运行的低压膜不同，NF 和 RO 系统允许压差增加。当温度下降或出现膜污堵时，会通过增加 TMP 来保持通量恒定。与低压膜不同，对污堵 NF 和 RO 膜的清洗将导致膜阻力下降。过于频繁的清洗将导致膜需要提前更换，从而增加运行费用。

10. 错流过滤

根据《膜过滤指导手册》（美国环境保护局（USEPA），2005）的定义，错流过滤（也称为切向过滤）是"水从与膜表面相切的方向高速流经膜表面，从而使污染物呈悬浮状态。此悬浮流态一般出现在 NF 和 RO 系统的卷式膜中。"

施加的压力使得部分流体透过膜进入产水侧。由于尺寸过大而无法通过膜孔的颗粒和大分子被截留在膜的进水侧而保留在浓液中。在设计良好的错流装置中，切向流的卷扫作用使得污染物不会在膜表面积累。如图 5-2 所示。

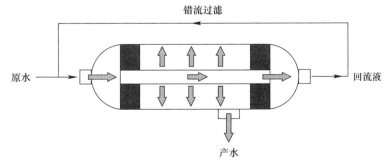

图 5-2　简单错流装置

图 5-2 演示的是简化的中空纤维膜错流过滤装置。运行时，流体按照足以避免污染物在膜表面累积的高流速流经每个两端开口的膜管（本例的过滤模式是由内向外）。

施加的压力迫使滤液以与进水方向垂直的角度透过膜孔。浓液连续回流至进水中，最终使进水浓度增加。膜表面的湍流需使颗粒呈悬浮状态，避免膜丝堵塞。为保证持续运行，错流速度（在错流区域内的平均值）应在 $1\sim7m/s$（$3.3\sim23ft/s$）范围内。除保持错流呈湍流状态以外，若要在较高的颗粒浓度下避免堵塞，一般还需要进行大孔设计。由于滤层结构和运行条件被设计为可使颗粒保持悬浮状态而不进入滤层，因此错流过滤对固体和半固体的浓缩效率很高。

11. 污染密度指数（SDI）

SDI 是通过测定进水中悬浮颗粒和胶体对 $0.45\mu m$ 孔径膜片的污堵速率建立起来的一种膜系统的经验测试。本测试是指在 30psi 的恒定压力下，于 0 时刻和连续过滤 5min、10min 和 15min 后，滤过指定体积溶液的用时。膜厂商将在指定 SDI 值条件下对其膜产品进行质保。如典型的 RO 膜元件质保条件可能为 15min 内进水的最大 SDI 值不超过 4。目前脱盐用膜令人满意的 SDI 值一般为 $2\sim3$，用于污水回用的 RO 膜对 SDI 值的要求可能与此不同。

若 SDI 测试中由于膜片堵塞导致仅有 5min 或 10min 的读数，则用户可认为 RO 系统将出现严重堵塞。未经预处理或稍作预处理的深井水 SDI 值一般不大于 3，浊度小于 1。地表水一般需经预处理去除胶体和悬浮固体后才能达到可接受的 SDI 和浊度值。

SDI 是水中颗粒物质的经验性无量纲量度，一般用作衡量某种原水是否适于采用 NF 或 RO 工艺有效处理的粗略尺度。此方法在工业中大量应用于测定和监测 NF 或 RO 系统预处理工艺的有效性。在设定 NF 或 RO 系统的设计和运行通量时，进水 SDI 值起参考作用。ASTM 标准 D4189-95 和 D4189-07 详细介绍了 SDI 的测定方法。

图 5-3 即为 SDI 检测设备的示意图。

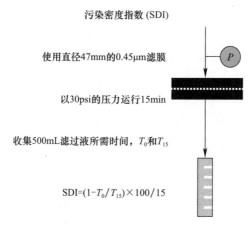

图 5-3 SDI 检测设备示意图

SDI 是将水样经孔径 $0.45\mu m$、直径 47mm 的平板滤膜在 30psi 压强下过滤测定的。分别测定收集 500mL 滤过液所需时间，将结果代入 SDI 的计算公式。颗粒物含量大的水样需要较长的过滤时间，因此 SDI 值较高。根据现有的一般经验，SDI 不小于 5 的水不适于采用 NF 和 RO 卷式膜组件处理，因为对于致密半透膜来说，此时水中所含过多的颗粒物会使膜迅速堵塞。因此在 NF 和 RO 项目中，当 SDI 值超过 5 时需通过某种形式的预处理去除颗粒物。目前许多项目要求 SDI 值不大于 3。

各种类型的原水均有其大致 SDI 值变化区间，NF 和 RO 膜组件生产商一般可据此粗略预测运行通量的范围。

SDI 值由式（5-1）计算：

$$SDI = 100 \times \frac{1 - (T_i/T_f)}{T_t} \tag{5-1}$$

式中　T_i——收集初始 500mL 滤液所需时间，min；

　　　T_f——过滤 15min 后收集 500mL 滤液所需时间，min；

　　　T_t——测试总用时，15min。

SDI 仅是一种水质参数，对于某个系统，确定其通量时需综合考虑各类特定水质及运行参数，因此表 5-1 中所列范围仅供粗略参考。在解读 SDI 检测结果时也应注意，受测试地点、测试人员、操作温度以及膜型号等的影响，检测结果可能存在差异。Escobar-Ferrand 及其同事（2009）发现 07ASTM 标准规定的膜会吸收污水中的有机物，导致 SDI 测定值偏高。在处理二级出水的 NF 或 RO 系统中，当借助 SDI 值选择或监测其预处理工艺时，应考虑 SDI 膜和 ASTM 标准的选择对 SDI 值的影响。

NF/RO 膜通量估算——作为 SDI 的函数		表 5-1
SDI	估算 NF/RO 膜通量（gfd）	原水
2～4	8～14	地表水
<2	14～18	地下水

SDI 结果是在可比条件下得到的。SDI 通过序批式程序测定，而不是连续在线测定，与浊度或电导率不同，一般不用作日常运行时的水质或系统性能指标。SDI 应与在线浊度检测设备配合使用。

作为《膜过滤指导手册》（USEPA，2005）给出的一般原则，SDI 不小于 5 的进水将导致致密膜堵塞。膜生产商在确定保修期时会考虑进水 SDI 值，一般会根据原水类型和 SDI 值推荐运行通量的大致范围。在二级出水的预处理方面，膜法正在逐渐取代常规过滤系统（CFS）和滤芯过滤器，因此要求 SDI 不大于 3——许多情况下小于 2——的情况更为普遍。

《膜过滤指导手册》（USEPA，2005）提供的信息表明，SDI 值与 NF 和 RO 系统可能达到的通量相关；如表 5-1 所示。

12. Stiff Davis 饱和指数（SDSI）

与 LSI 类似，SDSI 是用于反映高 TDS 海水的结垢或腐蚀潜能的方法，其原理是计算碳酸钙的饱和程度。SDSI 适用于高 TDS 海水，LSI 适用于低 TDS 苦咸水，二者的根本区别在于离子强度的增加会导致溶解度增加。由于离子强度较大时微溶盐的形成或沉淀将受到干扰，因此随着 TDS 和离子强度的增加，微溶盐的溶解度增加。

5.3　进水水质

除满足 SDI 要求外，NF 或 RO 系统的进水必须考虑如下因素：

（1）铁。溶解态铁（Fe^{2+}）浓度应低于 0.1mg/L。经充分氧化处理后，MF 系统可控制铁离子浓度＜0.05mg/L。

（2）硅。硅可呈胶体或反应态。硅在 pH 为 7、温度为 25℃（77℉）时的溶解度为 120mg/L。当其浓度超过溶解度时，硅将在 NF 或 RO 膜表面沉淀。因此必须去除硅或降低硅的浓度，从而使其无法在系统内富集或螯合。

（3）钡。钡是难溶金属，可与硫酸盐和其他阴离子结合后在 NF 或 RO 膜表面沉淀。

（4）锶。虽然比钡的溶解度大，但锶仍然极度难溶，无机堵塞潜能较高。

5.4　NF 和 RO 通量

膜通量是每平方英尺膜的滤液产量，以 gfd 表示。RO 系统的通量计算示例：

某系统的产水量为 100gpm，设有 24 只 8in 膜元件，每只膜元件的产能为 4.17gpm，膜元件面积 350ft²。第一步是将 gpm 转换为 gpd：

$$\frac{4.17\text{gal}}{\text{min}} \times \frac{1440\text{min}}{\text{d}} = 6000\text{gpd}$$

$$\text{通量} = \text{流量}/\text{面积} = 6000\text{gpd}/350\text{ft}^2 = 17\text{gfd}（28.9\text{lmh}）$$

在膜的应用中，临界通量即为可持续通量，即低于此通量时不发生堵塞，高于此通量时将发生堵塞。临界通量由错流速度和设计通量决定。

5.5　膜材料

目前使用的膜材料一般为聚酰胺薄层复合物、醋酸纤维素及三乙酸纤维素。与醋酸纤维素和三乙酸纤维素膜相比，薄层复合膜表现出了较高的强度、耐久性以及截留率，其对微生物污染、高 pH 及高 TDS 的耐受力更强；醋酸纤维素和三乙酸纤维素膜对氯的耐受性更强；磺化聚砜膜可耐受氯及高 pH。以上各类膜用于处理软化水和高 pH 水，也经常用于处理硝酸盐含量较高的水。

5.6　膜组

卷式膜和中空纤维膜是 NF 和 RO 工艺的两类主要膜组形式。由于装填密度高，中空纤维膜（在第 3 章中介绍）需要比卷式膜更好的进水水质——非常低的 SDIs。若二级出水经 MF 或 UF 预处理后的 SDI 值小于 3，一般情况下最好小于 1 或 2 时，可考虑在未来的水回用项目中使用中空纤维膜。

工业领域一般使用管式和板框式膜组件，人们认为板框式（碟管式）NF 或 RO 是处理垃圾渗沥液的最优技术；卷式膜主要用在污水回用领域。

《膜过滤指导手册》（USEPA，2005）已对 NF 和 RO 膜组做了很好的总体介绍。膜组件的卷式结构在半透膜去除溶解性固体方面效率较高，因此在 NF/RO 工艺中最为常见。图 5-4 所示即为 NF/RO 的典型卷式压力管壳。卷式膜组件的基本单元是被称为"膜叶"的夹心结构平板膜片，膜叶卷在穿孔中心管上。一片膜叶包括两只背对背放置的膜片，膜片中间由纤维结构的产水格网分隔。各层膜叶有三条边粘合，未粘合的边围绕于穿孔中心管密封。一只直径为 8in（203mm）的卷式膜组件最多有约 20 片膜叶，每片膜叶之间被一层称为进水格网的塑料网丝分隔，作为进水通道。进水从卷式膜组件的一端以平行于中心管的路线进入。当进水经由进水通道从膜表面流过时，一部分水透过上下两侧的膜面进入产水格网，溶解态和颗粒态污染物被半透膜截留。进水流道具有产生湍流及控制浓差极化的作用。产水格网中的滤液沿膜组件呈内螺旋状流入穿孔中心管。进水格网中未透过膜的水继续沿膜表面流动，截留污染物逐渐浓缩。浓缩液的流动路线与膜组件中心管平行，从与进水端相对的另一端离开。

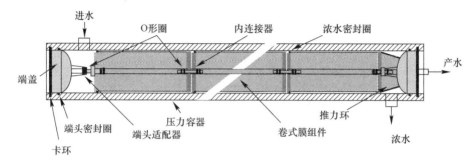

图 5-4 典型卷式膜压力膜管

回收率是进水流程长度的函数。为了得到可接受的回收率，卷式膜系统通常在一个压力膜管内安装 3~6 个膜组件，膜组件数最高可达 6~7 个，也可生产出安装有更多膜组件的膜管。在此结构中，第 1 个膜组件的浓缩液是第 2 个膜组件的进水，以此类推。最后一个膜组件的浓缩液离开膜管，称为浓水或尾水。各膜组件的滤过液收集于管道内离开膜管，称为产水。4~6 个膜组件依次连接构成的单根膜管可实现高达 50% 的回收率。

卷式膜组件的结构见图 5-5。

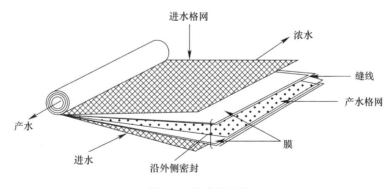

图 5-5 卷式膜组件

实际上，美国用于污水处理的所有 NF 和 RO 膜系统均使用卷式膜组件。

在 NF 或 RO 卷式膜系统中，一组同时平行运行的压力膜管即为一级一段式处理工艺。当多段处理工艺顺次设置时，可提高系统的总回收率，即将第一段的浓水（或尾水）汇集后作为第二段的进水。在某些情况下以提高回收率为目的时，也可增设第三段。这种情况称为多段处理法。由于第一段进水中有一部分已作为滤过液（产水）收集，因此第二段的进水中不包含第一段产水，结果是第二段的压力膜管数量（也即膜组件数量）也通常以近似相同的比例下降。后续各段的流量、膜组件和压力膜管的减少方式也与此类似。

　　虽然系统的预期回收率是进水水质的函数，但粗略估计，一个两段式项目的回收率可达 75%，增设第三段后回收率可达 90%。虽然在饮用水处理中多段处理法最为常见，但另一种被称为多级处理法的组合方式也有应用。在此方法中，某级的滤过液（或产水，而不是浓水）是下一级的进水。虽然此方法在生产超纯水（一般在工业领域）时更为常见，但在海水淡化等进水含盐量很高的情况下，也可用于饮用水生产。此时，须经多级过滤才能将盐分充分去除，使水满足饮用要求。

　　两段或多段膜的顺序组合称为阵列，阵列的表示方式可根据各段压力膜管的实际数量或相对数量确定。例如，以压力膜管的实际数量表示为 32∶16∶8 的阵列也可以相对数量表示为 4∶2∶1。虽然某特定项目阵列的具体要求在某种程度上由进水水质和系统目标回收率决定，但是在饮用水处理中，2∶1 和 3∶2（相对）等两段阵列最为常见。图 5-6 即为典型的 2∶1（相对）阵列示意图，包括平面图和端视图。

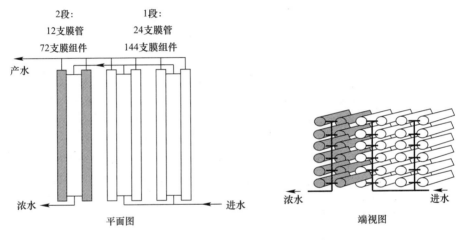

图 5-6　典型 2∶1（相对）压力膜管阵列

　　与中空纤维膜系统类似，卷式膜系统一般设计组装成共用阀门的独立单元，可单独分离进行测试、清洗或维修。对于卷式膜系统，这种统一的单元一般被称为膜堆。NF 和 RO 处理系统包含单堆典型进水流量为 5mgd（13.2mld）的一个或几个膜堆。典型的 NF 或 RO 系统流程见图 5-7。

　　与中空纤维膜系统不同，卷式膜系统并不是专用设备。标准卷式 NF 膜组和 RO 膜组的尺寸是统一的，因此某生产商的膜一般可用另一生产商的膜替换。除膜组外，卷式膜系统一般由工程师或设备生产商为满足特定需求而专门设计。

5.7　预处理

　　在原水进入 NF 或 RO 系统之前需进行预处理，用于防止膜的物理、化学或生物破坏。根据所处地点和处理目标的不同，膜过滤系统可采用不同类型的预处理工艺。对于渗透性膜，预处理包括去除颗粒和悬浮固体的过滤工艺，使 SDI 值至少小于 4，最好小于 2

或3。MF和UF预处理可保证提供浊度小于0.1NTU、SDI小于3的进水。若二级出水有机物含量较高，可配合MF或UF投加絮凝剂或粉末活性炭，降低MF或UF进水中的有机物含量。预处理中一般通过投加硫代硫酸钠去除易影响NF或RO膜的氧化剂，颗粒活性炭滤床可用于去除有机物和氯。在化学预处理中，通过投加阻垢剂来防止结垢或在膜表面形成钡、锶、硅等无机沉淀。

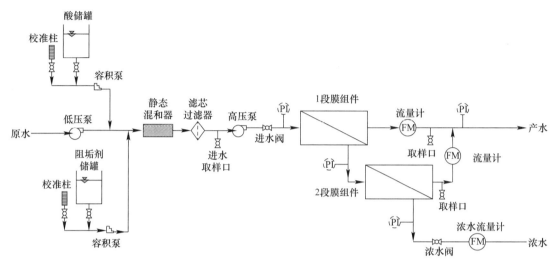

图5-7　典型NF或RO系统流程

表5-2对二级处理出水和四级处理出水作了比较。图5-8为膜处理工艺中的预处理流程。

二级处理出水和四级处理出水水质比较　　　　　　　　　表5-2

参数预期平均值（mg/L）（除单独标明的以外）	二级处理出水	MF/UF过滤出水
BOD_5	20	<5
COD	37（最大42）	<10
TOC	12	<4
TSS	<10	<0.1
TKN	4	<4
NH_3-N	0.1（最大1.0）	<0.1
TP	<3（最大10）	<0.10
正磷酸盐	<2	<0.10
浊度	<10	<0.1

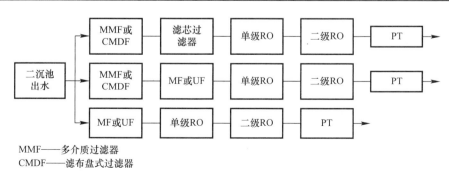

图5-8　RO系统的常规预处理与膜预处理

5.7.1　预过滤

NF 和 RO 使用的致密半透膜不能进行反冲洗操作,而污水的循环利用几乎全部采用卷式膜系统,因此这些系统需要更为精细的预处理工艺,从而降低膜在各类尺寸颗粒物中的暴露几率。卷式膜组件特别容易出现污堵,从而出现系统产率下降、运行故障、膜寿命缩短以及在某些情况下膜的损伤或破坏等问题。若进水的浊度约小于 1(目前小于 0.1NTU)或 SDI 约小于 5(目前不大于 3),为保险起见,一般采用过滤精度为 $5\sim20\mu m$ 滤芯式过滤作为 NF 和 RO 的预过滤工艺。

NF 和 RO 处理二级出水时的预过滤系统包括位于最终澄清池和 CFS 之前、MF 之后的 $100\sim500\mu m$ 可反洗滤器。若使用 UF 工艺,则需要溶气气浮(DAF)或 UF 所需的其他预处理工艺。若仅使用 CFS,则在 NF 或 RO 之前需设置 $5\mu m$ 的滤芯过滤器。预过滤系统可在膜过滤系统之前统一设置或在各个膜单元分别设置。预过滤工艺的过滤孔径取决于膜过滤系统类型和进水水质。

在膜处理之前采用另一种膜进行预过滤的案例不断增加,此类处理方式一般被称为组合式膜系统。通常以 MF 或 UF 作为 NF 和 RO 的预处理工艺,从而可满足后者对颗粒物、微生物以及铁、锰、钡、锶及 DOC 等溶解性污染物去除的要求。组合式膜系统的最大优点之一是 MF 或 UF 可持续高效地控制颗粒物,通过降低膜的污堵速率来保证 NF 或 RO 系统的稳定运行。在未出现膜丝破裂的情况下,MF 和 UF 系统产水可保持 SDIs 小于 2。

5.7.2　化学调理

化学调理可实现多重预处理目标,包括调节 pH、消毒、生物污堵控制、防止结垢、降低总有机碳和溶解性有机碳含量、防止溶解性物质的氧化等。NF 和 RO 系统中,一些化学调理措施几乎要持续不断地运转,最常见的是投加酸(降低 pH)或专用阻垢剂——膜生产商推荐的工艺,用于防止出现碳酸钙($CaCO_3$)、硫酸钡($BaSO_4$)、硫酸锶($SrSO_4$)和硅(如 SiO_2)等微溶盐的沉淀。

可通过膜生产商提供的软件根据进水水质模拟 NF 和 RO 的结垢趋势。在一些情况下,例如在使用醋酸纤维素制造的 NF 或 RO 膜时,为控制膜的水解(变质),进水 pH 必须保持在可接受的操作范围内。为消毒或控制生物污堵,在 MF 或 UF 预处理前需投加氯或其他消毒剂,由于大部分 NF 和 RO 膜材料易被氧化剂氧化,因此必须保证上游投加的消毒剂在接触此类膜材料之前被还原。

絮凝和石灰软化可作为低压膜的预处理工艺。在处理二级出水时,碱石灰软化更适用于 NF 的软化要求。碱石灰软化处理可提高 MF 或 UF 系统对二级出水的处理效率——通常位于澄清处理工艺之后,有助于 MF 膜或 UF 膜在较高的通量下运行,从而降低膜预处理设施的投资。

某些 NF 和 RO 膜可能需要在特定的 pH 范围内运行。絮凝剂和石灰与许多 NF 和 RO 膜不兼容,但通常与大部分 MF 和 UF 膜兼容。聚合物与 NF 和 RO 膜不兼容,与 MF 和 UF 膜一般也不兼容,虽然这在一定程度上取决于聚合物及膜的相对电性。当聚合物的电性与膜的电性相反时,一般会导致迅速而不可逆的污堵。

对产水进行化学调理的主要目的是保证 NF 或 RO 产水在 pH、缓冲能力及溶解性气体方面的稳定性。大部分化学调理位于 NF 或 RO 系统之后，因为相对于仅仅滤去悬浮固体而言，以上处理工艺中溶解性物质的去除对水的化学性质的影响更大。例如，NF 和 RO 预处理通常包括加酸降低 pH 步骤，目的是增加潜在无机污堵物的溶解性，水中一部分碳酸盐和重碳酸盐碱度被转化为溶解性二氧化碳，而后者不会被膜截留。低 pH、高 CO_2 含量和极低的缓冲能力导致最终产水具有腐蚀性。硫化氢等其他溶解性气体也易于通过半透膜，进一步增加了产水的腐蚀性，引发潜在的浊度、嗅、味等问题。以上问题将在第 7 章进一步讨论。

  NF 和 RO 循环利用项目一般用于污水回用、苦咸水回用和海水淡化。表 5-3 比较了 NF 和 RO 对各指标的预期去除范围。注意去除率与膜性质和压力有关。

NF 和 RO 对典型指标的去除率   表 5-3

参数	NF 预期去除率	RO 预期去除率
TDS	40%～60%	90%～98%
TOC	90%～98%	90%～98%
色度	90%～96%	90%～96%
硬度	80%～85%	90%～98%
NaCl	10%～50%	90%～99%
Na_2SO_4	80%～95%	90%～99%
$CaCl_2$	10%～50%	90%～99%
$MgSO_4$	80%～95%	95%～99%
NO_3^-	10%～30%	84%～96%
氟化物	10%～50%	90%～98%
As^{5+}	<46%	85%～95%
细菌	3～6log	4%～7%
原生动物	76log	>7%
病毒	3～5log	4%～7%

第 6 章　膜——生物处理工艺

6.1　简介

膜——生物处理工艺（MCBs）将膜（一般为微滤（MF）或超滤（UF））和好氧或厌氧生物处理工艺结合在一起，后者包括悬浮生长好氧工艺（常规活性污泥法）和高速厌氧消化工艺（上向流厌氧污泥床（UASB）、移动膜技术（MFT）、膨胀颗粒污泥床（EGSB）），或者最近出现的一级出水直接处理工艺。膜生物反应器是 MCBs 的一种。

膜的作用在于将好氧或厌氧污泥、混合液悬浮固体（MLSS）或一级出水中的悬浮固体与污水分离。膜以多种形式与生物处理工艺相结合。

6.2　常规活性污泥法——低压膜工艺

在本方法中，常规活性污泥法的二级或三级出水在沉淀后通过正压或负压 MF 膜或 UF 膜进一步处理。二级处理可以是完全混合式、阶段曝气式、延时曝气式、纯氧曝气式等任何活性污泥法或任何生物膜法——无论其是否具备脱氮或除磷功能（图 6-1）。

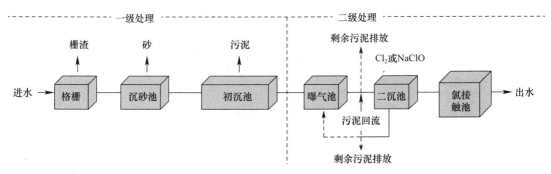

常规活性污泥法污水处理厂(>2 mgd)

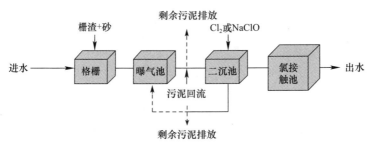

小型常规活性污泥法污水处理厂(<2 mgd)

图 6-1　典型常规活性污泥法

在生物或化学法除磷操作中，MF 或 UF 工艺可去除呈絮体状态的磷。MF 或 UF 工艺可与不同的预处理或后处理技术相结合，此 MCB 系统几乎适用于任何规模的水厂，从小型集成式水厂到处理规模达上百万加仑的大型市政污水处理厂均可采用。此工艺可选择性设置调节池和曝气设备，可采用沉砂池、曝气沉砂池或离心沉砂池，根据现况或工程师对除砂的需要设置细格栅。

膜—生物处理工艺的第一种形式是在污水二级或三级处理后设置 MF 或 UF 中空纤维膜处理工艺，可采用浸没式或压力式膜。常规活性污泥法-低压膜处理工艺（CAS-LPM）具有如下特点：

（1）包括所有的二级处理工艺——如氧化塘、生物膜处理法以及所有的活性污泥法。

（2）混合液悬浮固体（MLSS）浓度与常规二级处理工艺相同，在 $1500\sim5000mg/L$ 范围内变化，典型值为 $2000\sim4000mg/L$。

（3）可采用除砂、初沉或格栅（<2mm）等常规预处理工艺。

（4）污泥循环比 Q_R 在常规处理取值范围内。

若使用压力式膜，则无需增加用于去除营养物质时生物处理法所需的其他池体。

二级或三级市政污水处理与 MF 膜结合应用的案例不断增加，为满足市政污水处理厂增加水力停留时间的需求提供了解决办法。虽然目前尚未使用 UF 膜，但其也不失为一种选择。由于流量增加导致二沉池停留时间下降，随水流出的污泥可被 MF 膜截留。不论膜的污泥负荷为多少，MF 膜产水均恒定保持在 $0.1\mu m$ 的精度；此产水可作以下用途：直接排放至地表水体，与二沉池出水混合排放至水体并满足美国国家污染物排放削减（NPDES）许可证的要求，根据美国加州 22 号条例的要求进行回用，通过后续纳滤（NF）或反渗透（RO）工艺进一步处理为锅炉补给水等工业用水。图 6-2 所示即为此方案。低压膜后设置 RO 并增设离子交换或连续电除盐技术（EDI）等工艺，可以满足工业用水对硅和金属含量的要求。从设计角度考虑此方案的可行性时，应研究膜通量、能耗、保持通量所需操作及其频率、二级处理沉后水预期水质与水厂扩建投资的比较。此方案的经济性得益于其在占地、空间及时间上的优势，因为大部分情况下膜处理设施的建设比污水处理厂扩建的用时更少。

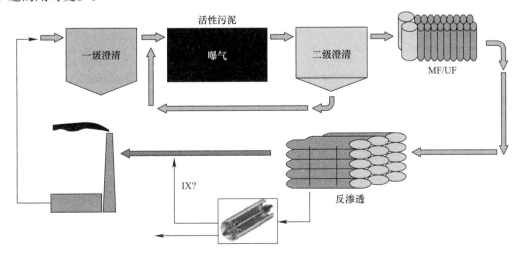

图 6-2　常规活性污泥法——低压膜-RO-离子交换处理工艺

此方案的脱氮一般通过二级生物处理法实现，或在生物膜多介质滤池内与反硝化过程同时完成。

如需除磷，也可通过生物法或投加矾或氯化铁絮凝剂等化学法实现，使用低压膜可使含磷量低于 0.1mg/L。

MF 或 UF 出水不具感染性——即不含微生物——若保证膜的完整性良好，在排放至地表水体前仅需少量消毒或不需进一步消毒。MF 产水直接回用（不经混合）也是一种选择，因为其水质已优于美国加州 22 号条例的要求。

6.3　序批式活性污泥法-低压膜工艺（SBR-LPM）——Aqua-Aerobic System 公司的 AquaMB 工艺

CAS-LPM 工艺的合理延伸即为 Aqua-Aerobic System 公司的 AquaMB™工艺。此专利工艺将 Aqua-Aerobic System 公司的时间控制生物处理法（如 AquaSBR 序批式活性污泥法），滤布滤池（CMDF）以及 MF 或 UF 工艺相结合。每个序批式反应器（SBR）均包括沉淀和排水段，从而容许 CMDF 接收二级处理出水。AquaSBR 包括多个进水和排水序列错开的反应器。此序列保证在一个反应器进水时另一个反应器可向后续的 CMDF、MF 或 UF 供水。

SBR-LPM 工艺具有如下特性：

（1）典型的 MLSS 设计浓度为 4500～5500mg/L，此值高于常规活性污泥法，但低于高 MLSS 型膜生物反应器。

（2）SBR 中不需要污泥循环。

（3）在中空纤维膜 MF 或 UF 工艺之前，通过滗水器和 CMDF 实现泥水分离。

（4）膜通量 50～75gfd（85～128lmh），高于膜生物反应器（MBR）的 10～15gfd（17～25.5lmh）。

（5）占地面积比常规 SBR 大，但比连续流系统小；SBR 工艺一般为单池运行——在本例中含有 2 个池体——但并不需要单独的沉淀池。

（6）由于 MF 或 UF 进水符合美国加州 22 号条例要求，因此其产水水质优于 MBR 工艺，或与其相同。

（7）营养物质由生物而不是由膜去除。总氮一般不大于 3～5mg/L。

（8）由于膜不需连续曝气，因此其曝气量小于 MBR 工艺，与常规 SBR 工艺接近。

（9）能耗高于不含三级处理的常规工艺，但是低于 MBR 工艺。

图 6-3 和图 6-4 所示为 AquaMB 工艺（Aqua-Aerobic System 公司的注册商标）。

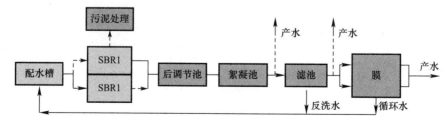

图 6-3　AquaMB 工艺简化流程图

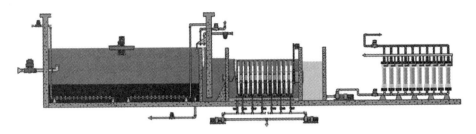

图 6-4　AquaMB 工艺（Aqua-Aerobic 授权）

6.4　高速厌氧生物组合工艺

MCBPs 也包括 UASB、MFT、EGSB（一种与 LPM 组合的 UASB 变体）等高速厌氧生物组合工艺。

厌氧生物处理工艺与好氧工艺的区别体现在两个方面：无氧条件，生成甲烷等副产物。废物的厌氧处理是通过厌氧消化罐、厌氧滤池以及下文所述新型专利工艺实现的。

在厌氧处理文献方面，Metcalf 和 Eddy/AECOM（2007）的介绍就值得推荐。

UASB 是厌氧版的颗粒接触澄清池——污水流经厌氧污泥床、使用絮凝剂并需要一段时间驯化。EGSB 是相对较新的技术，是流化床和 UASB 反应器的组合。UASB 和 EGSB 的停留时间小于 24h，而常规厌氧消化池的停留时间为 15～30d。将高速厌氧消化工艺与膜结合，可从高浓度有机废水中回收沼气并生产再生水。根据污水浓度以及水和沼气潜在市场的不同，厌氧消化工艺可与配有后续低压膜处理的常规活性污泥法配合使用，或在需要时与上文介绍过的 PFD 新型膜处理工艺配合使用，后接 RO 或高级氧化工艺。

移动膜技术（MFT）（Ecolab 所有）是一项高速柱塞流厌氧处理专利技术，用于处理含有高浓度可降解溶解性有机物的污水——COD 高达 350000mg/L——且占地面积很小。高浓度活性污泥——比 CAS 的 MLSS 高 10～50 倍——附着并生存在小颗粒生物载体床上，可有效处理高浓度污水。小直径载体可在较小的反应器内为微生物提供最大的表面积。

MFT 出水浓度始终很低——无需进一步处理即可符合大部分市政污水排放限值要求——且已被成功地与 MF 膜组合应用。

6.5　膜生物反应器

最先出现的 MCB 是膜生物反应器（MBR）。MBR 工艺将常规活性污泥法与用于污泥分离的 MF 或 UF 膜相结合，从而取消了二沉池。膜的孔径范围为 0.04～0.45μm。膜形式为平板、柱状或中空纤维，以平板膜和中空纤维膜为主；膜运行方式为浸没式——超过 90%，或压力式。目前也有不浸没于污泥中、靠压力驱动的外置式中空纤维膜。膜材料为 PVDF、PE 或 PES。

膜可以浸没于曝气池的污泥中，或为减少污泥的污堵而置于单独的膜池中。MBR 可与 CAS 联合使用。

为了减少膜的堵塞、包裹和不可逆污染，CAS-LPM 和 AquaMB 工艺均在膜处理之前通过常规处理来降低 FOG、其他污染物和表面活性剂的量。MBR 工艺设置 2mm 格网，2mm 格网前设置常规除砂和除油等预处理工艺。

MBR 工艺的特点如下。

（1）早期的 MBR 工艺设计污泥浓度高达 12000～20000mg/L。目前典型的污泥浓度为 9000～15000mg/L（平均 9000mg/L），且呈下降趋势。而 CAS 污泥浓度一般为 2000～5000mg/L，AquaMB 工艺为 6000～8000mg/L。

（2）高污泥浓度导致生物池水力停留时间下降，从而减小了曝气池容积。当前污泥浓度的降低趋势会增加水力停留时间，相应地导致占地面积增加。

（3）若氮的限值严格时，可通过在 Bardenpho 工艺中设置前缺氧区或后缺氧区来实现完全硝化和反硝化（Wallis-Lage *et al.*，2008）。

（4）对预处理要求的特别之处包括一个十分致密的格网（<1mm）和 2mm 格网，一般用于去除颗粒、砂及 FOG，以防膜的堵塞和污染。大型 MBR 系统采用常规预处理工艺。

（5）中空纤维膜生产商需要开孔 0.5～2mm 的格网，而平板膜生产商仅需开孔 2～3mm 的格网。虽然二者尺寸要求看似差异较小，但是其投资和运行维护费有明显差距（Hunter and Cummings，2008）。

（6）污泥回流比很高，最高为 5 倍的进水量。

（7）需要曝气，且动力费是所有 MCBPs 中最高的。Pearce（2011）报道电耗为 0.3kWh/m³ 甚至更高。

（8）经验表明，浸没式膜置于曝气池内时，比置于独立的膜池内效率低。

（9）目前有两类主要的工艺形式。浸没式 MBR 的膜组件与生物反应池整合在一起，膜直接浸没于生物池或置于独立的膜池内。外置式或侧流式 MBR 的膜组件是一个单独处理单元，置于生物反应池外并需中间增压步骤。

（10）MBR 工艺产水水质与其他 MCBPs 相同。

（11）二沉池被膜过滤工艺取代，实现了产水的彻底消毒，也使 CAS 工艺中具有代表性的大型二沉池由紧凑的膜组件取代（图 6-5）。

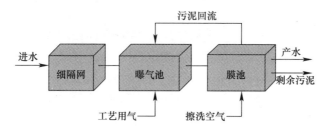

图 6-5　常规 MBR 工艺流程图

（12）占地面积最小——相同面积下的处理量为常规污水处理厂的 3 倍。

MBR 产水水质见表 6-1。

产水水质比较　　　　　　　　　　　　　　　　　　　　　　表 6-1

	延时曝气/过滤	MBR
BOD（mg/L）	10	<2
TSS（mg/L）	10	<2

续表

	延时曝气/过滤	MBR
TN（mg/L）	10	10
浊度（NTU）	2	<0.2
大肠菌群（mpn）	2.2	<2.2
病原体/病毒	降幅很小	2~3log
金属/有机物	类似	类似

由产水水质比较可见，膜在去除颗粒物质方面的能力与优势突出。应注意，在去除营养物质方面，是生物反应器的设计与配置而不是膜决定了产水水质。由于颗粒的数量下降和对颗粒的屏蔽作用，MBR 产水的消毒效率提高，但此优势并未在上表中体现。

若未通过有效的预处理来减少油脂（FOG）量、去除砂、树枝、头发和其他纤维状物质，将引发 MBR 膜组件的堵塞和污染等一系列问题。预处理不充分还可增加污泥积聚的风险，最终对膜产生损害，导致水厂产能下降和产水水质恶化（Côté et al.，2006）。

MBR 系统的基本处理流程和工艺设计使其对营养物质具有较高的去除能力，使 MBR 污水处理厂得以利用较小的占地面积稳定地提供高品质产水。实际上，根据现有的污泥停留时间，MBR 对微污染物的去除潜力高于常规高速活性污泥法，可使市政设施在满足与内分泌干扰物质相关的新时期产水标准方面处于有利地位（Wallis-Lage et al.，2008）。

除以上主要优势外，MBR 技术的其他优点包括操作简便、可模块化扩展、造型美观、产水既可满足回用的需要也能直接供给 RO 处理系统。总之，以上优势是 MBR 技术在美国和世界上快速发展的主要原因。MBR 在处理规模较大项目中的用量快速增长，除设计方面的灵活性及运行方面的优势外，近期膜价格下降、钢材和水泥等建材价格持续上涨也是原因之一（Zhao & Hoang，2011）。MBR 技术在过去 10 年里迅速发展的促进因素还包括水质标准趋严和污水回用项目的增加（Hirani et al.，2010）。

与常规 MBR 技术仅限于处理规模不大于 5mgd 的小型或分散型处理项目不同，正在建设的 MBR 污水处理厂具有相当大的处理规模，一些项目甚至超过 40mgd。大部分市政 MBR 项目设计规模仍然不足 5mgd，但是近年来大型 MBR 项目稳步增长，2004 年至 2008 年累计投产处理能力增加了 300%（Hirani et al.，2010）。

市场分析报告中提及的 MBR 项目全球增长率普遍在 9.5%～12% 之间（Judd，2011），受污水排放标准趋严、水资源短缺现象加剧、为保护水资源而更加重视污水的循环利用等因素影响，预计 MBR 的全球市场份额在 2017 年将达 8.88 亿美元（Global Industry Analysts，2011）。

尽管存在诸多优点且应用日趋增加，MBR 技术也有其局限性。如投资较高、高能耗导致全寿命成本较高，此外，与污堵相关的可预期风险以及膜更换费用仍然是其得到广泛应用的重要限制因素。

目前，业内的研发力量正致力于克服以上局限性，包括提高 MBR 擦洗效率、研制能耗更少并在占地面积更小的情况下效能更高的新型 MBR 系统。

6.6 市政污水一级出水与低压膜联合处理

CAS-LPM 的逻辑发展即为 IMANS 系统。此新兴 MCBP 技术由加州（USA）的 Carollo engineers 公司研发,将常规初沉池一级出水与 MF 膜技术相结合。详见图 6-6。

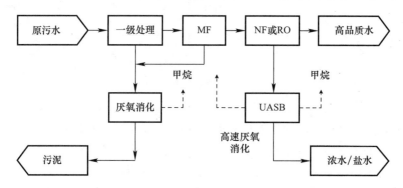

图 6-6 IMANS 处理概念(Judy *et al*.,2000)

此工艺采用后接 RO 或 NF 技术的 MF 膜处理一级出水,同时与高速厌氧处理配合使用。膜技术浓缩了水中的可降解有机物,同时提供适于回用的高品质产水。MF 膜将一级出水处理成 0.1NTU 的 RO 进水,MF 工艺产生的废水与一级污泥混合后进入高速厌氧消化工艺产沼。

相对于 CAS 和其他 MCBP 工艺,此工艺的优势在于能耗低(省略了 CAS 流程)、沼气产量高且污泥产量小。

此技术正处于培育期,具有发展潜力。

第7章 污水循环和回用膜系统设计

7.1 引言

美国自来水厂协会的专业委员会（2008）很好地总结了微滤和超滤膜装置的设计理念，这些内容同样适用于采用膜处理的污水循环利用装置。本章的后半部分包括了对污水循环利用案例的研究。部分内容是按照膜的规范的形式编写的。

7.2 膜处理工艺流程

图 7-1～图 7-7 表示了不同水处理目标中的膜处理工艺流程，采用膜处理工艺的目的通常不是为了满足国家污染物排放和削减制度（NPDES）中的排放要求，因为膜处理出水水质过于优良。膜的应用通常是为了满足特殊的水质目标，不管是单独的微滤或超滤系统，还是与纳滤或反渗透联用的系统。

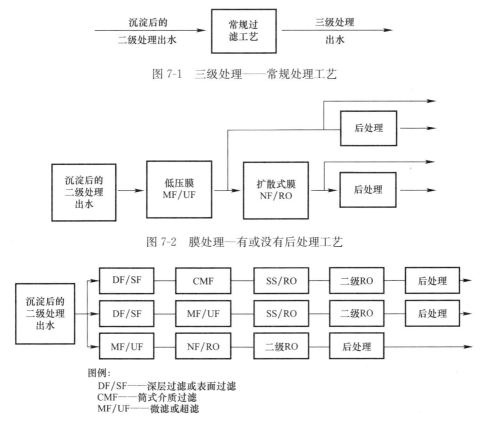

图 7-1 三级处理——常规处理工艺

图 7-2 膜处理—有或没有后处理工艺

图例：
　　DF/SF——深层过滤或表面过滤
　　CMF——筒式介质过滤
　　MF/UF——微滤或超滤

图 7-3 典型的膜工艺流程图

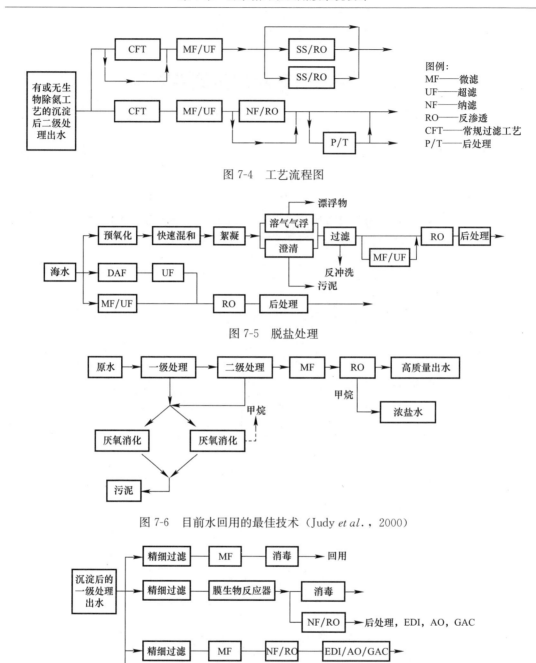

图 7-4　工艺流程图

图 7-5　脱盐处理

图 7-6　目前水回用的最佳技术（Judy *et al.*，2000）

图 7-7　目前和未来的污水回用流程图

7.2.1　系统设计方面的考虑

在膜过滤系统的规划和实施过程中，需要考虑一些重要因素，这些因素对系统设计和运行有特别大的影响，是保证水质目标的关键。这些因素包括膜通量、温度补偿、水质、设计回收率、完整性检测和膜丝断裂的确定、预处理方面的考虑、在线清洗、化学强化反冲洗和中和的考虑以及系统稳定性。后续章节中将对这些因素做简要论述。

7.2.1.1 膜通量

膜通量,是指单位膜面积的过流量,这是设计膜过滤系统需要考虑的一个最基本的参数,它决定了系统达到设计处理能力所需要的膜面积以及需要的膜组件的数量。由于膜组件在整个膜过滤系统投资成本中占有很大比例,因此,如何在不造成额外的可逆污染的情况下,尽量增加膜通量,从而减少需要的膜组件数目,成为关注的重点。

通常在中试阶段采用特制的膜过滤系统确定膜的最大通量,国家根据实验结果对膜进行规定,这一结果受工程师的个人经验、制造商在特定水质条件下的演示经验、或者这些因素的综合影响。除了测试最大膜通量,中试通常也用于确定膜的合理运行范围,这一范围取决于膜通量与反冲洗和化学清洗频率之间的平衡。因为高的膜通量通常会加速膜污染,在高通量情况下需要进行更频繁的反冲洗和化学清洗。可以接受的运行膜通量的上限(提供的该限值不超过国家批准的最大值)通常称为临界膜通量,在该临界点膜通量的小幅增加也会导致两次化学清洗之间正常运行时间的大幅缩短。膜过滤系统运行时的通量应低于临界膜通量,以避免过于频繁的化学清洗,以及与化学品接触时间过长而导致膜损耗。

膜通量受一系列因素影响,包括膜孔径、孔隙率、膜类型(如微滤膜可分为中空纤维膜、卷式膜等)、膜材料、水质。预计膜寿命、污染潜力、膜丝断裂频率、化学清洗频率及效果、使用的化学药剂、为保持一定膜通量所需要的能量,这些也是应考虑的因素。这些已在前边的章节中论述。

瞬时膜通量(instantaneous flux rate)是指膜组件在产水过程中任一时间内通过的水量与有效膜面积(进水侧)的比值。瞬时膜通量也可以通过净通量(gfd)与参与服务的膜面积的百分数(percent online service factor)的比值计算。例如,一个膜系统的净通量为 25gfd(42.5lmh),参与服务的膜面积百分数为 96.7%,则计算得到瞬时膜通量为 25/0.967=25.86gfd(43.9lmh)。

净通量(net flux rate)是按照每天平均净产水量,以每天产水加仑数除以进水端有效膜面积的平方英尺数表示。此时不包括用于反冲洗、化学清洗等的透过水量。净通量的单位也是 gfd。净通量(net flux rate)等于瞬时膜通量(instantaneous flux rate)与参与服务的膜面积的百分数的乘积。例如,对于瞬时膜通量为 25.85gfd 的膜系统,服务参数是 94.70%,计算得到净通量是 25.85×94.7%=24.5gfd(46.7lmh)。

7.2.1.2 温度补偿

与其他水质参数,如浊度、总溶解固体(TDS)等一样,进水温度同样对膜过滤系统的通量有影响。和对纳滤、反渗透膜的设计一样,温度也影响到微滤和超滤膜的设计。二级处理出水的温度通常比较稳定,变化幅度很小。北方的气候对温度有较大的影响。低温条件下水的黏滞性增加,因此相同的跨膜压差条件下,温度降低将导致膜通量下降,或者说为了保持膜通量的恒定,需要增加跨膜压差。根据膜过滤系统的不同,对于这一现象的补偿措施也有所差别。和纳滤、反渗透一样,微滤和超滤系统常用的对于温度波动的基于黏滞性的温度补偿方法将在后续内容中介绍,各个膜生产商都有一些基于各自产品特性的推荐方法。

前面的章节中已介绍过温度修正参数。膜生产商基于各自膜或产品系列制定了他们自己的温度修正参数(图 7-8)。这些曲线在设计过程中应该提供并参阅。

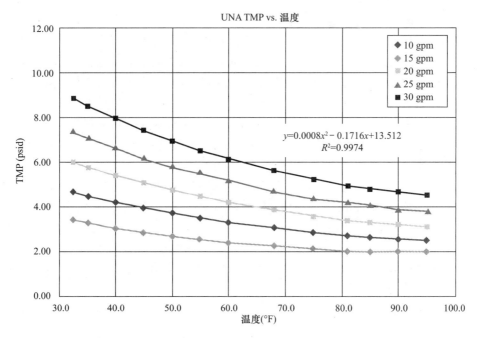

图 7-8　典型生产商的膜的温度与跨膜压差关系曲线

微滤和超滤膜系统通常在一个相对较窄的跨膜压差范围内运行，从而限制当温度下降时，为维持恒定的膜通量而需要增加的跨膜压差值。对于真空抽滤系统来说，这显得尤其必要，因为当跨膜压差超过生产商规定的上限时，可能导致膜组件的损坏。在冬季温度低时，不可能在相同的跨膜压差条件下维持平时的膜通量。在真空抽滤系统中，扩膜压差不能超过设计值。因此，为了满足系统全年产水量的要求，系统设计时通常留有一定的处理规模余量（例如，增加膜面积或者膜组件数目）。

7.2.1.3　原水水质与变化

原水的水质、特点（见第 2 章）及变化等与最终要实现的水质目标直接相关。因为水质对于膜通量有很大的影响，进水水质是膜过滤系统设计时需要考虑的一个基本因素。水质差将会导致膜通量的降低，从而增加需要的膜面积和膜组件数目，进而增加膜系统投资和尺寸。相比增加膜面积，采取合理的预处理措施能够改善进水水质，从而相对降低成本。好的进水水质能够获得较高的膜通量，减少膜面积、膜系统尺寸及工程投资。通常，膜通量通过中试确定，在缺乏中试数据的情况下，深入了解一些关键的水质参数对于膜通量的影响是非常重要的，例如 SDI、浊度、有机碳、溶解性总固体等。本节内容中简要介绍了这些参数分别对膜通量的影响。温度对于膜通量同样具有明显的影响。

7.2.1.4　污染密度指数

污染密度指数（SDI）是对于水中颗粒物的一个经验性的、无量纲的参数，通常用于根据原水水质粗略确定适合采用纳滤还是反渗透工艺进行处理。美国材料实验协会（ASTM）标准 D4189-95 中详细描述了 SDI 的测定程序。通常，SDI 的是通过采用孔径 $0.45\mu m$、直径 47mm 的平板滤膜在 30psi 的条件下对水样过滤进行测定。得到两次分别获得 500mL 滤后水的时间，并将此时间值输入计算 SDI 的公式。含有较多颗粒物的水样，得到滤后水的时间比较长，因而计算得到的 SDI 值较高。一个普遍的规则是，对于卷式纳滤和反渗透膜组件，通常不适于处理 SDI≥5 的原水，这类水通常含有过多的颗粒物，将会对非多孔性的半渗透膜造成快速污染。因此在纳滤和反渗透工程应用中，对于 SDI 值超过 5 的原水，通常要采用预处理措施来去除水中颗粒物。制造商一般会根据原水类型（不同类型的原水通常有一定的 SDI 值范围），提供纳滤和反渗透膜在运行时大体采用的膜通量范围。

但是，SDI 仅仅是描述水质的一个参数，针对一个特定的膜系统，需要结合其他现场的水质条件、系统特定的水质要求以及运行参数，综合确定膜通量。在测定 SDI 值时需要谨慎操作，实验的差异或者是实验者的差异，以及测定时温度和采用的膜类型的不同，都会影响测定结果。因此，给出相似条件下 SDI 值的大体参考值是非常重要的。由于 SDI 的测定是序批式进行的，因此并不能在线连续测定，也不能像日常运行时采用的浊度或者电导率那样作为水质或者系统运行的典型参数。

7.2.1.5　浊度

浊度是描述水中颗粒物对光线的散射程度的一个参数。浊度广泛用于评价常规滤料过滤工艺的处理效果，在各种类型的膜滤系统中，浊度常用于评价微滤和超滤工艺的处理效果，因为这些系统都被设计用于去除颗粒物。水的浊度高通常意味着水中悬浮固体含量高，进而可能导致膜的快速污染。因而，高浊度水通常采用较低的膜通量进行过滤，以减少膜污染以及反冲洗和化学清洗的频率。在浊度过高的情况下，在微滤或超滤系统前设置预处理工艺，减少附着于膜表面的固体物质，从投资上来说更经济。

7.2.1.6　有机碳

另一个影响膜通量的关键因素是水中有机碳含量（见第 2 章），通常用 TOC 或者溶解性有机碳（DOC）来表示。进水中的有机碳会造成膜污染，以溶解性成分吸附在膜材料上或者以颗粒状成分堵塞膜孔。当采用膜滤工艺处理有机碳含量较高的水时，膜通量需要降低。TOC 对膜的影响程度受有机物成分特性的影响。TOC 可以分为亲水性有机物成分和疏水性有机物成分，研究表明，疏水性成分对于膜污染起主要作用。水中有机物的特性可以通过其测定比紫外吸收值（SUVA）来粗略定性。

由于 TOC 比 DOC 更常用，因此估算 SUVA 时通常采用 TOC 来代替 DOC。SUVA 值高，代表水中疏水性有机物含量高，容易对膜造成污染。通常认为 SUVA 值超过 4L/(mg·m) 的水是难于处理的。但和浊度一样，有机碳可以通过絮凝、预沉淀的方法有效去除，疏水性成分多时更为有效，从而减少膜污染并使系统在高通量条件下运行。絮凝后的水也可以不进行预沉淀，直接进入微滤或超滤系统处理。投加粉末活性炭也可以降低膜系统进水的 DOC。但对于卷式膜组件来说，由于不能进行反冲洗，粉末活性炭不能与纳滤和反渗透系统联用，除非在膜系统前采取措施去除进水中的颗粒物。

7.2.1.7　溶解性固体物质

膜系统进水中的总溶解性固体物质及一些特定的溶解性固体物质都是纳滤和反渗透系统设计时应注意的关键因素（见第 2 章），这些物质包括硅、钙、钡、锶等，它们能够以难溶盐的形式沉淀，结垢并导致一定条件下膜通量的迅速衰减。通常采用投加预处理药剂的方式控制结垢，预处理药剂包括酸或者专用阻垢剂，两者也可同时使用。但是，溶解性固体物质的总量也会影响膜系统的运行，因为获得目标通量的净驱动压与系统的渗透压相关，渗透压与 TDS 浓度直接相关。因此，当 TDS 升高时，需要的驱动压力也会升高。二级处理出水中的 TDS 浓度是一个考虑因素，通常应低于 500mg/L。

在微滤、超滤和膜盒过滤系统中，TDS 通常不作为关键因素考虑，因为这些系统并不去除溶解性固体物质。在一些情况下，进水中的氧化剂会导致铁或者锰盐（水中本身含有的或者是预处理工艺中设计投加的）的沉淀，从而加速膜污染。

7.2.1.8　小试

表 7-1 中的原水水质分析，结合原水历史数据及小试对膜的评价结果，能够提供初步设计信息，以确定是否选择膜系统来实现项目目标。小试的实验方法在小试实验程序中有详细描述。需要注意的是，这些仅仅是项目测试程序的起始点。小试并不能取代中试，而是在时间和投资允许条件下对中试目标进一步细化。

一个 10～20ml/min 出水能力的小试中空纤维膜组件，与烧杯试验结合使用能够以最短的时间和最小的花费为项目提供最好的设计信息。小试得到的数据并不能代表膜系统长期运行的效果。长期运行效果需要一个全尺寸的膜组件至少运行 2 个清洗周期。当然，能获得的最好的结果是中试运行时间能超过一个完整的季节变化周期。虽然二级处理出水是微滤和超滤膜系统稳定性最高的水源，中试评估仍然要保证 1 个月以上的时间。

膜工艺的设计参数

表 7-1

膜类型	膜形式	单位膜面积	典型通量	最大通量	回收率
微滤/超滤	中空纤维	1000sf 以上	30～50gfd	120gfd	80%～98%
纳滤/反渗透	卷式	0～500sf	10～15gfd	25gfd	40%～80%

7.2.2　设计回收率

膜系统的回收率是指 24h 内膜过滤的净产水量（产水量减去用于反冲洗、化学浸泡、化学强化反冲洗、现场清洗的水量）除以由预过滤系统进入膜组件的进水总量得到的比值，用百分比表示。回收率也等于 1 减去膜系统排出的废水的量/总进水量，再乘以 100，换算为百分比。例如，对于一个废水量为 0.5mgd（1.9mld），进水总量为 12.5mgd（47.3mld）的膜系统，回收率为 $(12.5-0.5)/12.5 \times 100 = 96.0\%$，或 $[1-(0.5/12.5)] \times 100 = 96.0\%$ 或 $(47.3-1.9)/47.3 \times 100 = 96.0\%$。

预过滤系统（滤网过滤）回收率是指 24h 内预过滤后进入膜组件的水量除以进入预过滤系统的进水总量，以百分比形式表示。

膜滤系统总的净回收率是指 24h 内经微滤/纳滤或者微滤/反渗透系统过滤后进入水厂清水池的水量（滤后水体积减去用于反冲洗、化学清洗、化学强化反冲洗及其他用途的水量）除以进入预过滤系统的进水总量，同样以百分比表示。

在线服务系数是指每天过滤系统产水的平均时间，包括反冲洗、化学强化反冲洗、膜池稀释及排水、膜完整性检测及其他需要过滤产水暂停的因素。例如，如果一个膜组件在 1 天中用于反冲洗、化学强化反冲洗、完整性检测的平均时间是 75 分钟，那么在线服务系数为 $(1440-75)/1440 \times 100 = 94.8\%$。

118

7.3　完整性检测

对再生水水质要求严格的情况下，或者设计人员为了延长纳滤和反渗透膜的寿命而对破损的膜丝进行监测时，需要严格执行再生水膜系统的完整性检测。

完整性检测（IT）是微滤和超滤系统的一项重要要求，可以防止贾第虫和隐孢子虫进入供水系统从而对公众健康产生危害。膜滤系统应包含直接和间接完整性监测系统。下面是一些适用于很多公共竞标的微滤膜完整性检测要求。

典型的直接完整性检测（DIT）要求：直接完整性检测系统应包括自动压力维持测试，提供能够监测膜组件和膜系统完整性的直接方法。测试可以自动运行，并且能被膜过滤系统的可编程逻辑控制器（PLC）控制。完整性检测既可以是气泡泄漏的检测，也可以是压力下降的检测，设计应与 ASTM 6908-03《水处理过滤膜系统完整性检测标准程序》相符。

完整性检测要求中包括对 $3\mu m$ 孔的检测，检测系统应具有以下特征：

（1）分辨率

直接完整性检测必须能检测到 $3\mu m$ 及以下尺寸的膜破裂。采用美国环境保护局《膜过滤指导手册》（2005；MFGM）（UPSEA，2005）（见附录 N）中的计算程序，最小测试压力应采用以下保守值计算，除非膜生产商提供数值或者有依据的信息，作为建议，采用的较保守值为：

1）孔形状修正参数＝1.0；

2）液相膜接触角＝0；

3）气液接触面的表面张力按可能的最低水温计算。

（2）敏感度

直接完整性检测中，按照美国环境保护局《膜过滤指导手册》中的计算，必须能够达到隐孢子虫对数去除率（LRV）≥5log。

（3）频率

1）为了计算离线时间对膜系统尺寸的影响，假定每一个膜组件每 24h 进行一次直接完整性检测。

2）直接完整性检测频率可由操作人员在 4～168h 范围内调整。

（4）控制限度

1）系统故障时自动报警，并自动关停特定的膜组件或者整个系统，取决于系统故障严重的程度，并根据操作人员的设定确定。

2）设备是否基于隐孢子虫对数去除率来运行由操作人员确定。设备只需要进行季度性（3个月）维护来修补膜丝。这些维护应保持单个膜组件或膜单元对隐孢子虫的对数去除率高于4.3。因此，操作人员应当考虑当单个膜单元对隐孢子虫的对数去除率低于4.3时，系统能够报警。

膜厂商通常负责根据直接完整性检测的压力下降值详细计算膜组件的对数去除率，以及膜丝断裂导致隐孢子虫对数去除率低于国家标准要求的压力下降临界值。根据压力下降测试结果来计算膜组件的隐孢子虫对数去除率，步骤如下：

（1）计算公式及假设条件应由 MFSS 选择，并与《膜过滤指导手册》（USEPA，2005）一致。

（2）温度、过滤速度、跨膜压差应取多个过滤周期内的平均值，包括前期的膜完整性检测的每一个过滤周期（膜完整性检测开始和结束之间）。

（3）应计算每一个过滤周期的 LRV，包括 MFSS 和膜完整性检测周期的 LRV。

7.3.1　连续间接完整性监测系统

（1）膜系统应有连续间接完整性监测系统。

（2）每个膜组应安装激光浊度仪，自动监测滤后水水质。激光浊度仪通常由工程师选定。膜系统的 PLC 能够记录浊度数据，每分钟记录每个膜组的浊度，并自动平均，每 15min 根据每个膜组的浊度值生成一个平均值读数。

（3）激光浊度仪的控制限度：

1）通常设定 0.15NTU 为浊度控制上限值（UCL）。对于每一个膜组来说，当连续 2 次 15min 平均值超过浊度控制上限值时，相应的膜组应自动关停，同时生成系统警报，并针对该膜组进行直接完整性检测。

2）控制系统应能够兼容操作人员设定的 2 个控制限度中间值（ICL）的监控，从而在出现连续 2 次 15min 平均值超过控制限度中间值时，自动生成报警信号，并根据操作人员的设定有选择性地关停故障膜组。

（4）颗粒计数仪的控制限度：控制系统应设计控制限度上限（UCL），并符合膜生产商的要求。当出现连续 2 次 15min 平均值超过控制限度上值时，自动生成报警信号，并根据操作人员的设定有选择性地关停故障膜组，或关停整个系统。

7.3.2　最小膜丝断裂当量数的确定

膜供应商应确定导致整个膜系统的 LRV 值由最高检测值（检测灵敏度）下降到 4.3log 和 4.0log 的膜丝断裂当量数的最小值或临界值，基于以下参数确定。

断裂膜丝当量应具有以下特征：

（1）膜丝在长度方向上沿径向完全断裂，对膜单元 LRV 值的影响最大（典型的位置是膜丝与封装材料的界面处）。

（2）上述描述的完全断裂膜丝位于对膜单元 LRV 影响最大的膜组件中。

（3）除非断裂膜丝已经确定，否则膜组件中膜丝位置并不影响 LRV。

当量断裂膜丝的最小数目应基于运行条件确定，这些运行条件会对膜单元每个当量断裂膜丝的 LRV 造成最大影响：

（1）温度；

（2）跨膜压差（一般为最高运行跨膜压差）；

（3）运行水位（或背压）；

（4）瞬时通量（一般为最低运行通量）；

（5）其他设计和运行方面的差异，由 MFSS 确定，这些差异会导致单位当量断裂膜丝对 LRV 的影响最大。

典型的反渗透（RO）单元需要确保进水最大浊度为 1.0NTU。微滤和超滤预处理工艺也应该满足这一要求。

选择絮凝剂时需考虑的因素在第 2 章中已详细列出。选择最佳絮凝剂的最好方法是通过采用烧杯实验和膜系统小试对进出水水质进行全面分析。

出水水质应在 24h 中保持一致并小于 0.1NTU，绝大部分时间在 0.02～0.05NTU 范围内。这与进水浊度大小无关。当进水浊度波动时，出水浊度应保持稳定。二级处理中中空纤维微滤工艺的回收率（出水与进水流量的比值）通常较高，根据膜的不同，通常在 80%～95% 范围内。如果采用两级膜系统，则回收率可达到 98%。

7.4　预处理

在进入膜系统之前，通常需要对进水进行预处理。预处理的作用是防止膜的物理损坏。对于不同的膜滤系统，采用的预处理方式也有所不同，这与现场特定条件以及处理目标有关。预处理工艺包括预过滤、氧化、化学调质等。

预过滤包括精细过滤和粗过滤，是膜过滤系统的一种预处理方式，用于去除大的颗粒物和杂质。预过滤既可以用于整个膜滤系统，也可以在每一个膜单元单独设置。预过滤工艺及过滤孔径是根据膜过滤系统的类型及进水水质确定的。例如，中空纤维微滤和超滤系统虽然设计用于去除悬浮固体但是大的颗粒物可能导致膜丝损坏或堵塞。对这些系统来说，选择的预过滤工艺的过滤孔径可能从最小 $100\mu m$ 到最大 $3000\mu m$ 以上（例如沉淀或者溶气气浮），这取决于进水水质和制造商的要求。通常，水流为由内而外流动的中空纤维微滤和超滤系统更易堵塞，因此需要更好的预过滤工艺。

因为纳滤和反渗透采用的是非多孔性的半渗透膜（不能进行反冲洗，在污水再生回用中绝大部分被设计为卷式膜，并需要更好的预过滤工艺），因此需要更好的预过滤工艺来减小膜暴露于颗粒物中的可能。卷式膜对于颗粒物污堵更为敏感，因为会导致系统产水能力的降低，并产生运行方面的问题，降低膜的寿命，并在某些情况下造成膜的破坏。如果进水浊度<1NTU 或者污染密度指数（SDI）<5（日平均值为 3 或者更低），则纳滤和反渗透通常要采用过滤等级为 $5～20\mu m$ 的滤筒式过滤器。如果进水浊度或者 SDI 值超过上述值，则需要采取更有效的颗粒物去除方法，如常规处理工艺（介质过滤）或者微滤、超滤等，作为纳滤和反渗透的预处理工艺。

采用一种类型的膜过滤作为另一种类型膜的预处理工艺是比较常见的，例如微滤或者超滤通常可作为纳滤和反渗透的预处理工艺。这种处理流程通常作为一个完整的膜系统。利用微滤或超滤作为纳滤和反渗透的预处理工艺，通常是为了去除颗粒物、微量有机污染物以及溶解性污染物，如硬度、铁、锰、消毒副产物（DBP）前质等。一个完整的膜系统处理流程，其最明显的优势是可连续获得高质量的出水，并能减少纳滤和反渗透系统的膜污堵，保证系统稳定性。在膜丝不断裂的前提下微滤和超滤系统能够持续提供 SDI 值小于 2 的出水。

7.5 在线清洗、化学强化反冲洗及中和方面的考虑因素

酸洗溶液、超声清洗溶液和中和液需分别用单独的容器存放。膜的供货商应提供通过膜过滤系统的 PLC 对化学药剂系统进行控制的措施。膜过滤系统 PLC 应记录化学强化反冲洗（CEB）及化学在线清洗（CIP）的周期，并按照运行人员输入的时间值或者跨膜压差（TMP）的升高值，在需要进行下一次化学清洗前发出报警信号。清洗和中和的化学药剂由咨询工程师根据具体情况提供。

滤后水或水厂出水应供给到在线清洗或化学清洗池中。设计时应确保滤后水的水质能满足化学强化反冲洗和化学在线清洗溶液的水质要求。

系统设计时应考虑对不同的膜组件进行同时化学强化反冲洗和化学在线清洗时的设计冗余。

化学在线清洗系统的设计，应能够去除积累在膜组件上的所有固体和溶解性物质（包括膜表面和膜孔中的各类污染物），保证膜的透水性能稳定。

膜系统的设计应保证当操作人员启动清洗过程时，清洗系统应能够自动运行。系统应按照制造商的要求，具备对在线化学清洗药剂进行加热的功能。

设备应具有投加化学药剂并混合的能力，以确保从中和池中排放废弃的化学在线清洗药剂和化学强化反冲洗药剂之前，对其进行中和以及（或者）脱氯。应具备对 pH 和余氯的自动监测能力，以便水厂运行人员能够判断从中和池排到废液坑的液体是否符合国家污染物排放和削减制度 NPDES 的排放标准要求。应提供可以确认膜单元冲洗彻底并可以投入使用的设备。如果膜组的 pH 或者余氯超出了设定值，控制系统应能够自动关停膜组。

化学强化反冲洗泵和化学在线清洗泵应由 MFSS 根据特定用途设计和供货，其材质及结构应与输送的液体相符。任何循环泵都应有备份。

7.5.1 化学原料储罐

膜过滤系统的所有化学药剂都应设置储罐。原料储罐的容积应大于罐车的最大输送量——通常为 4000 加仑，再加 20% 的富余。储罐个数根据系统规模确定。

原料储罐的材质应适用于储存的特定化学药剂。

7.5.2 化学调理

对于一些预处理来说，可能需要进行化学调理，包括 pH 调节、消毒、生物污染控制、阻垢、絮凝和氧化等。在纳滤和反渗透系统中，一些化学调理措施基本是必需的，例如加酸（降低 pH）或者加入膜制造商推荐的阻垢剂，以防止碳酸钙、硫酸钡、硫酸铯、含硅物质（如二氧化硅）等微溶性盐类沉积。

膜制造商一般能够提供根据进水水质对纳滤和反渗透膜的污堵潜能进行模拟的软件。例如对于醋酸纤维膜来说，进水的 pH 必须要调整到可接受的运行范围，以降低膜的水解（即化学腐蚀）。同时投加氯或者其他消毒药剂作为预处理，既可以起到消毒的作用，也可以用于控制生物污染。但由于一些纳滤和反渗透的膜材料容易被氧化剂破坏，因此必须用还原剂中和进水中的消毒剂。

微滤或超滤工艺的预处理药剂应根据膜系统的处理目标确定。例如，石灰和苏打粉可用于进水的软化；投加絮凝剂可提高总溶解碳（TOC）的去除效率并减少消毒副产物的生成量，同时也可以提高对颗粒物的去除效果；投加消毒剂既可以作为主消毒工艺，也可以控制生物污染；可投加不同的氧化剂，以氧化金属类物质，如铁、锰。应注意的是，所采用的预处理药剂必须与膜材质相适应。与常规介质过滤一样，预沉淀工艺也可以与预处理工艺联用，如混凝、石灰软化等。

当微滤或超滤系统能够与在线石灰投加、絮凝剂投加、直接絮凝、常规沉淀等预处理工艺有效联合运行时，可以减少固体物质沉积，并降低反冲洗和化学清洗的频率，从而提高膜系统通量并增加系统产水能力。在直接絮凝或者常规沉淀工艺中进行选择时，要考虑膜耐受固体物质的能力，以及膜通量提高导致的成本降低与沉淀池建设和运行导致的成本增加之间的经济对比。

7.5.3 直接絮凝与沉淀

絮凝控制膜污堵的主要机理是减少进水中的天然有机物（NOM）和可能存在的无机胶体颗粒。由于反应后生成了金属氢氧化物，絮凝产生了大量的固体物质。絮凝剂投量增加，产生的固体物质的量也增加。因此，最关键的是确定絮凝剂的投加量，以确保纳滤或者反渗透膜能够受益于水中 TOC 的减少，而又不增加过多的固体物质。

如果在工艺流程中增加沉淀单元，必然会增加工程投资。除非注明其合理性，否则增加沉淀单元是难以接受的。为了减少澄清池的建设费用，可建设几个小型的澄清池，而不是一个大的澄清池。建设澄清池的征地费用也是需要考虑的一个因素。

在一个中型或者大型水厂（10mgd 以上，37.85mld），处理工艺中增加澄清池的工程投资大约在几百万美元，小型膜系统通过增加沉淀工艺提高膜通量从而节省运行费用的合理性应进行充分评估。研究人员认为，增加沉淀工艺的必要条件是膜通量能提高至少 20%～25%（Howe and Clark，2002）。

非常重要的一点是，在选择预处理药剂的种类时，必须要考虑到它与膜材料的适应性。除了对膜造成不可逆污染或者物理破坏，使用不合理的化学药剂也会使膜超出生产商的质保范围。一些化学药剂，如氧化剂，可以在进水中被消耗，但其他药剂，如絮凝剂和石灰等，并不能在进入膜前完全反应掉。通常，对于大部分的纳滤和反渗透膜，与微滤和超滤膜一样，与消毒剂和其他氧化剂并不能完全兼容。高结晶性的聚偏氟乙烯膜是工业中最抗氧化的，能够适应高浓度的氯、钾、高锰酸盐及过氧化氢。但是，一些微滤和超滤膜并不能与较强的氧化剂（如氯）相兼容，但可能对于弱氧化剂（如氯胺）会有较强的耐受性，在采用弱氧化剂作为控制生物污染的手段时不会对膜造成损坏。一些特定类型的微滤、超滤和反渗透膜需要在特定的 pH 范围内运行。絮凝剂和石灰与大部分纳滤和反渗透膜不兼容，但可与大部分的微滤和超滤膜相兼容。聚合物与纳滤和反渗透膜兼容，但通常与微滤和超滤膜不兼容，尽管在一定程度上受聚合物所带电荷与膜所带的电荷的影响。聚合物所带电荷与膜所带的电荷相反时，更容易导致膜的不可逆污染。能够与多种膜材料相兼容的化学药剂曾在第 5 章中简要论述过，但在使用化学药剂进行预处理之前向膜生产商征求意见，是非常必要的。

7.6　后处理

膜系统是否需要进行后处理取决于处理水的最终用途。例如，微滤或超滤处理后的水如果直接排入地表水的话，则不需要进行后处理。采用纳滤或反渗透去除硝酸盐、总有机碳、消毒副产物或者砷时，有可能需要进行化学调理。当处理后的水作为饮用水时，则一般要进行化学调理。

对纳滤或反渗透水进行化学调理的首要目的是对水的 pH、缓冲能力、溶解气体等进行稳定化。大多数纳滤和反渗透系统都有化学调理工艺，因为这些处理工艺对于水的化学性质有很大的影响，而不仅仅是将悬浮固体过滤掉。例如，纳滤和反渗透的预处理工艺通常包括加酸调理工艺，以降低水的 pH 值并提高无机污染物的溶解性，部分碳酸盐和重碳酸盐碱度转化为不能被膜截留的溶解性二氧化碳。低 pH 值、高二氧化碳浓度及缓冲能力不足，都导致滤后水的腐蚀性增加。其他溶解性气体（如硫化氢）会穿透半渗透膜，进而增加滤后水的腐蚀性，并造成潜在的浊度和嗅味问题。

脱气工艺通常采用填料式曝气塔（即气提）。气提工艺同时增加了溶解氧浓度，在厌氧的地下水源中溶解氧浓度可能很低。最终出水的 pH 值再通过投加碱（如石灰和氢氧化钠）再次调整到一般水质要求范围内（即 pH＝6.5～8.5 附近）。碱度（例如碳酸氢根碱度）也需要增加，以提高水的缓冲能力。另外，如果在脱气之前提高水的 pH 值（此时溶解性二氧化碳转化为碳酸氢根），脱气后大部分碱度可以恢复。但是，后处理的方式同样会将溶解性硫化氢气体转化为溶解性硫化物，并与水中其他溶解性物质反应生成难溶性硫化物沉淀。

在工艺流程中，膜滤工艺通常不考虑放置于消毒工艺之后，水的再生利用中通常需要主消毒或二次消毒作为后消毒工艺。但在一些州（如康涅狄格州）膜滤的使用能够降低主消毒剂量，从而有助于控制消毒副产物的生成。在处理流程中，由于膜滤常作为最后的一道主工序，在进入清水池或者配水管网系统前一般需要投加消毒剂。当消毒剂同时作为中和剂或者并不完全投加在膜滤工艺前以防止不耐氧化的膜损坏时，在膜滤后投加消毒剂将更为重要。

纳滤和反渗透膜处理工艺中，如果消毒剂是在滤后水 pH 调节之前投加，则后消毒在将硫化物氧化为硫酸盐的过程中将发挥更大作用，从而降低硫化物沉淀和嗅味的产生潜能。在配水前同样需要投加腐蚀抑制剂，这对于纳滤和反渗透产生的腐蚀性高的水尤为必要。

7.6.1　系统可靠性

膜滤系统的设计中，系统的可靠性是一个重要的考虑因素。设计规模通常是处理能力最大值，可能没有考虑一个或者多个膜单元由于维修或者维护而不能投入使用。即使是标准的操作程序，如反冲洗、化学清洗、完整性检测，也需要在确定系统规模时考虑，如果这些程序在运行时比设计时操作得更为频繁，则系统设计规模将会存在问题。例如，大部分膜过滤系统设计时留有足够的余量，即使一个膜单元由于化学清洗而不能运行，系统也会满足日常需要。但是，这一余量通常不允许膜系统在一个膜单元维修停产时运行很长时间（如 24h 以上）。对于膜单元较少的小型膜系统来说，这一问题更为明显，因为一个膜单元停产后，对整个系统能力的影响将很大。设计时需注意设置足够的系统余量。

为了保证系统的可靠性，膜系统一般没有保证系统余量的措施：在设计膜通量上留有余量和对膜单元设置备用。在设计膜通量上留有余量，通常是将一个膜单元停止运行后系统的平均流量作为最小值，并在一定情况下使系统按照或者接近设计规模运行。例如，对于一个设计规模为 7mgd（26.5mld）的再生水厂，可能设计 4 套规模为 2mgd（7.6mld）的膜单元，而不是 1.75mld（6.6mld）的膜单元。这样在其中一个单元停止运行时，其余 3 个单元按设计规模运行，系统仍然可以维持 6mgd（22.7mld）的设计通量运行。尽管本例中系统并没有按照最大规模运行，但系统的平均流量可以满足甚至超过设计规模。

系统也可以按较大的规模设计，以满足在一个膜单元停止运行时以最大处理能力运行（例如，每个膜单元按 2.33mgd（8.8mld）设计），尽管这种方式可能投资过高，特别是处理系统规模较小时，由于此时运行膜单元个数减少，每个膜单元必须按超规模设计。这种为系统提供余量的方法是在设计通量不变的基础上，设定一个膜单元停止运行，其余 3 个超规模设计膜单元的膜污染速率并不会增加。此外，同样是上述总处理规模为 7mgd（26.5mld）的、由 4 个 2.33mgd（8.8mld）的膜单元组成的水厂，当 4 个膜单元同时运行时，在满足 7mgd（26.5mld）总处理能力的条件下，其膜通量可以下降。膜通量的降低可以减小膜污染的速率并降低运行费用，从而部分抵消由于增加额外的膜单元而增加的工程投资。

另一种常用的增加系统余量的方法是提供额外的膜单元。仍然以上述最大处理能力为 7mgd（26.5mld）的水厂为例，膜系统可以由 5 个规模为 1.75mgd（6.6mld）的膜单元组成，而不是 4 个。这种设计可以保证一个膜单元在停止运行或者处于备用状态时系统处理能力不变。此时，备用膜单元可以在其他膜单元进行离线化学清洗的任何时间投入运行，备用膜单元运行非常灵活。刚清洗完的膜单元将转变为备用模式，直到另一个膜单元需要进行化学清洗时。这种增加系统余量的方法，在有大量膜单元的大型水厂中对工程费用的利用更为有效，增加一个额外的膜单元并不代表工程投资的大幅度增加。当采用膜过滤工艺的处理设施服务于公共供水系统的主要饮用水提供方，膜系统必须按照设计规模运行以满足消费者要求时，推荐采用这种方法。另一种选择是，所有的膜单元可以以较低的膜通量运行，并延长化学清洗的间隔时间。

除了为膜过滤系统提供一定的规模余量外，一些主要的辅助设备也必需有一定的余量，如水泵、压缩机及鼓风机等。膜或者辅助设备的规模余量必需符合国家标准的相关要求。

如果膜过滤系统日常运行通量大大低于国家允许的最大通量时，则膜过滤系统自身也有一定的固有余量。这种情况下，如果一个膜单元停止运行，设备可以提高通量，部分或者全部补偿一个膜单元停止运行的产水能力的减少。但是，如果一个膜单元长期停止运行，其余膜单元膜通量的长期增加会导致它们的加速污染。

定期更换膜组件是维持膜系统性能和可靠性的另一个措施。膜的更换通常只在需要时进行，例如膜受到损坏或者由于不可逆污染导致膜通量的大幅下降。膜的使用寿命通常为 5～10 年（这通常也与膜生产商的质保期一致）。膜组件（特别是微滤和超滤）尚没有连续运行超过 5～10 年的，因此，可以通过现场数据来对膜过滤组件的典型使用寿命进行统计。建议在现场保留少量的备用膜组件，以满足设备出现紧急情况时对膜组件进行更换。

7.6.2　废水处理和排放

与其他水处理工艺一样，膜过滤系统也会产生几种不同类型的废水，需要进行处理或者处理后排放，包括浓水、反冲洗废水和化学清洗废水。废水的类型与膜过滤系统的类型及系统运行的水力参数有关。例如，纳滤和反渗透系统会产生连续的浓水以及周期性的化学清洗废水，但由于这些卷式膜系统不需要反冲洗，因此没有反冲洗废水产生。微滤和超滤系统需要进行规律性的反冲洗以及定期化学清洗，这两个过程都会产生废水。只有当微滤和超滤系统以错流过滤形式运行并排出非过滤水（而不是循环或回流到进水中）时，也即连续进水连续排水时，才会产生浓水。由于滤筒过滤器以污染物沉积的形式运行，并且可以一次性使用，因此膜滤筒过滤系统通常没有废水排出。尽管如此，废弃的滤筒（与膜过滤的废水一样）必需按照国家规定及当地法规的要求，进行适当的处理，尤其是当这些滤筒用于过滤潜在有害物质时。

膜过滤系统中产生的各种废水，包括反冲洗废水、化学清洗废水和浓水，将在后续章节中讨论。这些讨论并不意味着对各种废水的处理和排放进行全面论述，而仅仅是对膜过滤系统规划和设计过程中需要考虑的一些基本因素进行概述。

7.6.2.1　反冲洗废水

在各种类型的膜过滤工艺中，只有微滤和超滤系统会进行反冲洗，并产生反冲洗废水。反冲洗的频率根据现场和系统要求的不同而有所差别，但一般都是每 15～60min 反冲洗一次。在正常运行工况下，系统反冲洗的频率相对固定，产生的废水量也可以相对准确地估算。

一般情况下，微滤和超滤膜反冲洗废水的溶解性固体浓度一般为进水的 10～20 倍。尽管微滤和超滤系统中去除的物质与常规介质过滤工艺基本相同，但废水的体积及水质特征可能会有很大不同。在目前市政水处理中所应用的微滤和超滤工艺中，通常不需要絮凝剂和聚合物，因此膜过滤系统反冲洗水中固体物质的量要大大少于常规过滤工艺。此外，不含絮凝剂和聚合物的微滤和超滤反冲洗水，排放过程中也会产生更少的问题。由于微滤和超滤膜对 TOC 的去除效果较差，因此在一些微滤和超滤工艺中，也需要在线投加絮凝剂（而不需预沉淀）以加强对 TOC 的去除。这种情况下微滤和超滤系统反冲洗废水的性质与常规介质过滤较为类似。微滤和超滤反冲洗废水的排放方式与常规工艺水厂不同，采取的方式通常有：

（1）排入合适的地表水体；

（2）排入生活污水系统；

（3）上清液回流，并对固体物质进行处置。

排放城市二级处理污水的地表水体，并不一定适用于排放反冲洗水，这和反冲洗水的水质特性有关。排入生活污水系统时也应符合国家及当地法规的规定，并获得排放许可。当废水中含有化学废物时，排放方式的选择将更为复杂。除了在进水中投加絮凝剂外，一些反冲洗操作也投加氯或者其他化学药剂。在排放之前，应消除水中少量的余氯，并中和其中的酸或碱，但当反冲洗过程中加入了大量其他化学药剂时，反冲洗水排放前必须进行专门的处理，或禁止排入地表水体或生活污水系统。

微滤和超滤反冲洗废水的原位处理方法与常规介质过滤工艺相似，也包括澄清、沉淀、重力浓缩、离心脱水、带式压滤等流程。也可采用微滤或超滤工艺进行二级处理，以提高废水浓度，提高处理工艺的回收率。当采用沉淀工艺处理微滤或纳滤反冲洗水时，如果微滤或超滤的预处理过程中没有投加絮凝剂，则通常需要投加絮凝剂来提高固体物质的沉降性能。原位处理过程中，上清液通常回流到水厂进水中，而浓缩污泥通常运送到指定地点填埋或采取其他方式处置。与废水的排放一样，反冲洗过程中加入的氯或其他化学药剂，将会对处理方式产生影响。

需要注意的是，与悬浮固体一样，进水中的致病生物也会富集到反冲洗废水中。如果这些致病生物被禁止排放入地表水体，则需要考虑对这类物质的处理措施。

7.6.2.2 化学清洗废水

微滤、超滤、纳滤和反渗透工艺都需要进行周期性的化学清洗，都会以副产物的形式产生化学废物。与微滤和超滤反冲洗过程一样，化学清洗的频率也根据现场情况及系统特性的不同而有所差别。尽管化学清洗的频率要低于反冲洗，但其频率则更难预测（见第4章中的一般性估计）。通常为保证有效运行和减少系统停产时间，微滤和超滤系统的化学清洗频率一般不超过1个月1次，一般来说，并不要求膜系统在不进行化学清洗的条件下运行更长时间。日常化学强化反冲洗能够延长现场清洗的周期，但增加了废水排放的频率。纳滤和反渗透膜的化学清洗频率从3个月1次到1年1次，甚至时间更长，这和影响膜污染的进水水质及预处理效果有关。但是，由于化学清洗的周期相对不固定，与每天都要进行的反冲洗工艺相比，准确估算化学清洗的废水产量较为困难。

化学清洗废水一般原位处理，符合国家和地方规定后排入生活污水系统。在排放前，应去除化学清洗过程中的氧化剂（如氯），酸和碱则需要进行中和。其他化学药剂，如表面活性剂或化学清洗专用药剂，为满足排放标准的要求，则需要进行额外的一些处理。

膜化学清洗后漂洗液中也会含有一些化学废液，在排放前也需要进行处理。尽管漂洗液会增加化学清洗废液的体积，但大部分清洗溶液可以进行回收和再生利用。一般情况下，90%的清洗溶液都可以再生利用，从而减少处理后废液的体积和处理的费用。

7.6.2.3 浓缩

浓缩通常与纳滤和反渗透工艺中连续产生的含有高浓度溶解固体的废水相关。废水中的悬浮和溶解性物质浓度一般比进水高4～10倍，其体积通常为总进水量的15%～25%，有时超过50%。因此，浓缩液的排放是设施运行维护需要考虑的一个重要因素，也是纳滤或反渗透工艺规划设计的一个重要方面。

浓缩液处理和排放的一些方式包括：

（1）排入生活污水系统；

（2）生态环境用水/灌溉。

由于每种处理和排放方式都有一些需要考虑的复杂因素，因此任何一种单一的处理方式都不是完美的，也并不适用于所有情况。多数情况下，排入生活污水是最为廉价的方式。排入生活污水时应考虑溶解性总固体（TDS）排放的问题，由于污水处理系统通常不会对溶解性总固体浓度产生大的影响，处理后的出水最终会排入地表水体。当处理后的水盐度过高或者含有有毒金属离子，从而超过灌溉的农作物的耐受限度时，应禁止用于生态环境或灌溉。纳滤或反渗透浓缩液中金属元素的微生物富集也是处理后的水能否用于生态环境或灌溉的一个重要考虑因素。深井地下回灌也一度是浓缩液排放的一种有效方法而被普遍采用。但这种方法的风险是，高盐度的水有可能进入低盐度或者淡水的含水层，从而对环境造成一些长期的未知影响，所以现已被放弃。采用蒸发池处理的方法通常仅限于降雨量低、蒸发率高的地区，同时还需要大量廉价的土地。

另一种处理纳滤和反渗透浓缩液的方法是零液体排放。这种方法需要采用结晶或蒸发技术对废水进行高效浓缩，剩余的固体物质进行填埋。零液体排放是一种昂贵的方法，它确实具有一系列优点，避免了废水排放许可的要求，在无合适的地表水体或者不能提供蒸发池所需的土地的地方，都可以采用。此外，零液体排放使设施的回收率最大化，对环境的影响最小。尽管目前尚未普遍应用，但随着环境和排放标准的日趋严格，这种方法相比其他方法的合理性将变得更为突出。

本小节中所描述的一些考虑因素仅仅代表对浓缩液处理和排放的不同方法的粗略讨论。所有方法都必须要满足联邦、州和地方的规定。

一些以错流过滤方式运行并排出未过滤水的微滤和超滤系统，会产生连续的浓缩液。与纳滤和反渗透工艺相比，浓缩液的性质主要在两个方面有所差别：微滤和超滤系统浓缩液含有的主要是悬浮固体而不是溶解固体，浓缩液仅代表总进水量的一小部分。（纳滤和反渗透膜对颗粒物有截留作用，这些系统也会对悬浮固体有浓缩作用，但由于悬浮固体很快将半渗透膜污染，加之不能反冲洗，因此大部分颗粒物通常以预过滤的形式去除。）微滤或超滤浓缩液的水质特性在一定程度上与反冲洗废水相似，因此在处理和排放方式上也具有相似性。因而这两种废水可以合并处理。

7.7　膜处理工艺中聚合物使用导则

7.7.1　导则

（1）聚合物常用于提高絮凝和沉淀效果。多数情况下聚合物会被水流携带进入膜工艺。下述导则是作者在聚合物使用及对膜的影响方面的一些建议。

（2）直接过滤：避免加入任何聚合物。

（3）有预沉淀的膜过滤工艺：

1）尽可能避免使用非离子或阴离子型聚合物；

2）尽可能避免使用分子量大于 500000Da 的阳离子型聚合物。

3）阳离子型聚合物的投加量应不超过以下值：

1mg/L（最好是≤0.5ppm）；

阳离子型聚合物的质量与主要絮凝剂（例如聚合氯化铝）的比值≤0.03。

7.7.2　注意事项

（1）上述导则仅为一般规定，应与膜生产商进一步核实确认。

（2）典型的聚合物为聚（二甲基）二烯丙基氯化铵，聚丙烯酰胺（PAM），聚丙烯酸

（PAA）。给水处理厂中使用的其他聚合物，如污泥脱水剂，应将其性质与已经测试过的聚合物进行对比，以评价其对膜的影响。

（3）为提高絮凝效果，当主絮凝剂投加量接近最佳投量时，聚合物的投加并不能明显改善对 DOC 和 UV_{254} 的去除效果。

7.8 案例 1：新加坡公用事业局新生水项目（新加坡）[1]

新加坡人口总数约 500 万，尽管年降雨量平均为 250cm，但由于其国土面积狭小，仅为 $700km^2$，其自然水资源仍较为有限。回用水（参见对新生水的本地利用，图 7-9）是新加坡供水系统的重要组成部分。

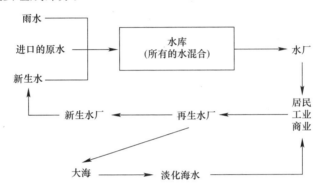

图 7-9　新加坡新生水厂工艺流程图（Ong and Seah，2003）

目前正在运行的有 5 座新生水处理厂，每个水厂的处理工艺都有所不同。处理厂的进水来自于活性污泥法的二级出水。深度处理工艺包括微孔过滤（0.3mm 孔径）、微滤（$0.2\mu m$ 公称孔径）或超滤、反渗透及紫外消毒。在微滤前和微滤后都投加氯以控制膜的生物污染。回用水既可以直接用作工业用水，也可以排入地表水库，并与收集的雨水及进口的原水混合。混合后的水再经过常规净水厂中的混凝、气浮、砂滤、臭氧氧化、消毒等工艺处理，然后作为饮用水进入配水管网。

新生水厂都能够生产高质量的产品水，其浊度<0.5NTU，TDS<50mg/L，总有机碳<0.5mg/L。水质符合美国国家环境保护局和世界卫生组织对饮用水水质的规定。此外还对水中多种有机物质进行监测，包括杀虫剂、除草剂、内分泌干扰物、药物及其他不受监管的化合物。处理后的水中，尚未发现这些物质存在超过人体影响限值的情况。

Bedoc 和 Kranji 新生水厂于 2003 年投入运行，目前设施规模已分别扩建到 18mgd 和 17mgd（68000m³/d 和 64000m³/d）。第三座新生水厂为 Seletar 再生水厂，于 2004 年投入运行，处理规模为 5mgd（19000m³/d）。第四座新生水厂为 Ulu Pandan 水厂，处理规模为 32mgd（121000m³/d），于 2007 年投入运行。第五座新生水厂为 Changi 新生水厂，分两期实施：一期规模为 15mgd（57000m³/d），于 2009 年开始实施；二期规模为 35mgd（130000m³/d），于 2010 年开始实施。一旦完成建设，5 座水厂的处理能力总计将为 122mgd（459000m³/d）。

[1] 来源：新加坡国家科学院（2012）。

新生水厂处理后的绝大部分再生水直接供给工业，包括计算机晶片制造、电子、电力、商业及工业空调制冷等领域。排入原水库并经过再次处理后作为饮用水的再生水不足10mgd（38000m³/d），仅占水库中原水总量的2%多一点。但在下一个10年中，再生水占饮用水量的比例有望增加。

这些再生水厂的年处理量的平均投资成本为 6.03 美元/kgal（或 1.59 美元/m³）。年运行和维护费用约为 0.98 美元/kgal（0.26 美元/m³）。公共事业委员会按照 2.68 美元/kgal（0.71 美元/m³）的价格向工业及其他领域收取再生水费用，以实现包括投资成本、生产成本、输水和配水成本在内的全成本回收（A. Conroy，新加坡公共事业委员会，个人交流，2010）。

7.9　案例 2：圣地亚哥市用于解决干旱地区工业供水的再生水利用工程

在加利福尼亚州圣地亚哥市，Toppan 电子公司建立了一套先进的 200000mpd 的微滤系统，用于处理污水厂二级处理出水并回用。处理后的水业用于替代从圣地亚哥供水系统购买的饮用水。在缺水的南加利福尼亚，污水处理厂二级处理出水一直是作为一种水源。

图 7-10　Toppan 电子公司的 Aria 系统安装

新的微滤处理设备是一种 Pall Aria 小流量系统（图 7-10），可高效去除二级处理出水中的固体、致病微生物及细菌，从而能够为 Toppan 反渗透系统提供合格的进水。其他再生水处理工程中的运行效果表明，微滤系统能够大幅提高反渗透系统的运行性能，并使处理能力增加 20%，运行成本降低 40%，与常规的针对二级处理出水的石灰沉淀或者过滤工艺相比，采用微滤系统作为预处理工艺，反渗透膜的化学清洗周期可延长 4 倍。

Aria 系统非常紧凑，规模为 200000mpd 的微滤单元可以安装在建筑物外面或者地下，仅占用很小的空间。此系统自 2000 年 5 月份以来一直运行良好，并为反渗透系统提供高质量的进水。

安装费用非常低，这意味着再生水的成本与购买饮用水的成本接近。Toppan 公司董事长 Jerry Barnes 对这一结果非常满意，说："采用 Pall Aria 系统处理再生水，能够节约珍贵的饮用水，是非常环保的，在干旱期也可以运行，并为 Toppan 提供较为经济的供水。"

当地的设备运行顾问 Clark Dawson 说："这一系统将最脏的污水转化成了一种最干净的水。"

如图 7-11 所示，Pall Aria 系统是一种紧凑的、装在滑动底座上的微滤单元，有60gpm、175gpm、360gpm 3 种规格。紧凑的设计使得微滤单元可以通过标准的 3 英尺门，很容易在已有设施的基础上安装。

图 7-11　易于安装和操作简单的 Pall Aria 微滤系统

7.10　案例 3：更清洁、更纯净的水——膜分离工艺提供了高价值产品并将废水转化为再生水源[1]

由于淡水资源和人口分布的不平衡，不同地区的可利用的水量也有所不同。多年来，认为水资源可以无限量使用的观念导致了水的低效率使用。由于清洁水源的供应有限、需求不断增长，因此对更优水质的需求持续超过饮用水。公众和商业领域都对水资源产生强烈兴趣。去年，大型集中水处理设施的处理量已经接近其设计规模，并且已没有地方进行扩建。

7.10.1　纯水的需求

近年来对水处理的规定越来越严格。同时，随着新一代水质监测和测定设备越来越灵敏，很多存在于供水系统中但以前没有发现的污染物逐渐被检测出来。常规的依赖于重力作用的技术，如澄清、粗滤料过滤等，并不能可靠地去除影响公众健康的病原体。常规处理技术的处理效果同时也严重依赖于水处理化学药剂的准确投加。

工业用水方面，每年花费在水处理药剂上的费用达数百万美元。对于很多处理系统来说，这常常是最大的一笔花费。此外，公众已经慢慢意识到水处理化学药剂对于人体健康

---

❶　资料来源：Tom Wingfield 和 James Schaefer。

的潜在影响。

由于新鲜水成本逐渐升高以及排放标准逐渐严格，厂商们开始寻找更为经济有效的方法对废水进行处理并尽可能回用。对于水资源短缺的地区来说，水的回用是一种增加水量的切实可行的方法。深度处理系统，包括微滤和超滤工艺，能够经济有效地生产高质量的水，用于地下水回灌和工业用水，如锅炉补给水或者用于电子产品生产的超纯水。

新的模块化膜处理单元的成本正在降低，从而使得再生水可以实际用于灌溉公园和高品质农作物，以及用处理过的废水回灌地下以保护原来用于供给饮用水的地下含水层。一系列操作简单、模块化的微滤系统正在被成功应用到再生水处理的众多领域，如表 7-2 所列。虽然折叠式、可反冲洗膜正逐渐成为中空纤维膜的有力竞争者，但下述讨论仅为中空纤维膜技术案例。

污水再生利用案例   表 7-2

业主/位置	规模	进水	回用用途	系统描述
Sonoma 县供水署，加利福尼亚州	3mgd	二级处理出水	灌溉	4 个微滤单元 每个含 58 个膜组件
Fountain Hill 卫生区，亚利桑那州	2mgd	三级处理出水	含水层回灌	4 个微滤单元 每个含 48 个膜组件
纽约州劳教局，Bedford Hills 监狱，纽约	1mgd	二级处理出水	排入水体	3 个微滤单元 每个含 40 个膜组件
Toppan 电子公司，圣地亚哥，加利福尼亚州	0.3mgd	三级处理出水	水处理工艺，反渗透前处理	1 个微滤单元 每个含 20 个膜组件
Chandler 市，亚利桑那州	1.7mgd	过滤后的废水	含水层回灌，反渗透前处理	4 个微滤单元 每个含 45 个膜组件

Bedford Hills 监狱和 Toppan 电子公司采用的小流量微滤膜单元可以以较低的成本满足严格的水质标准。Fountain Hills 卫生区和 Sonoma 县供水署对于微滤膜的大规模安装代表了再生水方面的新应用。这些工程的设计都能够满足严格的标准，提供了一定的灵活性以满足增长的水量需要。

7. 10. 2 Sonoma 县葡萄酒厂的循环水系统

Sonoma 县位于加利福尼亚的葡萄酒乡的中心地带，该县使用再生水以满足饮用水、商业和农业用水的供给。再生水处理设施位于 Santa Rosa，县机场附近，规模为 3mgd，水源为部分曝气的氧化塘处理厂的二级出水。再生水用于灌溉机场附近的农田和葡萄园。未来再生水还将为当地的喷泉补水，这些喷泉最近由于水位下降已经很少活动。

选择微滤工艺，是因为它能够提供悬浮固体浓度低的高质量滤后水，这正是葡萄园灌溉所需要的。对 20 年来微滤工艺工程投资、运行和维护费用的详细评价表明，微滤工艺具有很低的运行和维护费用，是最为经济有效的处理方法。

7. 10. 3 亚利桑那州的含水层贮水和修复

Fountain Hills 卫生区的 2mgd 规模的微滤膜处理设施是地下水联合利用系统的一部

分。在秋季、冬季和春季，微滤系统对三级废水的平均处理量为1.7mgd，处理后的水用于回灌该地区3座含水层贮水和修复（ASR）井。夏季，三级处理废水直接用于灌溉高尔夫球场，ASR井中的水被抽上来以满足高峰期用水。

ASR系统是美国目前仅有的3座设施中的一座。之所以选择微滤工艺，是由于其对浊度具有良好的去除效果，在较高的余氯条件下也非常可靠，当不能采用氯消毒时可以与纳滤膜组件联合使用。进水浊度范围为0.5~1.5NTU，滤后水的浊度稳定在0.03~0.04NTU。超低的浊度减少了通过回灌水进入含水层的固体物质的含量，从而延长了ASR井的使用寿命。设计了一套由4个系列组成的总规模为2mgd的系统，见图7-12。该系统可以通过增加第5组膜架和组件将处理能力增加到3mgd。

图7-12 Fountain Hill 卫生区 2mgd
规模的 Pall 微滤系统

7.10.4 纽约市的流域保护和海洋保护

在过去的5~10年里，纽约市评估了一系列的污水处理技术，以减轻该地区排放的市政污水和工业废水对饮用水源的污染。对二级废水进行处理的亚微米微滤技术被认为是能够提供必要的水质以实现流域保护的最佳可用技术（BAT）。第一座采用这种技术的水厂位于纽约市北部的 Bedford Hills 监狱。

从 Maine 湾到 Chesapeake 湾的整个东海岸，污水处理厂的出水，特别是其中的氮、磷等营养物质，对海洋鱼类和贝类都有很大破坏。这种低投入进行预防的处理方法可通过膜处理系统分离污染物。这种方法不仅可以保护公众健康、生态系统和栖息地健康，同时也保留了原来的工作岗位和生活方式。在人口密集的东海岸，这种高品质出水同时也是工业制造和灌溉所需的宝贵资源。

7.10.5 加利福尼亚州的微电子工业供水

在南加州地区，二级处理后的废水是一种随时可获取的水源。在圣地亚哥的 Toppan 电子公司，处理后的水代替了从圣地亚哥供水系统购买的饮用水。先进的微滤系统对二级废水的处理量为0.3mgd，处理之后作为工艺用水。新式的微滤设备是一种小处理量系统，对二级处理出水中的固体物、病原微生物、细菌具有稳定的去除效果，为 Toppan 电子公司现有的反渗透系统提供了优质的进水。

类似于上述处理设施及其他再生水利用设施的大量运行数据表明，微滤可以大幅改善反渗透系统的运行效果。反渗透工艺的通量可以提高20%，而运行费用可以降低40%，与对二级处理出水进行沉淀和过滤的常规处理方式相比，微滤预处理可以将反渗透系统化学清洗的时间间隔延长4倍。

这种处理能力为0.3mgd的微滤处理单元占地面积小，可以安装在建筑外面或者地下。系统设计紧凑，可通过现有设施的标准3英尺门。较低的安装费用使得这种处理方式的成本与购买饮用水的成本相近。这一系统从2000年5月份以来一直稳定运行。采用这种系统对水进行回用，即使是在旱季，也可以低价为 Toppan 电子公司供水，同时可以节约饮用水并保护环境。

7.10.6　亚利桑那州 Chandler 市的再生水回用和经济发展

亚利桑那州 Chandler 市通过为半导体工业提供必需的基础设施而吸引了几家大型的半导体生产厂。这些工厂中的大部分废水通过 Chandler 工业水处理设施（IPWTF）进行处理，约 80％ 的高品质再生水用于回灌当地的含水层。其他的水用于环境灌溉和冷却。

这些工厂的净用水量为 1mgd，该地区的居民用水量大约为 2mgd。这种节水措施减少了城市服务的负荷。

工业水处理设施（IPWTF）采用膜滤工艺来实现水质目标。工业设施排出的废水首先进行 pH 值调节，然后经微滤单元处理，再经滤芯过滤后进入卷式反渗透单元进行处理。

采用微滤之前，替换滤芯过滤器、购买处理药剂等的费用每年大约为 400000 美元，采用微滤作为反渗透的预处理工艺后，组件更换时间大幅减少、反渗透清洗周期延长、使用寿命增加，整个处理工艺的运行效率提高了约 40％。

7.10.7　通过膜法实现污水的循环和再生是一种实用的解决方案

水是一种宝贵的资源，供应量有限，工业用水与市政用水之间会存在竞争。因此，人们一直在寻找经济有效的方法在工业中实现水的再生和循环利用。膜滤工艺是将污水转化为可利用水源的一种选择。膜法是一种革命性的水处理方法，能够为工业和市政用户提供水质得到严格控制的用水，并大幅降低运行费用。膜处理工艺在广泛的领域得到认可，包括将污水处理后获得饮用水、工业用水及再生水。膜分离工艺可获得高质量出水，将污水转化为一种新的水源。优良的性能和可靠性以及有竞争力的运行成本，使膜系统成为水资源综合管理应用中一个极佳的解决方案。水的再生利用不再是干旱和半干旱地区的无奈选择，今天，在任何水资源紧张的地区都有污水深度处理和再生利用的工程（污染工程，2002）。

7.11　案例 4：通过微滤/反渗透实现水的再生回用——采用一体化微滤/反渗透系统处理污水二级出水以应对水资源短缺

7.11.1　挑战

澳大利亚布里斯班的跨国炼油厂在不断扩张，导致需水量大幅增长，而现有的饮用水供水设施无法满足需求。

该区域的洁净水变得越来越短缺，当地的市政当局正在努力地采取措施以满足工业领域中炼油厂工艺段对饮用水的需求。

炼油厂的生产能力即将大幅增加，对可用的、清洁的水提出了更高的需求。

城市中有大量的二级处理出水可提供，但水质不能满足炼油厂的要求。

7.11.2 解决措施

通过将先进的反渗透技术与高效的微滤技术联用，布里斯班的水资源管理局可以利用当地的处理厂，将二级处理出水处理为高品质再生水，长期供给炼油厂。

处理厂采用的工艺为双膜法，可实现全自动控制，日处理规模达 370 万加仑（1.4 万 m³），经处理后获得的再生水水质优良，可以满足炼油厂的水质要求，广泛用于锅炉补水、冷却塔用水及其他工业用途，见表 7-3。

工艺参数   表 7-3

位置	澳大利亚昆士兰州布里斯班市
投产时间	2000 年 10 月
用途	市政污水的回用
进水类型	生物脱氮处理后的二级处理出水
进水水质	电导率 1800～3000uS，浊度 1.6NTU，HPC>1000
出水水质	电导率 80～120uS，浊度<0.1NTU，HPC<100
处理能力	产水量 1.4 万 m³/d
处理工艺	微滤、反渗透、氯化消毒

7.11.3 处理之后的二级处理出水

市政污水处理厂出水首先通过 2 个 200μm 的自动反冲洗过滤器，然后再进入 Pall 微滤系统。微滤系统由 6 组微滤单元（5 用 1 备）组成，采用 Pall Microza 0.1μm 聚偏氟乙烯膜对进水进行处理。微滤出水再经过一套三级 GE 反渗透系统处理，反渗透系统由 6 组膜单元（5 用 1 备）组成。反渗透系统出水经氯化消毒后储存于 2 个容积为 6000m³ 的水池中，然后再根据需要输送到 2.5 英里外的炼油厂储水池中。膜系统废水输送到市政污水处理厂进行处理。

先进的电脑控制 SCADA 系统提供了全面的操作界面，水厂可实现全自动控制，因此水厂运行仅需要很少的操作人员。

微滤系统采用的是 Pall Microza 0.1μm 聚偏氟乙烯膜，系统由 6 组膜单元组成，其中 1 组为备用。每一组膜单元有 68 个膜组件。通过 5%～10% 的再循环流量实现膜通量的最大化，微滤系统总体回收率为 95%。自动周期性反冲洗，并结合空气擦洗，能够保证在线清洗周期在 1 个月以上。采用专用的在线清洗系统确保每个微滤单元的自动清洗。微滤出水通过一个中间储水池后进入反渗透系统。

微滤出水经一套三段式反渗透系统处理。每套反渗透系统包括 6 组反渗透单元（5 用 1 备），三段反渗透系统按 18：8：5 的规格布置。为控制生物污染，水厂出水通过连续加氯的方式消毒，通过在线 ORP 对反渗透出水进行监测。每个反渗透单元都可以通过专用的在线清洗系统进行自动清洗。

微滤和反渗透系统的废水回流到污水处理厂的进水口。反渗透出水在进入 2 个 6000m³ 的橡胶衬里的储水池前加氯消毒。出厂水根据需要通过一根 4km 的管到输送到附近的炼油厂。

再生水厂可实现全自动控制，与对出厂水的水质监测一样，反渗透和微滤系统的出水也可以实现全面的在线监测。

表 7-4 和图 7-13 为工艺参数和应用效果。

工艺参数　　　　　　　　　　　　　　　　　　　　表 7-4

参数	进水	出水
流量（mld)	22.5	14
微滤回收率		95%
反渗透回收率		83%
电导率（Us/cm）	1800～3000	80～120
浊度（NTU）	1.6	<0.01
pH	6.8～8.0	
自由氯（ppm）		0.3～0.5
总氮（mg/L）		<1.0
TOC（mg/L）	12	<1.0
HPC（cfu/mL）	>1000	<100

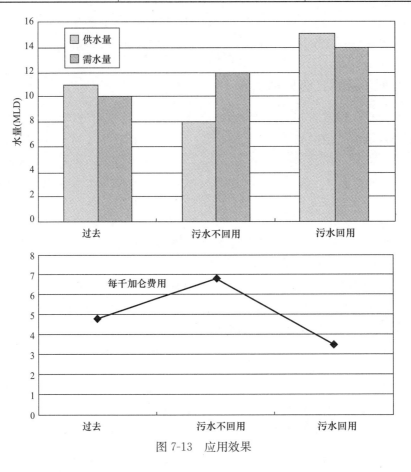

图 7-13　应用效果

7.11.4　结论

再生水厂的运行，除了满足水资源匮乏地区的用水需要，也使炼油厂获得了廉价的供水，这些再生水从水质和水量上来说都可以满足炼油厂的需要。

7.12 案例5：用水的再生水用于地下水回灌回用

不同的州对于地下水回灌的水质要求都有所不同。最佳可用技术是微滤、反渗透和高级氧化工艺。反渗透工艺出水去除水中盐分和微量组分，如药物、个人护理用品及内分泌干扰物等。

该领域中一个典型的项目是南加州奥兰治县地下水修复系统，该系统为未来类似设施的建设提供了借鉴。Tetra技术是地下水修复系统设计中的一种技术，该技术在奥兰治县水资源区及奥兰治县卫生区得到了大力发展。

地下水修复系统为地下水回灌补充含水层并防止海水入侵提供了高水准的解决措施。地下水修复系统保证了奥兰治县不断增长的水量需求，并减轻了对外部调水源的依赖。

通过采用先进的净化工艺，地下水修复系统将原来排入大海的废水转化为符合州以及联邦饮用水标准的优质水。净化工艺包括3步：微滤，去除微生物、小的悬浮颗粒、原生动物及病毒；反渗透，去除矿物质和污染物；紫外与过氧化氢联合消毒，最终实现杀菌的目的。

地下水修复系统每天可处理并获得7000万加仑接近蒸馏水水质的优质水。大约3500万加仑的水被注入海水屏蔽层，以防止海水污染地下水。其余的3500万加仑水加压输送到加利福尼亚州阿纳海姆市的奥兰治县水源区的盆地中，与圣安娜河水及其他来水混合后，渗透到地下水盆地。然后就可以作为供水水源进行开采。预计通过地下水修复系统，奥兰治县水源区可为50万人提供足够的用水需要。

地下水修复系统还有另一个好处，将新净化的、低矿化度的水与现有地下水混合后，将降低奥兰治县地下水盆地的矿物质平均含量。降低水的矿化度，或者说减小水的硬度，将延长居民及商用热水器、锅炉、冷却塔及管道设备的使用寿命。

目前，地下水修复系统已成为世界上最大的用于地下水回灌的水质净化厂。奥兰治县已经为污水净化的大规模应用描绘出一幅蓝图，这项技术在干旱地区和国家展示了竞争力，例如新加坡在污水再生利用技术方面已经成为全球领先者。

7.13 案例6：双膜法用于水的再生利用——水务公司利用处理后的污水生产反渗透水质的供水

7.13.1 挑战

益格鲁水业公司为英国一个最干旱的区域供水。随着该地区工业的发展，用水量一直不断增长。

随着污水处理厂处理工艺的升级，益格鲁水业可以提供大量水质稳定的处理后的污水。这些水的水质接近该地区最大用水户，即Peterborough电厂的水质要求，该电厂每天需要 1200m³ 的脱盐水。通过采用双膜法处理技术，盎格鲁水业可以为电厂供水，从而减少对饮用水的需求量。

目前，电厂脱盐工厂的运行受地表水水质季节性差异的影响，导致停机时间长，运行成本增加。水中有机物负荷的差异也导致水质净化效能下降，不能满足汽轮机生产商推荐的水质要求。

工艺参数　　　　　　　　　　　　　　　　　　　　　　表 7-5

位置	彼得伯勒，剑桥郡，英格兰
投产时间	2000 年 8 月
用途	市政污水再生利用
进水类型	二级处理出水
进水水质	电导率：900～1500uS，TSS：14mg/L（平均）
出水水质	电导率：＜70uS，浊度：＜0.1ntu
规模	产水量 1.2mld
工艺	微滤、反渗透

7.13.2　解决方案

通过采用 Pall 公司的高效微滤膜系统，Alpheus 环境有限公司（盎格鲁水业子公司）可以获得符合反渗透水厂进水水质要求的滤后水。图 7-14 为再生水厂工艺流程图。

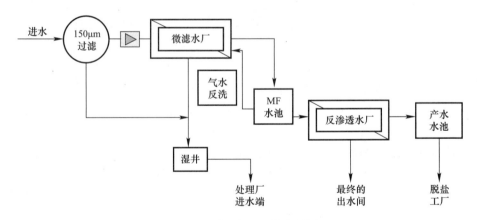

图 7-14　再生水厂工艺流程图

微滤工艺进水首先经 150μm 的转鼓过滤器处理。采用的膜为 Microza Aria 0.1μm 的聚偏氟乙烯中空纤维膜，为外压式膜。水厂位于 Flag Fen，由 2 条生产线组成。

微滤系统以序批过滤的方式运行，采用周期性的自动空气擦洗和稀次氯酸钠进行反冲洗。此外，还根据预设的进水压力进行氢氧化钠自动在线清洗（一般 2～3 周进行一次），以去除膜表面的有机污染物。如果需要，也可以进行低 pH 条件下的在线清洗，以去除无机污染物。

通过微滤膜池的水位来控制两条生产线以运行或者辅助的模式运行。

如图7-15所示，复合聚酰胺反渗透膜被安装在2个系列中，以4∶2的形式排列并安装在膜架上，该装置以运行/辅助的模式操作。水厂以80％的回收率运行，产水量为1.2mld，产水直接进入电站脱盐工厂。反渗透膜依次采用高pH或低pH药剂进行在线清洗。

全套工艺采用基于计算机的SCADA系统进行自动控制，可进行远程监视和控制。现场无人值守，只需要每周派人检查一下化学药剂的量。

图7-15　复合聚酰胺反渗透膜

7.13.3　效益

从2000年系统投入运行以来，电站已经节省了可观的费用。脱盐水厂的效能得到了大幅提升。再生周期由8h提高到60h，这相当于处理量由530m³增加到7000m³。同时化学药剂的消耗量相应减少，化学药剂总运输量由每年30次减少为3~4次，总量降低了87％。

脱盐水厂的利用率由78％提高到98％，产水能力提高了20％。通过减少再生频率，工业污水排放量减少了87％。这相当于每年减少28000m³的污水量，污水排放费用相应得到减少。

最后，水中有机污染物浓度降低，保证了蒸汽的纯度在推荐的范围内，减少了腐蚀和汽轮机故障的风险。

7.13.4　化学药剂使用数据

化学药剂的消耗量减少了87％，每年36％浓度盐酸的消耗量减少428t，每年47％浓度氢氧化钠的消耗量减少255t。用于清洗微滤系统的化学药剂包括32％浓度氢氧化钠12t，次氯酸钠9t，柠檬酸0.2t和60％浓度硝酸0.05t。微滤膜的保护作用使得反渗透膜清洗周期少于1次/年。

7.14　案例7：用于处理不同废水时膜的设计和优化 ❶

本节中描述了膜设计方法和维持通量策略的最新进展，用以展现膜在处理不同水质的废水及难处理废水方面的灵活性。进水水源不同时，不同的膜根据其抗污染能力的不同表现出的特性也有所差别，而这些对于膜处理水厂的经济性会有很大影响。

膜系统的形式—压力式膜或浸没式膜—对设计通量和电力负荷要求有很大影响。膜组件及处理膜列的数目、占地面积、运行和维护成本依赖于膜通量和膜的规格。如果所有的膜平台都采用统一规格的膜通量，将导致膜系统设计不能最优化，水的处理成本也将更高。

---

❶　资料来源：Scott Caothien，Tony Wachinski，PhD，PE，和Ron Van Bemmel Pall Water Processing，New York，USA

本节中的案例是通过中试和生产试验的结果实现了设计的优化，设计膜通量根据进水水质不同而有所差别，最高可达 120lmh。在同样进水水质条件下，澳大利亚的一个再生水处理设施的运行膜通量比中试优化后的参数低。

优化膜通量的措施，应根据膜系统的生命周期成本、膜组件数量、膜组件更换费用等确定。通过节约总投资和运行费用，可以实现最低的处理成本。

7.14.1　关键词

再生水，膜过滤，二级处理出水，压力式膜

7.14.2　引言

近年来，可靠、不间断供水的需求越来越迫切。与市政设施一样，很多工业越来越需要再生水。过去常采用常规处理工艺进行污水处理，但随着对排放水质的规定越来越严格，常规处理工艺已经不能达到处理目标，运行费用也更为昂贵，通常需要投加高剂量的水处理化学药剂。常规处理工艺正在迅速地被先进的膜处理技术所取代。

根据文献综述，膜处理技术非常适用于不同类型的污水处理，并能够为很多应用领域提供新的水源。膜对于进水水质的适应性强，能够应对流量的变化，出水水质稳定可靠。模块化的膜组件很容易增加处理量，膜价格也已经大幅下降。膜的安装方式也越来越多，预制化、集成化、移动式的膜系统都可以设计。这种"即插即用"的设计使得膜系统可快速投入使用，并进行现场安装。不考虑其处理能力，膜系统可以连续地提供水质超过最严格水质标准的出水。膜技术已经成为污水再生利用可选择的重要处理方式。

本案例研究中描述了处理能力低于 15mld 的集成化膜系统和处理能力达到 350mld 的传统设计的膜系统。对膜的性能、特性和运行控制要求进行了概述。回顾了满负荷运行处理设施和示范工程的历史和运行经验，特别是出水用于灌溉、非直接饮用、排放水体以及电力工业供水等领域的情况。同时描述了在膜清洗和通量维持措施方面的最新进展，以表明膜在应对废水水源变化和水质恶化方面的通用性和灵活性。最后，估算了不同处理规模的膜工艺水厂的工程投资。

7.14.3　微滤膜技术

Pall Microza 中空纤维微滤膜采用聚偏氟乙烯制造，膜的内外结构一致。图 7-16 所示为滤膜不同位置的扫描电镜照片。

由于在膜结构上具有独一无二的对称性，因而在运行压力下不会从膜基质上脱落或分离表皮或涂层。这种膜可以克服表面缺陷和膜孔缺陷。

Pall 微滤膜组件标准尺寸为长 2m、宽 0.2m，膜安装在 ABS 材质的膜壳中。每个膜组件含有 6350 根膜纤维。中空纤维膜孔径为 0.1μm，具有很高的孔隙率和渗透性，在 100kPa（20℃）条件下出水通量为 440lmh。当用于饮用水处理时，Pall 膜经加利福尼亚州卫生服务部门认证，可以在 204lmh 的通量条件下运行，最大跨膜压差为 310kPa。当用于污水再生处理时，卫生服务部门并没有给出膜通量或跨膜压差的限制值。

经美国监管机构认证，在没有预处理的条件下，Microza 膜对于隐孢子虫卵囊的对数去除率大于 4，对于大肠杆菌的对数去除率大于 6。当采用直接絮凝预处理时，膜对 MS-2 噬菌体的对数去除率为 2.5。

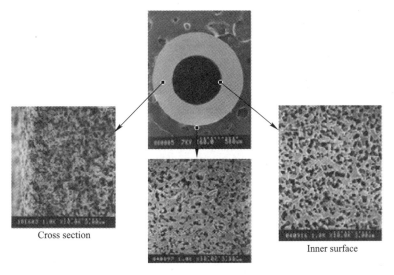

图 7-16　Pall Microza 微滤膜扫描电镜照片

7.14.4　微滤膜系统

Pall Aria 微滤膜系统在工程中可以采用预组装模式，其处理能力最大可达到 4mld（图 7-17），或者可采用传统布局，其处理能力可达 350mld 或以上。图 7-18 是规模为 25mld 的传统布局 Aria 系统。

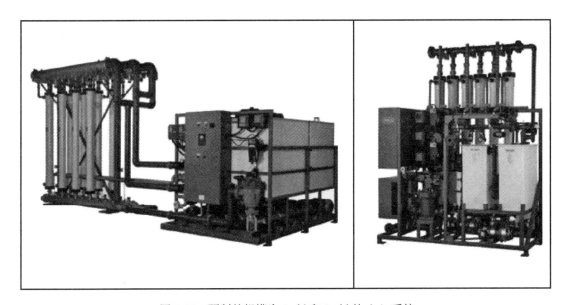

图 7-17　预制的规模为 4mld 和 1mld 的 Aria 系统

预组装模块比浸没式或真空式膜系统的安装费用更低，交货速度也更快。对于预组装模块来说，断裂膜丝的定位及修复也更为简单，无需从膜架上把膜组件卸下来，不需要起重机或者其他专业设备的辅助。断裂的膜丝可以在 30min 内定位并修复。

图 7-18　传统设计的 25mld 规模膜系统

Aria 系统的另一个特点是具有控制膜污染的能力，这是通过称为维护性化学清洗（EFM）的运行策略实现的，方法是将 pH＝11 的氯化物溶液按照设定的周期（每天或每周）在膜组件中循环 30～40min。EFM 过程完全自动化进行，并不会影响膜的寿命。EFM 使得膜在水质变化时更稳定，为膜创造了更为清洁的运行环境，从而降低了平均跨膜压差。

EFM 比化学强化反冲洗更为有效，这是由于它具有更长的浸泡时间，同时通过化学药剂的循环和回用，该方法产生的化学废物更少。

7.14.5　不同的污水水源及其利用方式

7.14.5.1　用于非直接饮用用途的废水

加利福尼亚州奥兰治县的地下水回灌系统，将二级处理出水处理到非常严格的标准，满足州和联邦饮用水的双重标准。一套 Pall Aria 微滤膜示范系统（3.8mld）从 2000 年末运行到 2001 年初，由 2 个膜架构成，每个膜架有 50 个膜组件，膜通量为 60.5lmh，EFM 时间间隔为 5d，在线化学清洗时间间隔超过 3 个月（图 7-19）。平均跨膜压差在 117kPa 左右。

为模拟雨季条件峰值流量增加 50%，在不关停微滤系统条件下示范运行了 48h。长期测试数据表明，对 MS-2 噬菌体的对数去除率为 3，对大肠菌群的去除率为 5。病毒去除率较高，是生物膜的生成以及进水中固体物质对病毒吸附作用的结果。

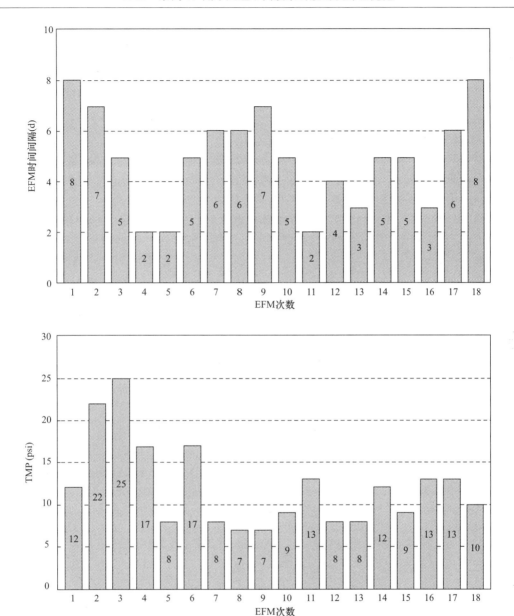

图 7-19 二级处理出水地下水回灌系统的运行参数

7.14.5.2 用于灌溉和工业用途的絮凝出水

科罗拉多州丹佛地区将二级处理出水用于灌溉。主要的水质目标是控制总磷不超过 0.5mg/L。为实现该目的，采用投加 15mg/L 氯化铁的方式进行直接絮凝，以辅助磷的去除。对一座 Pall Aria 微滤膜中试水厂进行了 5 个月不同设计膜通量条件下的运行评价。结果表明，采用氯化铁直接絮凝大幅提高了压力膜系统的运行效果。在不采取维护性化学清洗（EFM）的情况下，膜的设计通量达到了 85～98lmh。出水水质目标中的磷、浊度、大肠菌群等指标都达到了设计要求。

但在 5 年前，常规处理工艺被认为比膜处理工艺更便宜，也更安全。

7.14.5.3　二级处理出水用于炼油厂锅炉用水

为了给附近的炼油厂提供锅炉用水，加利福尼亚州的 West Basin 市政供水公司采用微滤和反渗透工艺进一步处理满足 Title 22 的污水。满足 Title 22 的污水水质较好对微滤膜的污染较轻，因此可以设计在较高的膜通量下运行（85lmh），同时保持平均跨膜压差为 100kPa。在不采取维护性化学清洗（EFM）的情况下，在线清洗的周期超过 3 个月。

在 West Basin 运行的中试为 Alamitos 屏障提供了设计依据，可以利用 Pall 公司的微滤、反渗透膜及紫外消毒工艺将满足 Title 22 水质的污水进一步处理，并打入到地下深井中，以阻止海水入侵。

7.14.5.4　再生水供给大学使用

加州大学戴维斯分校计划将二级处理出水再生后回用，以满足大学里的不同用水需要。人们启动了一个研究和发展项目，以评价压力式微滤膜在二级处理出水再生回用中的应用性能，二级处理出水事先通过滤布过滤以满足 Title 22 的水质要求。预过滤的二级处理出水允许微滤膜系统以非常高的膜通量（128lmh）运行，同时采取每日 1 次的维护性化学清洗（EFM）和每月 1 次的在线清洗措施。将二级处理出水进行预处理以满足 Title 22 水质标准，可以大幅节约运行费用。

7.14.5.5　二级处理出水用于河道补水

加利福尼亚州的萨克拉门托地区污水处理厂将微滤工艺作为现况砂滤工艺的补充处理措施。出水水质目标包括满足 Title 22 标准和除磷。为了减少膜设施的费用，对采用絮凝和溶气气浮澄清的常规处理工艺进行了评价。

对于二级处理出水，Pall Aria 微滤膜系统的运行膜通量为 85lmh，维护性化学清洗（EFM）每日进行 1 次。为了去除磷，采用铝盐进行直接絮凝。同时采用溶气气浮工艺以降低进入微滤工艺的固体物质含量。对于絮凝和气浮出水，微滤膜性能得到显著的改善，在平均跨膜压差为 100kPa 的条件下，膜通量达到 107lmh（图 7-20）。

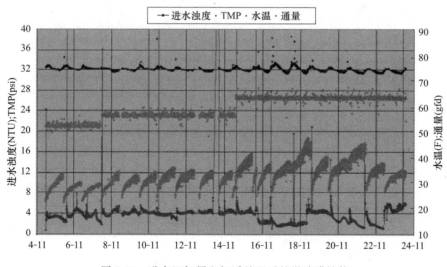

图 7-20　进水经絮凝和气浮处理后的微滤膜性能

7.14.5.6　澳大利亚对于再生水的认识

布里斯班市建造了一座 Pall Aria 微滤膜处理水厂，以处理 15mld 的 BNR 二级处理出水。目前，大部分 Luggage Point 污水处理厂的出水直接进入了莫顿湾，但一小部分水（15mld）得到了回收，并进一步通过 Pall 微滤膜和 Filmtec 反渗透膜进行处理，用于 BP 炼油厂的冷却用水和锅炉用水。

Pall 微滤膜系统设计膜通量为 45lmh，由 6 个膜单元构成（包括 1 个备用单元），每个膜单元有 66 个膜组件。从 2000 年开始，系统以平均跨膜压差 60kPa 运行，在线清洗周期为 4～6 周。水厂并没有设置维护性化学清洗（EFM）设施。

在 2006 年下半年，在水厂旁边安装了一套中试装置，用于测试采用 EFM 时的工艺性能。中试平台已经以 80lmh 的通量运行了超过 6 年时间，不需要进行在线清洗。采用 500ppm 的 NaOCl 进行每日 1 次的 EFM，采用 1000ppm 的柠檬酸进行每周 1 次的 EFM，系统可以稳定运行。观察到的跨膜压差波动是由于化学药剂泵故障，导致 NaClO 并未加入所致。不幸的是，该事故发生了 2 次。一旦 EFM 得到恢复，恢复后的跨膜压差大幅降低。

跨膜压差在 70kPa 左右（图 7-21）。自从 6 年前 Pall 微滤膜安装在 Luggage Point，操作模式已经有了很大进步，取得了减轻膜污染并在相似的跨膜压差条件下将膜通量提高 80% 的成果。中试装置的同步运行，为现况水厂提供了更为优化的运行参数。

未来的优化包括使用铝盐等絮凝剂以控制膜的生物污堵，同时强化总磷的去除，改善出水水质。

7.14.6 不同处理规模的再生水处理成本

本节提供了再生水的处理成本与处理规模之间的关系。工程投资考虑 1 套替换膜组件的费用，不考虑系统规模冗余的费用。工程投资基于膜通量为 62lmh，水厂寿命为 20 年，膜的质保期为 10 年计算。

当处理规模增大时，单位再生水的成本有所下降。例如，对于规模为 2mld 的水厂，处理水的成本为 0.25 美元/L，但对于规模为 20mld 的水厂，处理水的成本则为 0.12 美元/L（图 7-22）。

7.14.7 结论

膜处理技术能够将不同的污水处理成为新的水源，作为非直接饮用水、工业用水、灌溉用水、排入河道或用于其他用途。进水水质，对膜的设计通量有所影响，但可以采取一些措施减轻膜污染，充分发挥膜的效能，使膜按照设计通量运行。采取优化设计的预制膜系统可以降低废水处理的成本。随着处理规模的增大，水厂的规模效益更为显著，处理成本也会更低，从而使得常规处理工艺水厂显得越来越没有优势。

采取维护性化学清洗（EFM）进行污堵控制，通过直接絮凝或者预过滤对进水进行预处理已经有丰富的经验，这些措施在提高膜通量的同时，降低了能耗成本和膜组件更换成本。昆士兰州 Luggage Point 的中试与水厂实际运行数据对比表明，采用最新的运行方案可以大幅提高膜通量，并维持较低的能耗。

由于进水水源及水质特征的不同，每一套膜系统必须进行单独的优化，以实现最低能耗条件下的最大膜通量。通过优化可以使处理成本最低，为业主节省费用。

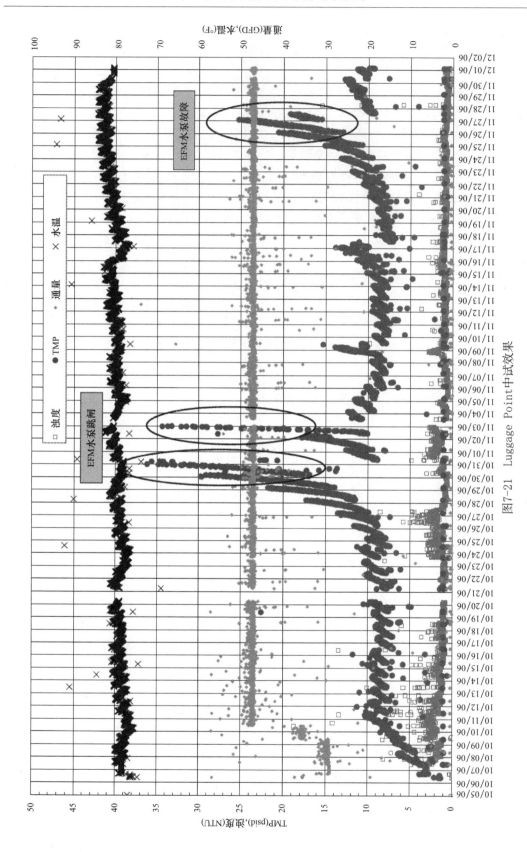

图7-21　Luggage Point中试效果

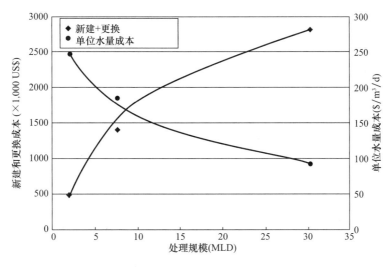

图 7-22　再生水处理成本与处理规模的关系

7.14.8　本节参考文献

Carollo Engineers. 2005. "Submerged Versus Module Membrane Systems: Two Systems Design for Evaluation." Texas Water.

Dwyer, P. L., and R. Collins. 2001. "Report of Cryptosporidium parvum Oocysts and MS2 Bacteriophage Virus Removals by the Pall Microfiltration System Plant at NE Bakersfield (CA) Water Treatment Plant." UNH (December).

Dwyer, P., M. Smith, and R. Collins. 2004. "Final Report on the Challenges of Pall Microza USV-6203, UNA-520A and XUSV-5203." UNH (June).

Leslie, G. L., W. R. Mills, T. M. Dawes, J. C. Kennedy, D. F. McIntyre, and B. P. Anderson. 1999. "Meeting the Demand of Potable Water in Orange County in the 21st Century: The Role of Membrane Processes," Presented at AWWA Membrane Technology Conference, March 1999.

Marshall, T., and L. Don. "Delivery and Performance of the Luggage Point Wastewater Treatment Plant Water Reclamation Project."

Sakaji, R. H. 2002. "Pall Microza Microfiltration System: Conditional Acceptance of Higher Flux with Ferric Chloride Addition." California Department of Health Services, May 2002.

Sakaji, R. H. 2004. "Conditional Acceptance of Flux Increase for Pall USV-6203; Conditional Acceptance of Pall Microza UNA-620A as Alternative Filtration Technology." California Department of Health Services letter, July 2004.

Schimmoller, L., B. McEwen, and J. Fisher. 2002. "Ferric Chloride Pretreatment Improves Membrane Performance: Pilot Results for Denver's New 30 MGD Water Reclamation Plant." Presented at AWWA Membrane Technology Conference, March 2001.

Tamada, R. K., S. Hayes, S. L. Crawford, and T. L. Long. 2006. "Weatherford's 6-MGD Membrane Expansion: A Design/Build Case Study." Texas Water, April 2006.

Thompson, D. M., and M. C. White. 2005. "Price Sensitivity for Evaluated Bid Membrane Procurements." Presented at AWWA Membrane Technology Conference, March 2005.

Vickers, J. C. 2005. "Comparing Membranes and Conventional Treatment Options for Reuse." AWWA ACE, June 2005.

Wachinski，A. M.，and C. Liu. 2007. "Design Considerations for Small Drinking Water Membrane Systems." Water Conditioning & Purification（March）.

Wehner，M. 2006. "Barriers the Solution to Recycle Water." WME magazine（May）.

7.15　案例 8：来自潮汐渠的高纯水——水务公司采用膜/膜技术为锅炉提供高纯水

7.15.1　挑战

一家大型化学品制造商需要为其在安特卫普的工厂提供低成本的高质量用水。这家公司并不是从市政供水中购买用水，而是采用先进的膜系统处理从潮汐渠获得的高盐度苦咸水。Pall 公司被选为该 $100m^3/h$ 处理系统的设计、建设和运行方，提供最终 TDS 低于 3mg/L 的产水。该项目的挑战是如何寻找经济有效的方法将原水转化为高质量的产水。

7.15.2　解决方法

采用一套两级集成膜系统进行处理——Pall 公司的微滤膜＋GE 反渗透膜（RO）。水厂来水是内陆运河淡水与 scheldt 潮汐河口苦咸水的混合水。

原水水质随季节和潮汐波动，但水质都很差。表 7-6 列出了原水的水质参数和数值范围。

原水水质　　　　　　　　　　　　　　　　　　　　　表 7-6

水质参数	平均值	最小值	最大值
温度（℃）	15	7	30
pH	8.0	6.5	9.5
TDS（mg/L）	10000	—	14000
悬浮固体（mg/L）	10	—	18
浊度（NTU）	3	—	10
油类/烃（mg/L）		—	4.0
TOC（mg/L）	12	—	25
Cl^-（mg/L）	5500	—	7300
Fe（mg/L）	0.5	—	0.9

7.15.3　效益

系统按照全自动化运行设计，需要的操作人员最少。

水质很差的原水需要一套集成的膜系统来处理。预过滤阶段的出水污堵潜能很低（SDI<2）。膜过滤系统对于藻类、细菌、芽孢及其他细颗粒具有高效的去除作用。后续的反渗透膜单元具有非常稳定的处理效能，出水水质不受季节、盐度及温度变化的影响。

获得低成本优质水的目标成功实现。自该项目运行以来，集成化膜系统能够稳定可靠地产出高质量的产水，浊度低于 0.2NTU，溶解性总固体低于 3mg/L，电导率低于 2mS/cm。

这种创新而又有效的过滤系统能够提供超过用户要求的产水，表 7-7 对比了实际产水水质与用户要求水质，表中也同时列出了实际产水与原水水质的差别。

系统相关水质参数　　　　　　　　　　　　　　　　　　　　表 7-7

水质参数	原水测量值	产水要求	产水测量值
流量（m³/h）	140	100	100（98％保证率）
温度（℃）	≥10		
浊度（NTU）	12（平均）		
TDS（mg/L）	12000（平均）	<3.0	
TOC（mg/L）	12		0.1
电导率	>14μS/cm	<10μS/cm	<2μS/cm

所有的水质参数都可远程监测。

该系统证实，采用这种创新式的两级过滤工艺是经济有效的，其产水水质可满足用户的水质要求。

7.5.4 结论

一家位于安特卫普港的大型化学品制造商与 Pall 公司签署了一项设计—建设—运行的水处理项目，用于将潮汐渠中海水净化为高质量的产水。该项目使用的是 Pall 公司和 GE 公司的技术。

供货商和用户都发现了这种建设模式的优点。Pall 公司评估了用户的需求和目标，同时也在技术、设计和建设方面对水处理系统进行了评估。

该项目在以下几个方面具有优势：

（1）用户制水成本低；

（2）互利的合同安排；

（3）超出用户预期的出水水质和通量；

（4）采用组件化的简易安装方式；

（5）精简的脱盐处理工艺；

（6）界面友好型控制方式；

（7）无需砂滤池的创新型预处理工艺；

（8）对于更大型系统将更为经济。

第 8 章 发展趋势与未来的挑战

8.1 简介

水资源的加速短缺与人口的迅速增长，对世界淡水资源提出了前所未有的要求，水资源保护和开发饮用水新水源的需求显著增加。包括由水资源短缺和干旱引发断水危机的都市圈在内，世界上干旱地区的形势更为严峻、需求更为迫切。由于生活、工业和农业都在竞争这一有限资源，为人类和自然保留清洁、可靠水源的需求愈加迫切。

全球水资源分布不均，降水量和人口密度分布也存在差异。包括美国和中国在内的许多国家水资源充足，但水的供给和需求空间分布不平衡导致了水资源短缺。

对水资源短缺的关注迫使人们开发新的供水方案，包括污水回用产业的发展——为污水回用项目提供更多的机会，鼓励污水回用技术更加广泛地应用，开拓污水回用市场。

膜技术与当前的发展趋势密切相关，并将随污水回用项目的增加而继续发挥主要作用。目前美国的污水回用项目主要集中在加利福尼亚州、佛罗里达州、亚利桑那州和德克萨斯州；新项目正在出现缺水问题以及受干旱持续威胁的州推进。从全国范围看，更多的州正在寻求实施可在一定程度上进行污水循环利用的项目，污水回用产业方兴未艾。

全球发展也呈相同的趋势。对污水回用技术和项目的需求不断增加，世界污水回用量占污水处理量的比例有望从 2010 年的 4% 提高到 2025 年的 33%。在 2010 年，科威特在污水回用方面居世界首位，污水处理后有 91% 回用，其次为以色列（85%）、新加坡（35%）和埃及（32%），美国排名第 7，仅为 11%（Global Water Summit，2010）。

8.2 污水回用的潜力

目前实施污水回用项目的机会正在增加，有助于持续拓展污水回用市场的关键领域包括：农业和高尔夫场地灌溉、景观用水、娱乐用水、冲厕以及消防。高级处理技术将继续在饮用水水源补给方面发挥关键作用，包括补充水库水和补给地下水。

污水回用在工业领域的应用也日趋增加，用以预防水源枯竭。高品质水在工业和制造业有多种用途，包括产品生产、材料加工及冷却等，水量减小和水面下降将影响其稳定运行。对位于水资源短缺地区的项目，以上风险会加剧（Ceres，2009）。

一些企业可通过污水循环利用措施降低与水相关的风险，这些企业包括高科技电子公司、灌装厂、生物技术与制药厂以及其他需要持续供应纯净水的工厂。企业在污水回用方面投入的增加也将有效减小其对自来水供应的依赖，从而减小当地淡水储备的压力。

随着污水回用产业的成熟，为特定用户提供专门服务成为污水处理的发展方向，产水水质根据客户需求量身定制。此种方式会更加节省污水回用的能耗和费用。例如，深度处理净化水用于高尔夫场地或农业灌溉并不是最适宜或最经济的选择，因为此类应用不需要与饮用水或高端工业用水同级的深度处理。若污水计划回用于灌溉时，营养物质也不必去除，因为经适度处理的污水中的氮和磷将有助于此类回用。

污水回用的最新应用也将得到推广，包括将污水回用范围拓展至更为前沿的污水开采——从发展的角度看，污水中蕴藏着机会更应被视为是一种资源，而非废物。在污水开采中，产水可回用，有价值的资源也可分离后循环利用或有效使用。这些资源包括无机化合物、能量、金属、盐以及可被用作高品质肥料的磷和氮等营养物质。

8.3 技术

业界的研发重点在于改进制膜技术，生产以较低的能耗提供更佳分离能力的产品，从而提高膜效率及工艺的经济性。作为材料创新的成果——包括陶瓷和 Teflon 膜，以及含有纳米工程颗粒的聚合物——膜变得更耐用、机械强度更高、对化学降解和污堵的抵抗力更强。更高的擦洗效率和更低的生命周期费用是膜行业正在深入关注的领域。

随着饮用水水源补给和工业高品质水需求量的增加，微滤（MF）、超滤（UF）、纳滤（NF）和反渗透（RO）等膜处理工艺将继续发展。此外，随着污水回用市场的发展，处理流程的种类也在增加，发展为膜技术可与其他处理工艺以"即插即用"的方式配合使用——如高级氧化、紫外（UV）、颗粒活性炭——生产水质适于各类最终用途的产品。在现有的各类处理方式中，MF 中空纤维膜被认为是膜技术的核心产品，可在较高的通量下仅以较小的压力处理污染程度相对较高的污水。UF 中空纤维膜市场也在发展，尤其是作为预处理工艺发展较快。

膜技术的其他进展包括完整性检测技术的进步，在线直接完整性检测已达到与传统离线方式相同的检测精度。预处理技术的扩展也会增加 MF 在污水处理方面的应用，MF 与 UV 等后处理技术的结合也为减少化学品和氯的用量提供了有力保证。

其他与膜相关的进展包括膜排列方面的进步，这有助于降低能耗及保持产水水质稳定。膜丝集束方面的新技术有助于提高通量及增加膜的表面积。

随着 MF 和 UF 技术的进步，膜处理设备向大型化发展，大型 MF 和 UF 设备更趋向于使用浸没式系统，小型设备更趋向于使用撬装式的密闭系统。

在短期内，污水回用产业正通过增加回收率来应对低压膜废液方面的挑战，需处理的污水量得到了有效降低。为处理脱硫烟气（FGD）废水和采矿、非常规气藏和炼油等重工业废水等污染严重、成分复杂的难处理污水，目前正致力于发展下一代的污水回用技术。高级化学处理工艺与膜结合可实现 $75\%\sim80\%$ 的回收率。为了实现 98% 的极高回收率，热蒸发、零排放、结晶和生物抛光等先进处理技术为未来目标的实现提供了有力的承诺和保证。此外，采用 MF 工艺进一步处理 MF 浓水时，甚至可能实现 99.6% 的回收率。与此相比，当采用 RO 膜处理 MF 浓水时，只能实现 80% 的回收率。

8.4 公众认知的挑战——间接饮用水回用

当二级出水经处理后间接用作饮用水水源时，受公众认知因素的影响，污水回用项目将面临特别的挑战。公众认知可能对此类污水回用造成巨大障碍，而再生水用于农业或工业等其他形式污水回用项目时则未必遇到此类情况。事实上，在污水经处理后补给饮用水方面，公众敏感性的累积——经反对党和耸人听闻的媒体报道大肆渲染——其影响已经强大到足以令污水回用项目停工。

一个案例是"东谷污水再生和循环项目"（East Valley Water Reclamation and Recycling Project），这是洛杉矶 20 世纪 90 年代建设的 5500 万美元的间接饮用水回用项目，计划利用深度处理出水用作圣费尔南多谷地（San Fernando Valley）部分地下含水层的补给水。工程完工后，项目面临着强大的政治阻力以及媒体的负面报道，引发公众强烈反对，最终工厂被迫关闭。

媒体对此项目的报道包括使用"从马桶到水龙头"这样的词汇——具有负面和误导性的内涵，这种表述忽略了重要的污水处理设施，这些设施将污水净化到符合饮用水回用标准。然而，通过实施战略性公众开放和教育计划，公众的反对是可以被控制和有效管理的，此类努力已经在间接饮用水回用项目上取得了较高的成功率。早期公众参与、直接沟通、与关键利益相关者的主动约谈是经过验证的有效开放战略。开放方法也应根据每个社区的特点加以修正和定制，重点在于通过计划流程的透明和公开建立起支持和信任。

在公众对污水回用项目的认知塑造方面，形象和语言也是十分有影响力的因素。CH2M Hill 的污水回用首席专家 Linda Macpherson 和 Decision Research 公司的 Paul Slovic 发现，某些用于描述污水回用项目的词汇——如"sewage（污水）"和"treated wastewater（处理后污水）"——具有贬低污水回用概念、降低公众接受意愿的效应。

根据 Macpherson（2011）所述，开放战略应强化运用积极的词汇，有助于公众更好地理解水循环以及水处理工艺是如何成为水管理体系中的内在环节的。这包括传播以下信息：实际上所有用水者都在一定程度上位于其他用水者的下游。Macpherson 和 Slovic 也认为，公众的水科学知识不足，在如何去除水中杂质方面的知识更为欠缺。但随着知识的增长和信息质量的提高，公众对于污水回用的理解将会不断进步，接受程度也随之不断提高。

为支持 4.81 亿美元的地下水补给（GWR）系统，橙县水资源管理区（Orange County Water District）和橙县卫生管理区（Orange County Sanitation District）联合发起和实施了公众开放活动，项目最终得到高度支持并成功执行，使此项目成为战略开放的一个成功案例。GWR 系统是一项间接饮用水回用项目，通过对深度处理污水进行净化后补给大型地下水盆地，为加州橙县（Orange County, California）超过 2300 万人提供约 70％的饮用水。

用于配合 GWR 系统的公众开放和教育方案经过精心计划并按社区定制，包括如下内容：利益相关者的广泛参与、持续与透明的公众传播、可成功传播水处理技术的安全性与净化度信息的公众教育活动。

通过争取社区领导者们签署上百封支持信，建立起领导层支持；通过广泛展示和教育讲习班，在各个文化阶层建立起公众支持。在赢得信誉和信任之后，污水回用项目得以成功建设并在 2008 年年初投入运行。

8.5　水价的挑战

对水的需求在迅速增加，但是由于被人为控制在较低水平，当前的水价无法真实反映这种需求。由于抽取地下水等低成本供水方式正在让位于脱盐等高成本供水方式，因此为满足更高的供水需求、提高供给量所产生的费用正在迅速增加。这加剧了水量增加所需成本与市场水价之间的价格错位。

期望在未来10年内，政府最终意识到他们无法再负担这种不断增加的价格错位，允许水价上涨以并对"免费"的农业用水进行严格限制，随之引入较高的灌溉水价。此举将有助于增加基础设施投资，也将激发新型节水措施的应用。从长远来看，水资源"危机"最终会自行解决，我们也将看到水行业税收的加速增长。

附录 A 非饮用水回用用州立水质标准的举例[1]

各州回用用水作为部分非饮用水的水质标准范例

表 A-1

州	饲料作物灌溉[a] 水质限制条件	饲料作物灌溉[a] 处理要求	可加工食物作物灌溉[b] 水质限制条件	可加工食物作物灌溉[b] 处理要求	食物作物的灌溉[c,d] 水质限制条件	食物作物的灌溉[c,d] 处理要求	仅用于娱乐[e] 水质限制条件	仅用于娱乐[e] 处理要求
亚利桑那州	1000 个粪大肠菌群/100mL	二级处理（稳定塘）	未规定	未规定	• 每 100mL 不可检测到粪大肠菌群 • 2NTU	• 二级处理 • 过滤 • 消毒	• 每 100mL 不可检测到粪大肠菌群 • 2NTU	• 二级处理 • 过滤 • 消毒
加利福尼亚州	没有明确规定	二级处理	未明确规定的	二级处理	• 2.2 个总大肠菌群/100mL • 2NTU	• 二级处理 • 混凝 • 过滤 • 消毒	• 2.2 个总大肠菌群/100mL	• 二级处理 • 消毒
科罗拉多州	未规定	未规定	未规定	未规定	未规定	未规定	未规定	未规定
佛罗里达州	• 200 个粪大肠菌群/100mL • 20mg/L 碳化耗氧量 • 20mg/L 总悬浮物	• 二级处理 • 消毒	• 每 100mL 不可检测到粪大肠菌群 • 20mg/L 碳化生化需氧量 • 5mg/L 总悬浮物	• 二级处理 • 过滤 • 消毒	• 每 100mL 不可检测到粪大肠菌群 • 20mg/L 碳化生化需氧量 • 5mg/L 总悬浮物	• 二级处理 • 过滤 • 消毒	• 每 100mL 不可检测到粪大肠菌群 • 20mg/L 碳化生化需氧量 • 5mg/L 总悬浮物	• 二级处理 • 过滤 • 消毒
德克萨斯州	• 200 个粪大肠菌群或大肠杆菌/100mL • 35 个肠球菌/100mL • 20mg/L 生化需氧量 • 15mg/L 碳化生化需氧量	无明确规定	• 200 个粪大肠菌群或大肠杆菌/100mL • 4 个肠球菌/100mL • 3NTU • 5mg/L 生化需氧量或碳化生化需氧量	无明确规定	• 20 个粪大肠菌群或大肠杆菌/100mL • 4 个肠球菌/100mL • 3NTU • 5mg/L 生化需氧量或碳化生化需氧量	无明确规定	• 20 个粪大肠菌群或大肠杆菌/100mL • 4 个肠球菌/100mL • 3NTU • 5mg/L 生化需氧量或碳化生化需氧量	无明确规定

[1] 资料来源：国家科学院（2012）

154

续表

州	饲料作物灌溉 [a]		可加工食物作物的灌溉 [b]		食物作物的灌溉 [c,d]		仅用于娱乐 [e]	
	水质限制条件	处理要求	水质限制条件	处理要求	水质限制条件	处理要求	水质限制条件	处理要求
其他州	·200 个粪大肠菌群/100mL ·25mg/L 生化需氧量 ·25mg/L 总悬浮物	·二级处理 ·消毒	·每 100mL 不可检测到粪大肠菌群 ·10mg/L 生化需氧量 ·2NTU	·二级处理 ·过滤 ·消毒	·每 100mL 不可检测到粪大肠菌 ·10mg/L 生化需氧量 ·2NTU	·二级处理 ·过滤 ·消毒	·200 个粪大肠菌群/100mL ·25mg/L 生化需氧量 ·25mg/L 总悬浮物	·二级处理 ·消毒
华盛顿州	240 个总大肠菌群/100mL	·二级处理 ·消毒	240 个总大肠菌群/100mL	·二级处理 ·消毒	·2.2 个总大肠菌群/100mL ·2NTU	·二级处理 ·混凝 ·过滤 ·消毒	2.2 个总大肠菌群/100mL	·二级处理 ·消毒

a 在某些州，回用水灌溉的草场用以饲养产奶动物时，对回用水水质有更多限制条件。

b 物理或化学处理能充分破坏病原微生物。回用水与农作物可食用部分无直接接触情况下对水质限制条件会比较少。

c 回用水与农作物的可食用部分有直接接触情况下不可食用未加工的农作物。

d 在佛罗里达州和德克萨斯州，"如果运用一种间接的程序可以排除与回用水之间的直接联系，灌溉作物在被使用之前未经过去皮、煮熟、或者经过热加工的情况是被允许的"（例如沟渠灌溉、滴灌，或者一种地下分配系统）（30 德州管理代码 § 210.24）。

e 娱乐活动仅限制用于钓鱼、划船，以及其他无需过滤，以及身体无直接接触的活动。

注：出水浊度不超过 2NTU 的水不需过滤；需不间断测量流入过滤器的水的浊度；在持续 15min 以上的时段内，原水浊度不得超过 5NTU，并且绝不能超过 10NTU；原水浊度超过 5NTU 持续 15min 以上时，可自动启动加药装置或切换水源。

改编自亚利桑那州环境质量部（2011），加州公共卫生部（2009），科罗拉多州卫生和环境部（2007）、德克萨斯州环境质量委员会（2010）、犹他州环境质量部（2011）、华盛顿州卫生部和华盛顿州生态部（1997）。

155

各州回用水作为部分非饮用水的水质标准的范例（续）

表 A-2

州	受限使用的灌溉用水[a]		不受限的灌溉用水[b]		厕所冲洗水[c]		工业冷却水[d]	
	水质限制条件	处理要求	水质限制条件	处理要求	水质限制条件	处理要求	水质限制条件	处理要求
亚利桑那州	• 200 个粪大肠菌群/100mL • 30mg/L BOD • 25mg/L TSS	• 二级处理 • 消毒	• 每 100mL 不可检测到粪大肠菌群 • 2NTU	• 二级处理 • 过滤 • 消毒	• 每 100mL 不可检测到粪大肠菌群 • 2NTU	• 二级处理 • 过滤 • 消毒	未规定	未规定
加利福尼亚州	23 个总大肠菌群/100mL	• 二级处理 • 消毒	• 2.2 个总大肠菌群/100mL • 2NTU	• 二级处理 • 混凝 • 过滤 • 消毒	• 2.2 个总大肠菌群/100mL • 2NTU	• 二级处理 • 混凝 • 过滤 • 消毒	• 2.2 个总大肠菌群/100mL • 2NTU	• 二级处理 • 混凝[e] • 过滤 • 消毒
科罗拉多州	• 126 个大肠杆菌/100mL • 30mg/L 总悬浮物	• 二级处理 • 消毒	• 每 100mL 不可检测到大肠杆菌肠菌 • 3NTU	• 二级处理 • 过滤 • 消毒	未规定	未规定	• 126 个大肠杆菌/100mL • 30mg/L 总悬浮物	• 二级处理 • 消毒
佛罗里达州	• 200 个粪大肠菌群/100mL • 20mg/L CBOD • 20mg/L 总悬浮物	• 二级处理 • 消毒	• 每 100mL 不可检测到粪大肠菌群 • 20mg/L CBOD • 5mg/L 总悬浮物	• 二级处理 • 过滤 • 消毒	• 每 100mL 不可检测到粪大肠菌群 • 20mg/L CBOD • 5mg/L 总悬浮物	• 二级处理 • 过滤 • 消毒	• 每 100mL 不可检测到粪大肠菌群 • 20mg/L CBOD • 5mg/L 总悬浮物	• 二级处理 • 过滤 • 消毒
德克萨斯州	• 200 个粪大肠菌群或大肠杆菌/100mL • 35 个肠球菌/100mL • 20mg/L BOD • 15mg/L CBOD	无明确规定	• 20 个粪大肠菌群或大肠杆菌/100mL • 4 个肠球菌/100mL • 3NTU • 5mg/L BOD 或 CBOD	无明确规定	• 20 个粪大肠菌群或大肠杆菌/100mL • 4 个肠球菌/100mL • 3NTU • 5mg/L BOD 或 CBOD	无明确规定	• 20 个粪大肠球菌或大肠杆菌/100mL • 35 个肠球菌/100mL • 20mg/L BOD • 15mg/L CBOD	无明确规定
犹他州	• 200 个粪大肠菌群/100mL • 25mg/L BOD • 25mg/L TSS	• 二级处理 • 消毒	• 每 100mL 不可检测到粪大肠菌群 • 10mg/L BOD • 2NTU	• 二级处理 • 过滤 • 消毒	• 每 100mL 不可检测到粪大肠菌群 • 10mg/L BOD • 2NTU	• 二级处理 • 过滤 • 消毒	• 200 个粪大肠菌群/100mL • 25mg/L BOD • 25mg/L 总悬浮物	• 二级处理 • 消毒
华盛顿州	23 个总大肠菌群/100mL	• 二级处理 • 消毒	• 2.2 个总大肠菌群/100mL • 2NTU	• 二级处理 • 混凝 • 过滤 • 消毒	• 2.2 个总大肠菌群/100mL • 2NTU	• 二级处理 • 混凝 • 过滤 • 消毒	2.2 个总大肠菌群/100mL	• 二级处理 • 混凝 • 过滤 • 消毒

a 根据各州分类不同；通常包括墓地、高速公路、限制进入的高尔夫球场，以及类似用水区域的灌溉。
b 包括公园、操场、校园、住宅的草坪，和类似的不限制进入的区域的灌溉。
c 在独栋住宅是不被允许的。
d 冷却塔产生的气溶胶可能与人接触的情况。
e 在出水浊度不超过 2NTU 的水无需过滤；需不间断测量流入过滤器的水的浊度；在持续 15min 以上的时段内，原水浊度不得超过 5NTU，并且绝不能超过 10NTU；原水浊度超过 5NTU 持续 15min 以上时，可自动启动加药装置或切换水源。

改编自亚利桑那州环境质量部 (2011)，加州公共卫生部 (2009)，加州环境质量委员会 (2007)，佛罗里达多州环境保护部 (2007)，科罗拉多州卫生部和环境部 (2007)，德州环境质量委员会 (2010)，犹他州环境质量部 (2011)，华盛顿州卫生部和华盛顿州生态部 (1997)。

附录 B 国家预处理计划以及源头延伸控制

1972 年通过的清洁水法（The Clean Water Act，CWA），目的是减少污染物向水域中的排放，以达到适合垂钓和游泳的水质要求。美国国家环境保护局（USEPA）国家污染物排放削减制度（NPDES），是清洁水法的重要组成内容之一，要求所有直接排入国家水域的水质必须达到 NPDES 的允许值，许多工业废水需要通过城市污水处理厂进一步处理后排放。因此，美国国家环境保护局建立了国家预处理计划（National Pretreatment Program），要求工商企业在将污水排入城市污水处理厂之前进行预处理来控制水质。

一般来说，污水处理厂只处理生活污水。根据国家预处理计划要求，地方政府需要落实污水从工商企业排入污水收集系统之前，经过预处理后的水质标准。这项计划最主要的目标是：

（1）防止排放出的污染物未经处理就穿越市政污水处理厂；

（2）保护污水处理厂不受未经处理过的工业废水所带来的危害；

（3）提高出水和污泥的品质，便于后续利用（Alan Plummer Associates，2010）。

根据该项目，污水管理部门必须签署管理条例、发行许可证、监督落实，并在发生违法行为时采取强制措施。美国国家环境保护局已经为 56 类行业建立了含有排放参数的污水排放指南，清洁水法案要求美国国家环境保护局每年都要对污水排放指南和预处理标准进行评估，以确定标准中新污染物类型。

总结国家预处理计划所取得的成就（USEPA，2003b）表明，这项举措已经大大减少了对环境有害化学物质的排放量。大部分的标准都基于包含在 1977 年清洁水法的修正案中的 129 种优先控制污染物。最近，通用废品条例（Universial Wastes Rule）提出一项更新，将药品和简化处理危险医药废物纳入其中，以减少污水中的此类化学物质，除此以外，还没有进一步的行动。

在饮用水回用问题上，美国国家研究理事会（NRC，1998）建议美国国家环境保护局形成一个针对污水中已知或预期污染物的公共卫生优先级列表，以便于指导单独的社会团体坚持执行严格的工业预处理和污染源控制计划。美国国家环境保护局尚没有制定出这样的列表，但是有一些公共事业单位已经自己采取了行动。例如，奥兰治县水源区（Orange County Water District）为本县区的地下水补给系统提供再生水，已经扩增了机构的源头控制计划，包括污染分级、强化向行业和公众推广，以及基于地理信息系统的有毒物质清单。通过其源头控制计划，奥兰治县水源区能够减少废水收集系统中 1，4-二噁烷和 N-亚硝基二甲胺（NDMA）的工业排放。奥兰治县正在逐步形成条例来要求污水处理厂制定计划以降低优先级列出的持久性污染物。奥兰治县列表里存在一些研究较为系统的污染物质，同时也存在一些所知寥寥的污染物（Alan Plummer Associates，2010），还建立了降低医药制品进入污水系统的相关计划。

在现有的联邦法规下，第 V 类注水井如果不危及地下饮用水源并且符合其他 UIC 计划需求时（49 CFR§144.82），不需要联邦的许可。然而，在允许再生水注入可能用作饮用水的含水层之前，政府可以提出有关处理、水井建设、水质监测标准等额外的要求。

B.1　美国饮用水条例：安全饮用水法案

美国饮用水条例设定所有饮用水处理厂必须满足的标准，无论是使用原水水源，还是饮用水回用项目水源，或实际上就是回用水水源。本节综述了监管框架，评估了其对饮用水回用的适用性。

1974 年，国会通过了安全饮用水法案（SDWA），授权美国国家环境保护局建立和加强饮用水国家标准以保护公众健康。美国国家环境保护局确定了优先污染物的最大污染水平目标，低于该水平对人类健康无已知或预期的风险存在。最大污染物水平（MCL）是通过对一级标准的强化，饮用水中允许的污染物的最大浓度。综合考虑治疗技术、成本与效益，最大污染物水平（MCLs）的设置应尽可能接近 MCL 目标。定期检测和报告的目的就是要确保污染物不超过最大污染物水平（MCLs）。对于一些污染物，包括微生物在内，美国国家环境保护局要求采用专门的处理技术（TTs）用于饮用水处理，以代替 MCL。如果需要的话，各州可根据需要采取更严格的标准。2009 年，美国国家环境保护局国家一级饮用水规范（National Primary Drinking Water Regulations）包括 3 项消毒剂 MCL，4 项放射性核素 MCL，5 项微生物 MCL 或专属处理技术，16 项无机化学物 MCL 或专属处理技术，和 53 项有机化学物质 MCL 或专属处理技术（EPA，2009b）。

B.2　饮用水标准中对"水事实性回用"的考虑

美国公共卫生署在 1962 年发布了饮用水标准（美国公共卫生署，1962），对于事实性（或无计划的）水回用提供了一些见解。尽管标准中明确规定，"供水应该从可行的最可取的源头获得"，但文件继续指出："如果水源没有通过天然手段得到适当保护，那么供水应当通过处理得到适当的保护"。1962 年的标准包括烷基苯磺酸盐表面活性剂（ABS），这是一种常用于洗涤剂的阴离子型表面活性剂。声明表示"每 1mg ABS/L 水中的 ABS 有至少 10% 的来源为污水"。1962 年标准中的碳氯仿提取物（CCE）也同样受到关注，作为水中人为有机化合物指示剂。200μg/L 碳氯仿提取物这一标准的建立，是为了"描述水对于不确定化学品的过量摄入"，无论是否源于废水。1962 年颁布的 ABS 和 CCE 标准证明联邦政府了解到存在事实性（或无计划的）水回用的问题，以及合成有机污染物对饮用水污染的可能。

在回用水和饮用水中，NDMA 能够长时间以大于 0.7ng/L 的浓度存在，这是 USEPA 建立的地下水清洁标准限值（USEPA，2010b）。尽管早在 20 世纪 70 年代亚硝胺因存在于饮用水系统而被大家所认识，直到 20 世纪 90 年代被发现以高浓度存在于加州回用系统中，才获得广泛的关注。NDMA 在 2009 年被添加到 CCL 中，也被加入到 UCMR2。

B.2.1　防止更多的微生物风险

安全饮用水法案（SDWA）规定，病毒和原生动物主要受处理技术的控制，而不是最大污染水平。根据最初的《地表水处理规定》（SWTR [42USCA300g-l（b）（2）（c）]），所有地表水处理厂（特批除外）必须达到贾第鞭毛虫属和病毒 99.9% 和 99.99% 的去除率，并且各处理步骤的运行特性需要在指导手册中清晰地说明。细菌病原体浓度也应该降低。在《长期强化地表水处理规定（二期）》（LT2SWTR）下，需测量原水中隐孢子虫浓度值，以确定是否需要进一步减少其数量。为达到这种目标（通过附加工艺或强化现有工艺）也会使细菌、病毒，和贾第鞭毛虫属含量进一步减少。当水源中含有较高比例的污水时，尚不能确定该管理框架的充分性。

任何一种用于病原体控制措施的失效，都将产生不定时的病原体数量超标的风险。在一定程度上，病原体的大量减少主要是通过处理措施完成的，而不是使用受保护的水源（病原体含量较低）。无论是在有计划的回用，还是在受污染的地表水常规处理供水系统中，设计和建立多级屏障来提高供水可靠性变得更加关键。

B.2.2　与污水回用于饮用水水源相关的现有联邦法规评估

用于饮用水水源的再生水最终都必须满足饮用水的物理、化学、放射性、微生物标准。SDWA 在美国国家环境保护局建立的强制执行标准（MCL 或是处理技术）基础上，提出对分散性化学物质对人体健康影响进行评估。然而，SDWA 尚未对所有可能出现在污水中的潜在的有害成分建立标准。目前，该法案在 CWA 及 SDWA 中的相关内容尚没有充分考虑公共健康问题与污水回用于饮用水水源之间的联系的情况下被颁布。此外，用于建立监管体系的全系列污染物的数据尚不足以代表全部污水回用于饮用水水源时可能存在的污染物质。一些州为了解决与此相关的一些（而非全部）问题，制定了更详细的再生水法规（稍后讨论）。下面将分别讨论联邦和各州污水回用相关法规的优缺点。

然而，所要了解的核心问题是，美国许多饮用水系统的原水中有相当大一部分来自于处理后的污水。因此，在为提高污水回用于饮用水水源的安全性而进行法规修订时，还需要考虑到事实性水回用（无计划回用）的程度，以便为所有消费者提供同等的保护。

B.3　污水回用法规和指南

美国没有联邦法规专门管理废水的回用，因此，污水回用政策取决于各州的规定。然而，联邦政府通过美国国家环境保护局的《污水回用指南》为各州提供指导，《污水回用指南》"为水和污水使用和管理机构的利益，列举并总结了经推荐的污水再生指南"（USEPA，2004）。法规不同于指南的地方在于，法规是法律体系认可及强制性的，而指南是建议和自愿服从的。当指南被整合到政府法规或者污水回用许可中时，有时也会变成强制要求。

污水回用法规和指南可基于多种考虑，但其核心目标是公共卫生保护。对于污水回用于非饮用水水源时，标准通常只规定微生物和环境指标；现有的污水回用于非饮用水水源法规和指南通常不是以风险分析为前提。污水回用于饮用水水源时，与病原微生物和化学成分有关的健康风险都做出了规定。在非饮用水回用的区域，指南通常也提出需要具备妥善的控制措施和安全警示（如警告标志，彩色编码管道、交叉连接控制规定）。此外，回用指南可能包括水质参数，这些参数与公共卫生或环境保护无关，但是对于特殊的非饮用水回用项目（如灌溉和工业冷却）的成功与否至关重要。下面总结了非饮用水和饮用水回用的联邦指南和各州指南或法规。

B.4　美国环境保护局的污水回用指南

美国国家环境保护局的《污水回用指南》（美国国家环境保护局，2004）涵盖污水回用于饮用水水源和非饮用水水源的情况，旨在运用辅助信息为公共和立法机构提供合理的指导。该指南对于那些尚未形成自身污水回用法规，或者是正在修改完善现有法规的自治州有重要指导意义。指南包含污水回用各个方面的信息，包括处理技术、公共卫生问题、法律和制度问题、公众参与程序，并针对不同的回用目的提出相应的处理和水质要求。这一节的其余部分侧重于描述指南中包含的处理和水质要求。

指南对各种污水回用于非饮用水水源和饮用水水源回用项目的处理工艺和水质进行了总结，还包括监测频率、安全使用的距离以及污水回用项目的其他控制条件。指南中处理和水质的推荐内容，主要基于美国污水再生以及重复利用的数据资料。该指南用于指导来自限制工业废物排放的生活污水的回用而"不是为了作为污水再生和回用的严格标准"（USEPA，2004）。

B.4.1　非饮用水水源的回用

美国国家环境保护局指南（2004）为非饮用再生水推荐了两个不同的消毒水平。对于再生水与人体有可能或预期可能出现直接或间接接触的回用水项目，以及可能存在交叉连接的双供水系统，建议消毒的水平达到每100mL检测不到粪大肠菌群（基于对过去7d分析数据的中间值）。针对任意一个项目，美国国家环境保护局建议粪大肠菌群的数量每100mL不超过14个（USEPA，2004）。对于公众或工人无直接接触的再生水项目，指南建议消毒水平达到粪大肠菌群浓度每100mL不超过200（基于对过去7d分析数据的中间值）。值得注意的是，美国国家环境保护局的非饮用水水源回用指南，并不是基于严格的健康风险评估方法得到的。

非饮用水水源回用的附加建议还包括：

（1）干净，无色，无味，无毒的水；

（2）在采用再生水灌溉的区域和饮用水供应集水井之间保持50ft的距离；

（3）配水系统中保证余氯不小于0.5mg/L；

（4）对处理不当的水进一步处理并设有应急储备或处置预案；

（5）管线交叉连接的控制设备；

（6）色彩标记非饮用水管线和附属设备。

指南还包括为其他再生水项目提出的类似的设计和操作方法。

B.4.2　饮用水水源的回用

美国国家环境保护局指南为以地下水回灌和地表水扩容为代表的饮用水水源回用项目提供了一些特定的污水处理和再生水水质建议。指南概述了可能被施加在饮用水回用项目的大量处理方法、水质和检测要求，这些要求参考了加利福尼亚州的地下水回灌法规草案，以及佛罗里达（当时美国国家环境保护局指南的撰写地）的饮用水水源回用法规。指南推荐饮用水水源回用项目应满足饮用水水质标准，同时检测饮用水标准中欠缺的一些或一类有害物质（USEPA，2004）。美国国家环境保护局指南关注的重点在于最终的水质。

附录 C 加利福尼亚州法规，第 17 编

C.1 第 1 部分 州卫生服务部门

C.1.1 第 5 章 卫生系统（环境）

C.1.1.1 第 4 节 饮用水供给

条款 1 一般规定

7583. 定义

除了健康和安全法规中第 4010.1 节中的定义，下列术语是基于本章中的目的进行的定义。

（a）"获得许可的供水"是指其可饮用性受州或者当地卫生部门监管的供水。

（b）"辅助供水"是指除公共供水系统以外的所有供水。

（c）"气隙分离"是供水管线与接收容器之间的物理分离。

（d）"AWWA 标准"是指由美国自来水厂协会（AWWA）发展并批准的官方标准。

（e）"交叉连接"是指用于供给饮用水的供水系统，与输送未经批准的水或者其他存在安全、卫生及饮用风险的物质的系统之间，存在实际未受保护的或者潜在的连接。设置旁路、跳线连接、可拆卸配件、转换接头及其他会造成回流的装置，都可以被认为是交叉连接。

（f）"双止回阀组件（DC）"是指由至少 2 个单独运作的止回阀构成的组件，组件两侧都设有可以紧闭的阀门，并具有测试旋塞，可以测试每个止回阀的密封性。

（g）"卫生机构"指的是加利福尼亚州卫生服务部，或者对于小型供水系统，指当地的卫生办公室。

（h）"当地卫生机构"指县或者市的卫生机构。

7585. 风险评估

供水企业应评估公共供水系统潜在的健康风险程度，并形成基于用户的评价结果。但供水企业并不对存在于用户范围内的交叉连接的治理负责。该评估应至少考虑：交叉连接的判别，工程材料特性，回流发生的可能性，管网系统复杂程度以及管网系统改造的潜力。对于以下类型的用户，还应该有一些特殊的考虑：

（a）在压力条件下操作危害人体健康的物质采取一定方式处理，可能导致其进入公共供水系统。包括化学或生物工艺中的水，以及公共供水系统中卫生指标恶化的水。

（b）具有辅助供水系统。除非辅助供水系统经供水商同意作为额外的水源，或者得到卫生机构的核准。

（c）存在内部交叉连接，足以令供水商或者卫生机构无法接受。

（d）对于交叉连接有可能发生且连接点检查口受限制，不能实现足够频率的检验，或者不能保证检验的时间，以确保不存在交叉连接。

（e）历史上曾经发生过交叉连接。

7586. 用户监督

当用水户所处位置具有输送不同类型液体的多种管道系统，一些液体可能具有毒性，同时管道系统又经常做一些改动时，卫生机构及供水商可能要求工业用水户指派一名用户监督人员。该监督人员要确保用水户的管线和设备在安装、运行和维护时避免交叉连接的发生。

7604. 倒流防止措施类型

需要提供的防止回流到公共供水系统的防护类型应该与用户面临的风险程度相符。可能需要的防护设备类型包括（按照防护等级由低到高排列）：双止回阀组件（DC）、减压原理止回装置（RP）和气隙分离（AG）。用水户可能会选用比供水商要求的高一个等级的防护设备。根据用户所面临的风险程度，保护公共供水系统所需的最低等级的倒流防止措施如表 1 所示。表 1 中未包括的，应根据实际情况由供水商和卫生机构确定合适的倒流防止措施。

加利福尼亚州关于再生水的卫生法　　　　　　　　2001 年 6 月

第 17 编　　　　　　　　　　　　　　　　　　　　版次

所需防倒流措施类型　　　　　　　　　　　　　　　表 C-1

危险程度	最低程度的倒流防止措施
（a）污水和有害物质	
（1）有污水泵和/或污水处理厂，但与饮用水系统没有连接的情况。不包括有污水提升泵的独栋住宅。如果得到卫生机构和供水商的认可，可采用 RP 代替 AG。	AG
（2）存在有毒物质通过某种方式进入饮用水系统的可能性。不包括有污水提升泵的独栋住宅。如果得到卫生机构和供水商的认可，可采用 RP 代替 AG。	AG
（3）存在化肥、杀虫剂、除草剂进入灌溉系统的情况	RP
（b）辅助供水	
（1）未经核准的辅助供水系统与公共供水系统相连接。如果得到卫生机构和供水商的认可，可采用 RP 或 DC 代替 AG。	AG
（2）存在未经核准的辅助 RP 供水系统，与公共供水系统没有连接。如果得到卫生机构和供水商的认可，可采用 RP 代替 AG	RP
（c）再生水	
（1）公共供水系统作为再生水供水的补充。	AG
（2）使用再生水的情况下，除了（3）中所允许的情况，没有与饮用水系统相连接。	RP
（3）居民利用再生水进行景观灌溉，灌溉区域是依照 60313 到 60316 节中所确定的可以采用两种水的地区，再生水供应商应获得当地公共供水商的认可，当再生水供应商同时是公共供水商时，应获得管理部门的认可。采用另一种防回流保护计划，即依据分节 60316（a），对再生水和饮用水系统进行年度检查和关闭测试。	DC
（d）消防系统	
（1）消防系统用水直接由公共供水系统供给，同时存在一套未经核准的辅助供水系统（两者未联通）。	DC
（2）消防系统用水由公共供水系统供给，同时与一套未经核准的辅助供水系统相连接。在卫生机构和供水商许可的情况下，可采用 RP 代替 AG。	AG
（3）消防系统用水由公共供水系统供给，同时有高位储水池或者有可从水库或水池中取水的消防泵。	DC
（4）消防系统用水由公共供水系统供给，且同一座建筑中存在一套单独的再生水管道系统。	DC

附录 D　加利福尼亚州法规，第 22 编

法规对再生水水质有十分严格的规定。加州卫生服务部关于再生水的水质标准被称为第 22 编，因为它在《加利福尼亚州法规订编》中被编入（California Code of Regulations）第 22 编，第 3 章，第 4 节相同，含有针对不同回用类型及处理水平的条款。区域水质控制委员会（The Regional Water Quality Control Board）对再生水及其他相关径流的利用进行了规定。

第 22 编允许再生水用于多种用途。在圣地亚哥，再生水用途包括灌溉农作物、公园、游乐场、学校操场、居民区绿化带、公墓、高速公路绿化带、高尔夫球场、园林苗圃、动物牧场、果园及葡萄园。此外，再生水还用于钓鱼场或游船场地、鱼卵孵化场、冷却塔及装饰喷泉。其他利用场所包括冲洗厕所和便池、工业用水、商业洗衣、人工造雪、土壤压实、混凝土及排水管线冲洗。

第 4 部分　环境健康

第 1 章　简介

条款 1　定义

60001. 部门

本部分内容中所说的部门指的是州卫生服务部，除非特别注明。

60003. 部长

本部分内容中所说的部长指的是州卫生服务部部长，除非特别注明。

第 2 章　加利福尼亚州环境质量法案实施的一些规定

条款 1　一般要求和绝对豁免

60100. 一般要求

卫生服务部联合参考了第 1、2、2.5、2.6、3、4、5 和 6 章，第 13 节，公共资源规章的 21000 节等，加利福尼亚环境质量法案第 14 编，第 6 部分，第 3 章，加利福尼亚行政规章第 15000 节等法规中的目标、指标及程序。

60101. 绝对豁免类目中的一些特定活动

经州卫生服务部确认下列一些特定活动处于加利福尼亚行政规章第 14 编中 15300 节等规定的绝对豁免范围内：

（a）第 1 类：现况设施

（1）水处理单元、供水系统、泵站中的任何内部或外部的改动，这些改动包括机械、电气或水力控制方面的增加、拆除或修复。

（2）任何水处理单元的维护、修复、更换或重建，包括结构、滤料、泵和加氯机。

（b）第 2 类：更换或重建

（1）任何供水服务设施的连接件、计量器、止回阀、放空阀、压力调节阀、截流阀、排气阀、冲洗阀等的修复和更换。

（2）现况供水配水管线、储水池或水库的同等规模替换或重建。

（3）任何水井、泵站及相关附属物的更换或重建。

（c）第 3 类：小型构筑物的新建

（1）任何直径小于 6 英寸的供水配水管线及相关附属物的建设。

（2）任何容量小于 100000 加仑的储水池和水库的建设。

（d）第 4 类：地表的微小变动

（1）任何官方存在的指定的野生动物管理区或鱼类养殖区中，为减轻环境影响或恢复产量而做的地面、水面或植被的微小变动。

（2）为了供水和配水管网铺设而对高速公路交叉口做的微小变动。

第 3 章　污水再生标准

条款 1　定义

60301.100. 认证实验室

"认证实验室"指的是已经通过卫生服务部认证，可以根据卫生安全规章中 116390 节进行微生物分析的实验室。

60301.160. 絮凝处理后污水

"絮凝废水"指的是通过投加适宜的化学絮凝剂，污水在进入滤池之前，水中胶体和微小分散悬浮物已经脱稳和凝聚。

60301.170. 常规处理

"常规处理"指的是利用絮凝、沉淀、过滤的工艺进行处理，其出水达到消毒后的三级再生水定义的处理过程。

60301.200. 直接有益利用

"直接有益利用"指的是直接利用从处理点输送来的再生水，没有排入州水体的水。

60301.220. 消毒的二级出水-2.2 再生水

"消毒的二级出水-2.2 再生水"指的是经过氧化和消毒处理的再生水，消毒后的二级出水中的总大肠菌群中值的最近似值（MPN）不超过 2.2 个/100ml，该值为分析完成前最后 7d 的细菌分析结果；总大肠菌群的 MPN 在任何 30d 周期内超过 23 个/100ml 的样品不超过 1 个。

60301.225. 消毒的二级出水-23 再生水

"消毒的二级出水-23 再生水"指的是经过氧化和消毒处理的再生水，消毒后的二级出水中的总大肠菌群中值的最近似值（MPN）不超过 23 个/100ml，该值为分析完成前最后 7d 的细菌分析结果；总大肠菌群的 MPN 在任何 30d 周期内超过 240 个/100ml 的样品不超过 1 个。

60301.230. 消毒后的三级出水再生水

"消毒后的三级出水再生水"指的是经过过滤和消毒后满足以下标准的污水：

（a）污水过滤处理后采用如下清毒方式中的一种：

（1）过滤后的氯消毒工艺 CT 值（总余氯与该点接触时间的乘积）任何时候不低于 450mg·min/L，在旱流污水最大设计流量下的接触时间不低于 90min。

或者

（2）当与过滤工艺联用时，消毒工艺能够灭活或去除污水中 99.999% 的 F 特异性 MS2 噬菌体或脊髓灰质炎病毒。应选择与脊髓灰质炎病毒相同抗消毒能力的病毒进行测试。

（b）消毒后的出水中，总大肠菌群中值 MPN 不超过 2.2 个/100mL，该值为分析完成前最后 7d 的细菌分析结果，并且总大肠菌群在任何 30d 周期内 MPN 超过 240 个/100mL 的样品不超过 1 个。所有样品的 MPN 都不超过 240 个/100mL。

60301.240. 散失

"散失"指的是冷却系统中以液滴形式逃逸到空气中的水分。

60301.245. 散失消除器

冷却系统的一种形式，可以最大程度减少系统中的散失。

60301.250. 双管道系统

"双管网系统"或"双管铺设"指的是某一设施中再生水和饮用水分别使用单独的管道。且再生水用于以下用途：

（a）为建筑中的水暖网点服务（除灭火系统外）

或者

（b）个人住宅的室外景观灌溉；

60301.300. F 特异性噬菌体 MS-2

"F 特异性噬菌体 MS-2"指的是一系列特异性病毒，这类病毒会感染大肠菌群，可从美国菌种保藏中心（ATCC 15597B1）得到，该病毒在大肠杆菌（ATCC 15597）表面繁殖。

60301.310. 设施

"设施"指的是任何类型的建筑或结构，或者是有特殊用途的特定区域，从卫生和安全法规 116275 节所定义的公共供水系统中获得用于家庭使用的水。

60301.320. 过滤处理后的污水

"过滤处理后的污水"指的是符合下述（a）或（b）中的标准的污水：

（a）依据以下条件经过絮凝并经过天然原状土或介质过滤床过滤：

（1）采用单层、双层或混合滤料的重力流、上向流或压力过滤系统，其滤速不超过 5 加仑/(min·ft^2)；或采用行走式自动反冲洗过滤器，表面过滤强度不超过 2 加仑/(min·ft^2)。

并且

（2）过滤后的污水，其浊度不超过以下值：

（A）24h 周期内平均值为 2NTU；

（B）24h 周期内浊度超过 5NTU 的次数不超过 5%；

（C）任何时候不超过 10NTU。

（b）已经过微滤、超滤、纳滤或反渗透膜处理，其滤后水的浊度不超过以下值：

（1）24h 周期内浊度超过 0.2NTU 的次数不超过 5%；

并且

（2）任何时候不超过 0.5NTU。

60301.330. 粮食作物

"粮食作物"指的是人类消耗的任何农作物。

60301.400. 软管龙头

"软管龙头"指的是一般公园中的软管可以很方便地连接的水龙头或类似装置。

60301.550. 景观蓄水

"景观蓄水"指的是用于储存再生水的蓄水池，用于水景、景观灌溉或其他相似功能，而不会与公众直接接触。

60301.600. 有效接触时间

"有效接触时间"指的是盐或者染料等示踪剂从进入清水池进水到清水池出水中检测到最高浓度的时间间隔。

60301.620. 无限制的休闲蓄水

"无限制的休闲蓄水"指的是娱乐活动中可以与人体接触的再生水蓄水。

60301.630. NTU

"NTU"（散射法浊度单位）指的是通过测量水样对入射光强度的散射程度来确定的浊度的测量值，测量是根据《水和废水测试标准方法》（第 20 版）中的 2130B 方法进行。Eaton，A. D.，Clesceri，L. S.，和 Greenberg，A. E.，Eds；美国公共卫生协会：华盛顿特区，1995；p. 2-8.

60301.650. 氧化处理后污水

"氧化处理后污水"指的是水中有机物已经得到稳定化的污水，不含腐败成分，含有溶解氧。

60301.660. 旱流峰值设计流量

"旱流峰值设计流量"指的是 24h 不降雨期间，一段时间（例如 3h）内持续的最大峰值流量的计算方式。不降雨期间定义为少雨或无雨期。

60301.700. 再生水机构

"再生水机构"指的是公共供水系统，或者公共或个人拥有或运行的再生水系统，该系统为某一设施提供或计划提供再生水。

60301.710. 再生水厂

"再生水厂"指的是由各种装置、结构、设备、工艺或控制系统组成的再生水处理设施。

60301.740. 监管机构

"监管机构"指的是对再生水厂及用水地区进行监管的加利福尼亚区域水质控制委员会。

60301.750. 限制进入的高尔夫球场

"限制进入的高尔夫球场"指的是限制公众进入的高尔夫球场，再生水灌溉的区域不能像公园、游乐场、学校操场那样利用，在高尔夫球场不使用的时间段或者不使用的区域，采用再生水进行灌溉。

60301.760. 受限制的休闲水池

"受限制的休闲水池"指的是仅限用于钓鱼、划船及其他非身体接触的水上娱乐活动的再生水蓄水池。

60301.800. 喷灌

"喷灌"指的是采用喷洒器使用再生水灌溉植被，以维持植被或促进植被的生长。

60301.830. 备用单元工艺

"备用单元工艺"指的是候补的或者是等同的替代工艺，该单元保持可运行的状态，投入使用时能够提供与原工艺相同的处理能力。

60301.900. 未消毒的二级再生水

"未消毒的二级再生水"指的是处理后的废水。

60301.920. 使用区域

"使用区域"指的是再生水具有明确边界的使用区域，一个使用区域可能存在一个或多个设施。

条款 2 再生水来源

60302. 来源分类

本章中的要求仅适用于再生水全部或部分来源于市政污水的情况。

条款 3 再生水用途

60303. 例外

本章中规定的要求不适用于再生水厂或污水处理厂现场所使用的再生水，现场使用再生水的区域不得向公众开放。

60304. 再生水用于灌溉

（a）下述用于地表灌溉的再生水应该是消毒后的三级再生水，除非是依据 60301.320（a）节中的过滤工艺，不需要将絮凝作为处理工艺的一部分，前提是滤后水出水浊度不超过 2NTU，进入滤池的浊度应进行连续测量，进水浊度超过 5NTU 的时间不能超过 15min，并在任何时候都不超过 10NTU。且滤池进水浊度超过 5NTU 持续 15min 以上时，可以自动启动加药装置或切换进水。

（1）粮食作物，包括所有的可食根作物，再生水与作物的可食用部分接触；

（2）公园和游乐场；

（3）学校操场；

（4）小区景观绿化；

（5）不限制进入的高尔夫球场；

（6）其他本节中没有指定的灌溉用途及《加利福尼亚州法规汇编》其他节内容中没有限制的灌溉用途。

（b）当农作物的可食用部分在地面以上并且不与再生水接触时，用于地面灌溉农作物的再生水应至少为消毒后的 2.2 再生水。

（c）以下用于地面灌溉的再生水应至少为消毒后的二级 23 再生水：

（1）公墓；

（2）高速公路绿化；

（3）限制进入的高尔夫球场；

（4）不限制公众进入的观赏苗木、草皮农场；

（5）饲养产奶牧畜的牧场；

（6）对于无法随意进入的非食用植物区域，灌溉区域无法做为类似于公园、游乐场或者学校操场的场地使用。

（d）下述用于地表灌溉的再生水应至少是未消毒的二级再生水：

（1）再生水没有与作物的可食用部分接触的果园；

（2）再生水没有与作物的可食用部分接触的葡萄园；

（3）未结果实的树（该类中包括圣诞树农场，在收割前 14d 不能用再生水灌溉，或者不允许一般公众进入）。

（4）饲养不产奶动物的饲料、纤维作物及牧场。

（5）不被人食用的种子作物；

（6）粮食作物在被人食用前必须进行商业杀菌处理。

（7）观赏苗木、草皮农场在收获、零售或允许一般公众进去之前的 14d 内，不允许用再生水灌溉。

（e）只有当再生水符合（a）节中的要求时，再生水才能用于灌溉，或者再生水灌溉的土壤才可以与粮食作物的可食用部分直接接触。

60305. 再生水用于蓄水池

（a）除非符合（b）节中的要求，否则用于为非限制性娱乐蓄水池供水的再生水，应为消毒后的常规处理的三级再生水。

（b）未采用常规工艺处理的消毒后的三级再生水，可用于非限制性娱乐蓄水池，再生水应按照以下要求进行病原微生物监控：

（1）在投入运行的最初 12 个月，应每个月对使用的再生水取样，分析贾第鞭毛虫、肠道病毒和隐孢子虫。在 12 个月之后，应每季度对使用的再生水取样，分析贾第鞭毛虫、肠道病毒和隐孢子虫。两年运行后的监测可在卫生服务部的批准下间断性进行。监测应和 60321 节中描述的监测同时进行。

（2）取样点应位于消毒工艺后，再生水进入蓄水池前。水样应由经认证的实验室进行分析，实验结果应每季度向监管结构汇报一次。

（c）用于非限制性娱乐蓄水池的再生水中总大肠菌群的浓度，检测取样点应位于消毒工艺和蓄水池进水口之间，应符合 60301.230（2）节规定的关于消毒后的三级再生水的标准。

（d）作为限制性娱乐蓄水池及公众可进入的鱼类孵化场水池供水来源的再生水，应至少为消毒后的二级-2.2 再生水。

（e）作为不含装饰喷泉的景观蓄水池供水水源的再生水，应至少为消毒后的二级-23 再生水。

60306. 再生水作为冷却水

（a）用于工业或商业制冷或空调的再生水，包括用于冷却塔、蒸发冷凝器、喷雾或者利用雾化原理进行冷却的空调装置的再生水应为消毒后的三级再生水。

（b）用于工业或商业制冷或空调的再生水，不在冷却塔、蒸发冷凝器、喷雾或者利用雾化原理进行冷却的空调装置中使用时，应为消毒后的二级-23 再生水。

（c）当冷却系统使用再生水时，冷却塔或其他设施产生的水汽，可能与操作人员或公众接触时，冷却系统应遵循以下要求：

（1）不管冷却系统是否运行，都应该使用除水器；

（2）应使用氯或其他杀菌剂对冷却系统循环水进行处理，以抑制军团菌及其他微生物的繁殖。

60307．再生水用于其他用途

（a）用于以下用途的再生水应为消毒后的三级再生水：当按照 60301.320（a）进行过滤处理时，具备如下条件时不需要投加絮凝剂，包括滤后水浊度不超过 2NTU，滤池进水浊度连续测量，并且进水浊度超过 5NTU 的时间不超过 15min，任何时候都不超过 10NTU；在进水浊度超过 5NTU 的时间超过 15min 时具备化学药剂自动投加或污水切换能力。

（1）冲洗厕所和便池；

（2）启动疏水阀；

（3）可能与工人接触的工业工艺用水；

（4）建筑物救火；

（5）装饰喷泉；

（6）商业洗衣；

（7）饮用水管道周围回填加固；

（8）商业室外人工造雪；

（9）商业洗车，包括再生水未加热情况下的人工洗车，普通公众不参与洗车过程。

（b）用于以下用途的再生水应至少为消毒后的二级-23 再生水：

（1）工业锅炉进水；

（2）非建筑物灭火；

（3）非饮用水管道周围回填加固；

（4）土壤压实；

（5）混凝土混合；

（6）街路粉尘控制；

（7）清洁道路、人行道及室外工作区域；

（8）不与工人接触的工厂工艺用水。

（c）用于冲下水道的再生水至少应为未消毒的二级再生水。

条款 4　使用区域要求

（a）消毒后的三级再生水不能用于灌溉市政供水井 50ft 范围内的区域，除非满足以下条件：

（1）地质勘查表明水井所抽水的最上面的含水层与地面之间存在隔水层。

（2）从地面到隔水层之间，水井都进行了环形密封。

（3）水井设有井室，可以防止任何再生水进入并与井口设备接触。

（4）井口周围的地面形状允许地表水迅速排离水井。

（5）井的所有者确认可以不需要缓冲区。

（b）消毒后的三级再生水蓄水池不能设置于任何市政供水井周边 100ft 范围内。

（c）消毒后的二级-2.2 或者消毒后的二级 23 再生水灌溉或者蓄水的位置不能位于任何市政供水井周边 100ft 范围内。

（d）未经消毒的二级再生水灌溉或者蓄水的位置不能位于任何市政供水井周边 150ft 范围内。

（e）任何再生水的使用应符合以下要求：

（1）任何的灌溉排水都应该限制在再生水使用区域内，除非灌溉排水不会对公众造成健康威胁并且得到监管机构批准。

（2）喷洒的水、雾或者径流不能进入住宅、指定的室外就餐区域或者食品处理设施。

（3）饮用泉水应进行保护，不能与再生水喷灌、雾或径流接触。

（f）用于喷灌的再生水，除了消毒后的三级再生水之外，不能用于居民区或者公众活动区（如公园、游乐场、操场）100ft 范围内。

（g）任何使用再生水的公众可进入区域都应该设置可见的标识牌，尺寸不小于 4in高，8in 宽，上面标注以下文字："再生水—不可饮用"。每个标识牌上应标上如图60310-A 所示的类似的国际符号。卫生服务部允许采用一些替代性标志或文字，或者是教育方案，但应向卫生服务部提出申请，以确保替代性方案能够起到同等的公众告知作用。

（h）除非得到《加利福尼亚州法规汇编》中第 17 编，7604 节的许可，否则再生水系统和任何输送饮用水的独立系统之间都不能设置或允许存在物理连接。

（i）再生水管网系统中限制一般公众进入的区域不能有任何软管水龙头。再生水管网系统中限制一般公众进入的区域只允许使用不同于饮用水系统中所使用的快速接头。

条款 5 双管道再生水系统

60313. 一般要求

（a）除再生水机构外，任何人不得为双管道设施输送再生水。

（b）再生水机构不得为任何个人住宅（包括独栋住宅、联排住宅或公寓）提供内部使用的再生水。

（c）除消防系统外，再生水机构不得为食品或饮料生产设施提供再生水供内部使用。本款中，主要功能不包括食品或饮料生产的餐厅或快餐店不在此范围内。

（d）再生水机构不得为双管道设施输送再生水，除非根据水规章 13522.5 节和 60314节的要求，向监管机构提出报告并得到批准。

图 D-1 再生水标识

60314. 报告提交

（a）对于双管道再生水系统，根据水法规 13522.5 节的要求提交的报告，除了 60323 节要求的信息外，还应包括以下信息：

（1）拟使用的区域的详细描述明确如下：

（A）区域中计划使用双管道系统设施的数目、位置和类型；

（B）每个设施中每天服务人口的平均数；

（C）计划使用双管道系统区域的具体界限，应用图表示出每个服务的设施的位置；

（D）每个设施中负责双管道系统运行的人员；

（E）每个设施中使用再生水的具体用途。

（2）计划和规格描述如下：

（A）建议采用的管网系统；

（B）再生水和饮用水系统的管道位置；

（C）会与公众接触的出水口及卫生器具的类型和位置；

（D）防止再生水回流进入公共供水系统的方法和设备。

（3）再生水机构为保证双管道系统安装和运行所使用的方法，应不会导致再生水管路和饮用水管路的交叉连接。每四年应采用压力变化、染料或其他测试方法对管路系统进行测试。

（b）应提交覆盖一个以上的设施或者用水点的总体计划报告，报告应满足本节对其内容的要求。报告中为个人设施所做的计划和规格可以在再生水输送到设施之前的任何时间提交。

60135. 设计要求

公共供水系统不能作为双管道再生水系统中的备用或者补充水源使用，除非两个系统的连接采用符合加利福尼亚规章和行政准则第 17 编中 7602（a）和 7603（a）的气隙分离的方式进行保护，并且已经获得公共供水系统的批准。

60316. 运行要求

（a）再生水机构应在双管路再生水系统开始运行之前及以后的每年，都要确保对每个设施和使用区域的双管路系统进行检查，以防止与饮用水系统发生交叉连接的可能。再生水系统每 4 年至少要进行 1 次检验，以防止交叉连接检验，检验应根据 60314 节提交的报告中所描述的方法进行。应由交叉连接控制的专业人员负责检验和测试，该专业人员应获得由美国自来水厂协会加利福尼亚——内华达分会或者相同认证资格组织的认证。上一年的记录检验或测试数据的文字报告应在检验或测试完成后 30d 内提交到卫生服务部。

（b）再生水机构应把任何双管路再生水系统进入饮用水系统的回流事故在发现后的 24h 内告知卫生服务部。

（c）为保护服务于双管路再生水系统的公共供水系统所安装的防回流装置，应按照《加利福尼亚州法规汇编》第 17 编中 7605 节的要求进行检查和维护。

条款 5.1　地下水回灌

60320. 地下水回灌

（a）通过表面扩散的方式，使用再生水对市政供水含水层进行地下水回灌时，其水质在任何时候都应该能完全保证公众的健康。对于使用再生水对公众健康存在潜在风险的地区，卫生服务部建议地区水质控制委员会应根据每个项目的实际情况确定是否开展再生水回灌项目或者对工程进行扩建。

（b）卫生服务部的建议是基于每个项目的所有相关方面考虑，包括：提供的处理方法、水质和水量、扩散区域可操作性、土壤特性、水力学特征、停留时间、与抽水位置的距离。

（c）每一个地下水回灌项目最终确定之前，卫生服务部都会针对项目公众健康做一个听证会。最后的建议将会以最快捷的方式提交给地区水质控制委员会。

条款 5.5　其他处理方法

60320.5. 其他处理方法

本章中未列出的其他处理方法，只有处理方法的使用者能够向卫生服务部展示其，处理方法和稳定强度能达到相同的处理强度和可靠性时，该处理方法才会被认可。

条款 6 取样和分析

60321. 取样和分析

（a）消毒后的二级-23 再生水，消毒后的二级-2.2 再生水和消毒后的三级再生水应每天至少取样一次，进行总大肠菌群的监测。应从消毒出水中取样，并由获得认证的实验室分析。

（b）消毒后的三级再生水应进行连续取样，并使用连续测量浊度仪和记录仪记录过滤后的浊度。滤池运行的日平均出水浊度根据 24h 周期内每 4h 取样一次进行计算。根据60301.320（a）（2）（B）和（b）（1）节所计算的浊度值应采用 24h 内不超过 1～2h 间隔取样一次进行计算。如果连续测量浊度仪和记录仪出现问题，手动取样的最小频率应为 24h 内 1～2h 一次。浊度日平均值计算结果应每个季度上报监管机构一次。

（c）再生水生产商或供应商应按照小节（a）和（b）的要求进行取样测定。

条款 7 工程报告和运行要求

60323. 工程报告

（a）在提交工程报告前，任何人不得利用再生水厂生产或供给再生水用于直接回用。

（b）报告应由具备合格资质，在废水处理领域具有丰富经验，并在加利福尼亚州注册的工程师进行编制。报告中应包括该再生水系统设计方面的描述。报告应明确表明是符合本法规及方法机构做出的其他规定。

（c）报告应包括应急方案，以确保未处理或者未完全处理的废水不会进入供水区域。

60325. 人员

（a）每座再生水厂应配备足够数量的合格人员来高效运行，以实现在任何时间都可达标运行。

（b）合格的人员应满足水法第 9 章（从 13625 节开始）中的要求。

60327. 维护

每座再生水厂都应制定预防性维护方案以确保所有设备都保持可靠运行状态。

60329. 运行记录和报告

（a）运行记录应保存在再生水厂或者集中存管在运行机构。运行记录包括：再生工艺标准规定的所有分析；运行中出现的问题；水厂或设备关停；应急储存或排放的工艺变化；采取的所有修复或预防措施。

（b）工艺或设备关停并导致报警的记录应采用单独的记录文件保存，记录的信息应包括系统关停的时间、原因以及采取的修正措施。

（c）本节（a）中所规定的运行数据，每月应进行一次总结，并提交给监管机构。

（d）任何未经处理或部分处理的污水进入使用区域，都需要立刻通过电话报告给监管机构、卫生服务部及当地卫生部门，停止排入时也需报告。

60331. 旁通管

从再生水厂或者任何中间单元工艺到再生水使用位置，不能有未处理或部分处理的污水的旁通管。

条款 8 设计的一般要求

60333. 设计的灵活性

再生水厂中工艺管道、设备安装及单元构筑物的设计必须满足运行维护方便高效的要求，并在运行过程中具有一定灵活性，从而能够实现不同条件下的最高处理效能。

60335. 告警

（a）法规中其他部分所要求的不同单元工艺需要安装的报警设备，应对以下情况提出警报：

（1）普通供电设备出现漏电。

（2）生物处理工艺故障。

（3）消毒工艺故障。

（4）絮凝工艺故障。

（5）过滤工艺故障。

（6）监管机构要求提出告警的其他工艺故障。

（b）所有要求的告警设备的电源应独立于再生水厂的普通电源。

（c）接收告警的人员包括水厂的运行人员、主管人员及再生水厂管理中指定的其他负责人员，这些人员应能够采取快速的应对措施。

（d）个人告警装置可以与主告警装置连接，设置于相关人员可以方便观察到的位置。当再生水厂不是全天有人值守时，应在警察局、消防站或者其他全天服务的位置设告警装置，再生水厂无人值守期间告警信号可以及时被负责人员接收到。

60337. 供电

供电设备应具备以下可靠性特征之一：

（a）告警设施和备用电源。

（b）60341 节中所规定的告警设施和自动启动短期贮存或处置设施。

（c）60341 节中所规定的自动启动长期贮存或处置设施。

条款 9 一级出水的可靠性要求

60339. 一级处理

再生水厂生产的再生水具有专门的用途，采用一级处理时，再生水厂应具有以下可靠性特征：

（a）当一个处理单元不运行时，可通过其他一级处理单元实现一级处理出水的生产。

（b）具有 60341 节中规定的长期贮存或处置措施。

注：一级处理出水已经不被允许作为再生水（参见 60309 节，2000 年 12 月生效）。

条款 10 完全处理的可靠性要求

60341. 紧急贮存或处置

（a）当再生水厂采用短期贮存或处置设施以保证可靠性时，该设施应能够贮存或处置至少 24h 的未处理或部分处理的废水。该设施应包括所有必需的导流装置、除臭措施、管道、泵出及泵回设备。除泵回设备外，其他所有设备都应该有独立的供电，或具有备用电源。

（b）当再生水厂采用长期贮存或处置设施以保证可靠性时，该设施包括水池、水库、渗流区、通往其他处理或排放设施的下水道，或者其他能够用于紧急贮存或处置未处理或部分处理污水的设施。这些设施应具有足够大的容积，满足处置或贮存 20d 以上污水的要求，同时应必须配备的导流装置、臭味和噪声控制措施、管道、泵出及泵回设备。除泵回设备外，其他所有设备都应该有独立的供电或具有备用电源。

（c）将部分处理的污水导流到水质要求较低的地方使用是替代紧急排放的一种选择，前提是部分处理的污水水质可以满足回用需要。

（d）事先经监管机构批准，将部分处理的污水导流到水质要求较低的排放点是替代紧急排放的一种可接受的选择。

（e）自动启动的短期贮存或处置措施和自动启动的长期贮存或处置设施，除本节中（a）、（b）、（c）或（d）所提到的以外，还包括确保处理工艺发生事故时，将未处理或部分处理的污水完全自动导流到批准的紧急贮水池或处置设施所有必需的传感器、仪器、阀门及其他设备，同时应设置手动重启装置，以防止事故解决前自动系统重新启动。

60343. 一级处理

所有的一级处理单元应具备以下可靠性特征之一：

（a）当一个处理单元不运行时，可通过其他一级处理单元实现一级处理出水的生产。

（b）备用的一级处理单元工艺。

（c）长期贮存或处置措施。

60345. 生物处理

所有的生物处理单元应具备以下可靠性特征之一：

（a）当一个单元不运行时，将会告警，并且其他生物处理单元能够对污水进行处理。

（b）具有告警、对污水进行短期贮存或处置的措施及备用设备。

（c）具有自动启动的长期贮存或处置措施。

60347. 二级沉淀

所有的二级沉淀单元应具备以下可靠性特征之一：

（a）当一个二级沉淀单元不运行时，其他二级沉淀单元能够对全部污水进行处理。

（b）具有备用沉淀单元工艺。

（c）具有污水长期贮存或处置措施。

60349. 絮凝

（a）所有絮凝单元都应具备以下强制性特征，以实现絮凝剂的连续投加：

（1）备用投加装置。

（2）足够的化学药剂装载和运输设备。

（3）足够的化学药剂储备。

（4）自动投加控制。

（b）所有的絮凝单元应具备以下可靠性特征之一：

（1）当一个单元不运行时，将会进行告警，并且其他絮凝单元能够对污水进行处理。

（2）具有告警、对污水进行短期贮存或处置的措施，并配置备用设备。

（3）具有告警，及对污水长期贮存或处置的措施。

（4）具有自动启动的长期贮存或处置措施。

（5）具有告警和备用絮凝单元工艺。

60351. 过滤

所有的过滤单元应具备以下可靠性特征之一：

（a）当一个单元不运行时，将会进行告警，并且其他过滤单元能够对全部污水进行处理。

（b）具有告警、对污水进行短期贮存或处置的措施，并配置备用设备。

（c）具有告警，及对污水长期贮存或处置的措施。

（d）具有自动启动的长期贮存或处置措施。

（e）有告警和备用过滤单元工艺。

60353. 消毒

（a）所有使用氯消毒剂的消毒单元都应具备以下特征，以实现氯的连续投加：

（1）备用加氯装置。

（2）与氯瓶相连接的多种系统。

（3）氯气测量仪表。

（4）切换到充满氯的氯瓶的自动切换装置。

氯投加还需要自动余氯控制、自动测量和余氯记录功能，同时要求对水力特性进行研究。

（b）所有使用氯消毒剂的消毒单元都应具备以下可靠性特征之一：

（1）具有告警装置和备用加氯机。

（2）具有告警装置、短期贮存或处置设施，并配置备用设备。

（3）具有告警装置和长期贮存或处置设施。

（4）具有自动启动的长期贮存或处置设施。

（5）具有告警和多点加氯的能力，每一套都有独立的电源、独立的加氯机和供氯设备。

60355. 满足可靠性要求的其他方法

条款 8-10 中规定的可满足可靠性要求的其他方法，如果申请人能够向卫生服务部充分证明推荐的方法能够确保同等的可靠性，那么这些方法也可以被接受。

附录 E 污水回用指南

美国环境保护局污水回用建议指南 表 E-1

使用类型	处理方法	再生水水质
城市用水[a]， 可生食作物灌溉用水， 娱乐用水[b]	• 二级处理[c] • 过滤 • 消毒	• pH=6～9 • ≤10mg/L BOD • ≤2NTU[d] • 100mL 水中检测不到粪大肠菌群[e] • ≥1mg/L 余氯[f]
限制公众进入的区域灌溉[g]，果园和葡萄园地面灌溉，加工食物作物[h]，非食物作物[i]，观赏性水池[j]，建筑[k]，工业冷却[l]，环境回用水等[m]	• 二级处理 • 消毒	• pH=6～9 • ≤30mg/L BOD • ≤30mg/L TSS • ≤200 粪大肠菌群/100mL 水[e] • ≥1mg/L 余氯[f]（除环境回用以外）
通过漫灌对地下非饮用水含水层的补充	• 根据地区和用途确定 • 初级处理（最低限度）	根据地区和用途确定
通过注射对地下非饮用水含水层的补充	• 根据地区和用途确定 • 二级处理（最低限度）	根据地区和用途确定
通过漫灌对地下可饮用水含水层的补充	• 根据地区确定 • 二级处理[c]和消毒（最低限度） • 可能还需要过滤和/或者深度处理技术	• 根据地区确定 • 通过渗流区渗流后符合饮用水标准
通过注射对地下可饮用水含水层的补充	• 二级处理[c] • 过滤 • 消毒 • 深度处理技术	包括，但不限于： • pH=6.5～8.5 • ≤2NTU[d] • 100mL 水中检测不到粪大肠菌群[e] • ≥1mg/L 余氯[f] • ≤3mg/L TOC • ≤0.2mg/L TOX（总有机卤素） • 达到饮用水标准

续表

使用类型	处理方法	再生水水质
通过增加地表水的供给对地下可饮用水含水层的补充	• 二级处理[c] • 过滤 • 消毒 • 深度处理技术	包括，但不限于： • pH=6.5～8.5 • ≤2NTU[d] • 100mL 水中检测不到粪大肠菌群[e] • ≥1mg/L 余氯[f] • ≤3mg/L TOC • 达到饮用水标准

[a] 所有类型的景观灌溉，厕所和小便池冲水，洗车，消防系统、商用空调系统和其他类似的用水场合。

[b] 钓鱼、划船，以及允许整个身体接触的用水。

[c] 二级处理生产污水的 BOD 和 TSS 不能超过 30mg/L。

[d] 消毒前应满足。基于一个 24h 的平均时间周期。在任何时间浊度都不应超过 5NTU。如果 TSS 代替浊度，TSS 应该不超过 5mg/L。

[e] 基于分析已完成最后 7d 的中间值。

[f] 至少 30min 的接触时间。

[g] 草皮农场，造林地区，或者其他被禁止、限制或较少进入的地区。

[h] 向公众或其他地方出售之前需经化学或物理处理足以消灭病原体。

[i] 牧场产奶动物；饲料，纤维和种子作物。

[j] 不允许再生水与公众接触。

[k] 包括土料压实，粉尘控制，洗涤和制作混凝土。

[l] 直流冷却。循环冷却塔的回用水可能需要额外的处理。

[m] 沼泽地，湿地，野生动物栖息地和溪流。

改编自美国国家环境保护局（2004）

为了规范正在发生或者预计会发生的污水回用行为，州政府通常会制定污水回用法规或者指南。各州采用的污水回用标准存在差异，一些州法规较为完善，另一些州则没有相关法规或指南。有些州制定的污水回用法规或指南是将土地处理作为污水处理的一种手段，而不是通过再生利用获得收益。污水回用法规通常包括污水处理流程的要求、处理可靠性要求、再生水质量标准、再生水运输、配水系统需求以及区域使用控制。没有一个州的再生水法规涵盖所有潜在的应用范围，很少有州法规描述再生水的饮用问题。当州政府法规没有明确说明应用目的时，并不能说明这些应用是被禁止的。相反，它们可能会陆续地被评估和批准。以下内容综述了州政府制定非饮用水回用和饮用水回用法规的方法。

1. 州政府对非饮用水回用的法规和指南

附录 A、表 A-1 中总结了州政府制定的各种非饮用水回用法规。表中包括水质限值、实施地点，处理工艺的要求。水质要求通常包括：基于一个特定时间段平均值或几何平均数的最高限制值，或基于一定数量连续收集样本的中间值，通常也包括在任何时候都不能超过的最大值（特别是微生物指标），尽管这一限制不包括在这一表格中。

表 A-1 表明，对于不同回用方式的处理和水质要求，各州存在明显差别。这里仅介绍关键领域的显著差别。

2. 微生物指标的指示生物

一些州使用总大肠菌群作为指示生物，而其他州使用粪大肠菌裙、大肠杆菌或者是肠球菌。总大肠菌群代表了更为保守的微生物水质要求，包括粪大肠菌群和非粪便菌，例如土壤细菌。一些州的法规还以美国国家环境保护局指南（USEPA，2004）为基础编制，该指南建议以粪大肠菌群为指示生物。法规指示生物的选择方面虽然有些主观，但处于可接受的范围。关于选用哪一种指示生物以及用于检测是否达到可接受的微生物限值的方法，各州之间的考虑并不一致。例如，加利福尼亚州总大肠菌群的限制值是基于过去 7d 检测值的中间值，佛罗里达州规定在 30d 以上的周期内至少 75％的样本满足粪大肠菌群的限制值要求。两个州都要求每日取样。

3. 浊度和总悬浮固体

对于公众有可能接触到的回用水，一些州制定了对浊度的限值，而另一些州制定了对 TSS 的限值。悬浮物的去除对于健康保护很关键。通过消耗氯或吸收紫外光，颗粒物质会降低消毒（如氯和紫外线辐射）效率。

附录 F 全面完整性检测方法的构建

F.1 介绍

不论是为了满足《长期强化地表水处理规定（二期）》（LT2ESWTR）的要求还是为了实现其他处理目标，系统的完整性是任何膜过滤设施均需关注的最重要的运行特性之一。膜是病原体和其他饮用水污染物的物理屏障，因此确保屏障作用的正常发挥是持续保证公众健康安全的关键。附录 H 和美国环境保护局《膜过滤指导手册》（Membrane Filtration Guidance Manual）第 5 章中列出了 LT2ESWTR 的相关规定，包括测试、维修、数据采集及报告等内容。这些规定的数据说明，系统完整性的检测和保持是一项复杂的工作。故制定本附录作为指导建立全面、实用、高效的完整性检测（IVP）的工具。附录采用问答形式，其中的问题均可能在 IVP 准备过程中提出，通过讨论对问题的解决方法进行详细说明。

F.1.1 什么是全面 IVP？

全面 IVP 是用于特定场地、特定系统的定制型程序，是对保持膜过滤系统完整性相关的所有操作程序的详细说明，包含了联邦和州的要求以及运行单位自行设置的规定。广义地讲，IVP 被视作保证系统完整性的总体计划。

F.1.2 实施 IVP 的目的是什么？

IVP 的首要目的是提供合理、系统的程序计划，以便采用适宜的设备和技术高效地完成如下程序：
- 持续的完整性检测
- 查找和解决任何完整性缺陷
- 记录和分析完整性检测数据
- 制作所有规定报告

相应地，以上程序的顺利实施可显示系统性能轨迹，并据此判断此结果是否与基于标记物的检测或其他检测结果相符。

F.1.3 IVP 的重要性体现在哪里？

保持系统完整性包含多方面内容，而 IVP 的关键作用是将与系统完整性相关的各类操作系统地组织在一个总体计划中。同时，作为一种组织工具，IVP 的重要性在于通过提供组织框架，协助运行人员以正确的顺序执行适当的程序，这既包括正常运行时的操作，也包括对疑似或经确认的完整性缺陷的应对。总之，IVP 的以上功能有助于确保饮用水的安全生产及满足相关法规要求。

F.1.4 法规对 IVP 有何规定？

虽然 LT2ESWTR 并未规定膜过滤系统必须建立 IVP，但是 IVP 建立后可将法规的要求融入整个运行程序中，从而保证符合法规的要求。不论膜过滤系统需符合 LT2ESWTR 要求还是达到其他处理目的，任何 IVP 均应与美国环境保护局和州政府对于监管膜处理设施运行的全部规定相符。另外，任何与保持系统完整性相关的规定均应整合进 IVP 内。可见，虽然 IVP 的建立并不是 LT2ESWTR 所规定的，但是强烈建议所有膜处理设施均建立 IVP 程序，尤其是用于消毒的情况。

F.1.5 IVP 由哪几部分组成？

IVP 应由与保持系统完整性相关的所有操作流程组成，至少包括如下主要程序单元：
- 直接完整性检测
- 连续间接完整性监测
- 诊断测试
- 膜修复与替换
- 数据采集与分析
- 报告

虽然在以上程序单元中没有提及，但其他适用于系统完整性的特定程序或要求也应成为 IVP 的组成部分。

F.1.6 本附录中 IVP 指南如何体现？

此附录根据上文提出的主要程序单元编写各节内容。每节围绕某一程序单元综述了 IVP 的实施过程，也提出了 IVP 建立和执行过程中需注意的各类相关问题。由于确保符合 LT2ESWTR 的规定与保持系统完整性密切相关，故通过 LT2ESWTR 规定来演示建立 IVP 的实例，同时也用于演示各 IVP 组成部分是如何构建成一个整体程序的。

本附录中各节的顺序也用于说明 IVP 的递进结构，即从最基础的直接完整性检测发展到后续监测、测试及必须的维修等阶段。本附录适用于 LT2ESWTR 涵盖的所有膜过滤类型，也即美国国家环境保护局《膜过滤指导手册》中的膜类型，包括微滤（MF）、超滤（UF）、纳滤（NF）、反渗透（RO）和滤芯式过滤（MCF）。对于个别膜过滤工艺的显著特定技术差异，若有实用意义也将在文中体现。

F.2 直接完整性检测

直接完整性检测是验证膜过滤系统完整性的基本方法，因此是 IVP 的基本组成部分。本节所组织的一系列问题代表了应在 IVP 中实施的直接完整性检测的各个重要方面。此外，问题按照逻辑推进方式设置，从而与制定完整性检测策略的递进步骤相一致。

F.2.1 直接完整性检测的目的是什么？

根据 LT2ESWTR 的规定，直接完整性检测被定义为用于识别和隔离膜组件完整性缺陷的物理测试。因为直接完整性检测是确定破损发生与否的最准确和最精确的方式，因此它曾经是评估饮用水处理膜系统完整性的主要方式，后者以去除病原体为主要目标。此外，检测参数与结果可与特定处理目标相关联（如对数去除值），实现对系统性能的量化评估。在 LT2ESWTR 规定方面，与第 4 章相同，直接完整性检测的分辨率和灵敏度应满足设备去除隐孢子虫所需级别。

例如，LT2ESWTR 对分辨率的规定指出，直接完整性检测参数必须设置为对最小隐孢子虫尺寸级别（$3\mu m$）的破损有响应（40CFR141.719（b）（3）（ii））。因此，在基于压力的直接完整性检测中，作用压力（或负压）必须足够大，以克服完全润湿膜上的直径 $3\mu m$ 破损处的止水毛细管压力（泡点），使空气从隐孢子虫尺寸级别的孔洞逸出，从而检测到空气损失。如果作用压力（或负压）不够大，不足以克服泡点，那么直接完整性测试就无法探测到任何隐孢子虫尺寸级别的破损，从而容许病原体进入滤过液。类似地，在基于标记物的测试中，标记物必须小于 $3\mu m$，以保证它能通过隐孢子虫尺寸级别的孔洞，从而通过仪器测定滤过液中标记物的浓度检测出此尺寸的破损。应注意的是，对分辨率为 $3\mu m$ 的要求适用于 LT2ESWTR 管理的所有膜过滤设施。

然而，与分辨率不同，对灵敏度的要求——可通过直接完整性检测准确测定的最大对数去除值（LRV）——在 LT2ESWTR 管理的不同设施间可能有所不同，因为 LT2ESWTR 规定，检测的灵敏度只需高于政府授权的隐孢子虫对数去除配额即可（40CFR141.719（b）（3）（iii））。在一些情况下，检测的灵敏度是通过可检测最小完整性缺陷的临界测试结果计算的，临界检测数据可由膜过滤系统供应商提供。反映检测灵敏度的临界检测结果可通过第 4 章的方法学或经政府认可的其他计算方法转换为 LRV。

虽然在 LT2ESWTR 框架中直接完整性检测只应用在有隐孢子虫去除需求的设施，但是此方法可通过政府授权或由运行单位自行决定是否适用于去除其他病原体的情况。如果此方法在同一处理设施被同时用于控制不同的病原体，那么需规定其直接完整性检测应具有与其中尺寸最小的病原体相适应的分辨率，所应用测试的灵敏度应高于政府授权的每种病原体的去除配额。即使对于某些不适用 LT2ESWTR 法规的膜过滤系统，直接完整性检测仍然是测定膜破损的最可靠方式。

对于某些不适用 LT2ESWTR 法规的膜过滤系统，直接完整性检测的分辨率和灵敏度限值应在设施投入使用之前确定，并在 IVP 中做出规定。如果采用 LT2ESWTR 以外的其他方法得到临界完整性检测结果（如膜丝切割测试），这些临界值也应整合进 IVP 中。IVP 至少应包括由生产商提供的直接完整性检测结果临界值，用以指示将来可能出现的完整性缺陷。

F. 2. 2　直接完整性检测的类型如何选择？

目前可应用于膜过滤设施的商用完整性检测主要有两大类：（1）基于压力的检测；（2）基于标记物的检测。以上两大类中的各种检测在第 4 章做了具体说明。对于给定系统所使用的检测种类取决于法规要求、膜过滤系统类型、目标有机物（以所需的检测分辨率表示）、检测灵敏度或运行单位的偏好等。

LT2ESWTR 并未限定使用某种特定的完整性检测方法，而是要求检测满足 LT2ESWTR 中对分辨率、灵敏度和频率的强制规定即可。但是某些州政府要求使用特定的检测方法，在一些情况下，即使对检测方法未作规定，但是与检测方法有关的灵敏度的要求也将其限制在一定范围内。如果法规对检测方法未作限制，那么运行单位可自行选择经政府批准的任何类型的完整性检测方法。

直接完整性检测类型也在一定程度上取决于膜过滤系统类型，因为一些检测并不适用于某些膜系统。例如，颗粒标记检测可用于 MCF、MF 或 UF 系统，而分子标记检测则不适于检测 MCF、MF 或 UF 的完整性，因为这些膜过滤系统对分子标记物的去除率较低，无法达到较高的 LRV（3log）。相反地，颗粒标记检测一般也不会用于 NF 或 RO 系统，因为颗粒不易从卷式膜组件里冲洗出来，可能导致膜堵塞或膜组件损坏。因此，对于 NF/RO 系统，分子标记检测是一种更加适用的基于标记物的完整性检测。

压力（或真空）衰减测试可适用于 LT2ESWTR 管理范围内的各种膜过滤类型（MF、UF、NF、RO 和 MCF），而且进行此类测试所需设备在目前大部分 MF/UF 系统内均有配备。类似地，对于部分膜过滤系统，供应商无法提供全部类型的直接完整性检测方法。如果有多种检测方法可供选择，且设施并未受法规管制，那么选择直接完整性检测方法时应充分考虑现场因素和系统因素。

设施的 IVP 中应包括直接完整性检测的种类和检测原理的合理性以及测试操作程序。如果检测是自动的（常见），IVP 程序应包括对自动检测流程的原理说明。另外，程序中应对需要手动操作时的运行步骤进行说明，同时指出检测过程中系统操作人员的所有职责。自动直接完整性检测的一个争议点在于检测过程中是否必须有操作人员在场。虽然有操作人员在场可能是有利的，尤其是在检测到完整性缺陷的时候，但是操作人员对于自动报警和系统提示的快速响应能力将证明此举并非必要。如果政府并未要求直接完整性检测过程中有操作人员直接管理，运行单位可以根据现场和系统条件以及对无监管检测的适应程度自行决定操作人员是否必须在场。

F.2.3　直接完整性检测的频率如何设定？

由于目前任何一种直接完整性检测均无法在系统运行产水时进行完整性评估，因此待测膜单元必须进行离线测试。过于频繁的直接完整性检测将增加各膜单元的停机时间，从而降低系统产能，因此直接完整性检测频率是一项重要参数，用于在系统完整性确认与产水量矛盾间实现可接受的平衡。

一些州政府已经规定了膜过滤系统的最小检测频率，范围从频繁的每 4h 一次到较不频繁的每周一次。如果膜过滤系统在 LT2ESWTR 管理范围内，此法规规定每个膜单元每天最少实施一次直接完整性检测，除非在可证明系统可靠性的前提下政府准许减少检测频率，包括使用对隐孢子虫有效的多级屏障或可靠的系统保障措施（40CFR141.719（b）（3）（vi））。

即使联邦或州法规对最小频率做出了规定，运行单位仍可以更为频繁地实施直接完整性检测。而且，不在任何法规管辖范围内的运行单位可以自行确定适宜的直接完整性检测频率。在确定检测频率（法规允许范围内的）时，应认真考虑其可能的影响因素。例如，频次低的检测可以增加设施总产能，降低重复检测可引发的膜组件所受的机械张力。然而，增加检测次数能够更频繁地确认系统的完整性，或在出现完整性缺陷时让更少的病原体或滤前水中的其他不良杂质通过。最重要的是，出现任何程度上的完整性缺陷后，运行单位能够允许的最大持续运行时间也决定着完整性检测的最小频率。虽然在两次直接完整性检测之间可通过连续间接完整性监测观察系统的完整程度，但是目前，间接完整性监测技术无法检测出潜在的大尺度破损。必须说明的是，设定直接完整性检测频率时应首先考虑公众健康因素，而不是根据观察到的或预计的完整性缺陷出现的频率设定。

F. 2. 4 直接完整性检测应该何时进行？

在建立 IVP 的过程中，实施直接完整性检测的时机应结合系统的正常运行周期确定。例如，对于采用一些设有定期反向流程序以去除膜表面污堵（反洗）的系统来说，当反洗操作结束时膜的阻力最小，此时进行直接完整性检测将提供最保守的系统完整性结果，因为可能堵塞任何破损并掩盖潜在完整性缺陷的累积污堵物此时是最少的。然而，在以上例子中，对于采用基于压力的直接完整性检测的系统，反洗程序完成后（尤其是使用气体反洗时）测试不能过早进行，因为完整性检测只有在膜完全润湿后才有效。

建议在化学清洗或其他例行及紧急维护之后进行直接完整性检测，以保证系统完整性未被以上操作破坏。只有经直接完整性检测验证过的膜组件或膜单元才能重新投入使用。在膜单元进行离线诊断测试或维修之后，在 LT2ESWTR 管理范围内的膜过滤系统需要对相应膜单元实施直接完整性检测，以在其重新投入使用前确认系统的完整性（40CFR141.719（b）（3）（v））。

任何需要进行直接完整性检测的情况（在定期计划的周期性检测之外的），如化学清洗或膜维修之后的检测，无论是为了满足联邦或州政府的要求还是运行单位的自身规定，均应在 IVP 中做出明确说明。

F. 2. 5 直接完整性检测结果如何解读？

对于给定的分辨率，在实施了基于标记物或压力的直接完整性检测之后，将检测结果与表征出现破损的临界值进行对比，从而判断是否出现了完整性缺陷。此临界值代表了检测的灵敏度，可通过生产商提供的信息或通过膜丝切割试验等原位评估方法计算。

在 LT2ESWTR 框架下，设施运行期间各膜单元的检测结果（以及代表检测灵敏度的临界结果）均可通过第 4 章的方法学或得到政府认可的其他方法转换为 LRV 值。每项后续检测结果（或转换成 LRV）与政府对系统分配的对数去除定额（根据 LT2ESWTR 的规定或其他处理目标的要求）相比较，以确定是否持续性地符合要求。如果直接完整性检测的 LRV 高于法规允许值，那么系统符合规定，当 LRV 值低于对数去除率要求时，膜单元必须进行离线诊断测试和维修。

在 LT2ESWTR 框架下，直接完整性检测可提供两项重要信息：（1）是否出现了完整性缺陷；（2）得到检测时的最大 LRV（通过第 4 章的方法或经政府认可的其他方法学）。对于任意一种特定病原体，检测灵敏度通常大于规定的对数去除率，可能出现直接完整性检测发现了某种程度的完整性缺陷，但是系统性能仍然符合规定的情况。可见在 LT2ESWTR 框架下，系统可以在存在一定程度的完整性缺陷情况下有意地继续运行而仍然满足法规要求。然而，USEPA 建议（政府可能要求）当检测到任何程度的缺陷后，膜单元应立即停止使用并进行诊断测试和维修。至少当疑似单元在实施化学清洗、例行维护或其他原因停运时，运行单位应进行诊断测试并根据状况实施维修。

LT2ESWTR 规定了完整性检测的响应控制限值，超过此限值即证明存在潜在的完整性风险并启动后续程序。为满足 LT2ESWTR 的规定，应设置直接完整性检测的控制限值，此限值是将检测结果转换为 LRV 后与政府分配的隐孢子虫去除定额相等的 LRV 值。如前文所述，检测结果超出限值（即 LRV 低于去除定额）的所有膜单元必须进行离线诊断测试和维修（40CFR141.719（b）（3）（v））。如果膜过滤系统用于去除其他病原体时也在 LT2ESWTR 管线范围内，那么也存在其他控制限值。当 2 个（或多个）限值中的任意一个超出规定时，即判定系统出现异常，因此其中最严格的控制限值（即完整性检测的最低响应值）即是有效限值。

对于膜过滤设施，除了 LT2ESWTR 框架下规定的临界限值或控制上限（UCL），政府或运行单位也可设定控制下限（LCLs）作为系统运行状况的测试基准。在完整性检测结果中，在最小可测破损和导致系统性能下降至仅能满足规定对数去除率（UCL）的破损之间可以设置一个或多个 LCLs。即使检测到的破损不足以使系统达到违规运行的程度，LCLs 仍可用于向系统操作人员警示完整性缺陷的存在。与达到 UCL 后将导致膜单元停机及进行后续诊断测试不同，达到 LCL 可提醒运行人员注意，或者促使运行人员进行检查以寻找引发完整性问题的原因并防止破损扩大。在检测灵敏度与 UCL 间的差值较大时，在系统达到某 LCL 后，运行单位可选择自发进行膜单元的离线诊断测试，以防膜的安全性下降后，病原体穿透产生公众健康风险，即使这种安全性下降十分微小并且在法规容许范围内。

例如，即使有可检测到的最小破损存在，直接完整性检测仍可能得到 6log 的去除率（即检测灵敏度），而政府只要求膜过滤系统对隐孢子虫的去除率达到 2.5log（UCL）即可。在此情况下，直接完整性检测得到的 LRV 为 4 则意味着出现了较大的完整性缺陷，而此时膜过滤系统仍然满足规定的对数去除率。因此，运行单位可在 LRV＝4 处自行设定一个 LCL，因为如此尺度的完整性缺陷表明有不可接受的公众健康风险存在，与此时系统是否符合法规要求无关。

膜丝切割测试可对完整性检测进行量化，并与膜丝破损或系统的对数去除能力下降相关，因此可用此测试得到单个 LCL 或一系列 LCL。将 LCL 设定为与检测灵敏度（即通过直接完整性检测得到的可靠最大对数去除值）相同代表了最保守的情况，因为在此情况下任何可以检测到的完整性缺陷即可引发警示及随后的应对措施。所有的限值及超过各限值后引发的应对措施均应清楚地在 IVP 中加以说明。

另一项在 IVP 中应说明的是直接完整性检测结果出现假阳性和假阴性的情况。例如，当怀疑出现假阳性（在完整性良好的系统中检测结果错误地显示有破损存在）结果时，运行人员应检查系统中与直接完整性检测相关的隔离阀和管件。此外，应再实施一次直接完整性检测，既可以确认第一次检测的结果，又可以严密监测检测时的系统故障。在任何情况下，LT2ESWTR 要求直接完整性检测结果超过 UCL 的所有膜组件均须做离线诊断测试以及维修，不论是否怀疑结果为假阳性（40CFR141.719（b）（3）（v））。

直接完整性检测的假阴性结果（在完整性缺陷存在时判断完整性良好或者严重低估了潜在的完整性缺陷）更难发觉，由于连续间接完整性监测对完整性缺陷的探测灵敏度不高，意味着间接监测数据无法用于识别被直接检测的假阴性结果所掩蔽的破损。然而，当连续间接完整性监测明确显示完整性缺陷存在并与直接检测结果矛盾时，膜单元应停止运行以调查矛盾的来源。一种可能导致假阴性的情况是在部分污堵的膜上出现了完整性缺陷，累积的污堵物遮蔽了破损，从而在下次反洗或化学清洗前掩盖了完整性方面的问题。然而，此类假阴性结果的问题不十分严重；如果直接完整性检测功能正常，那么假阴性结果表明，由于破损被堵住，即使存在完整性方面的问题，系统在功能上仍然具有良好的完整性。在此情况中，下次反洗或化学清洗中堵塞破损的污堵物被清除后，破损即可被检测出来。由完整性检测设备失灵导致的假阴性结果更为棘手，因此将完整性检测系统的例行维护程序作为 IVP 的一部分是十分重要的。

IVP 文件中应具体描述任何可降低出现假阳性和假阴性结果可能性的对策，且应包括直接完整性监测设备的维护计划。建议至少按年度对直接完整性监测系统进行全面技术检查。

F.3　连续间接完整性监测

在两次直接检测之间实施连续间接完整性监测，是测定膜过滤系统完整性的第二种方式，可以发现明显的破损。由于无法连续进行直接检测，连续间接完整性监测对于 IVP 来说十分关键。与第 2 节相同，本节一系列问题的设计与连续间接完整性监测策略的递进步骤相一致，每个问题代表了 IVP 程序中一个重要方面。

F.3.1　间接完整性监测的目的是什么？

为了符合 LT2ESWTR 的规定，连续间接完整性监测被定义为以每次间隔不大于 15min 的频率监测滤过液的部分水质项目以反映对特定物质的去除情况。虽然与直接完整性检测相比，各类间接完整性监测方法对膜的完整性检测灵敏度较低，间接方法的价值在于他们可以在系统产水时连续地进行完整性监测。实际上，由于间接监测滤过液的水质，此类技术需要膜单元连续产水。

由于现有直接完整性检测方法均不能连续操作，系统直接检测合格只意味着本次检测无破损发生。如果在直接完整性检测后系统随即出现问题，那么直到下次法规规定的直接检测之前破损都不会被发现，而在 LT2ESWTR 框架下的直接检测间隔为 1d。在此期间可能发生明显破损，导致在长达一整天的时间内滤过液受到病原体或其他物质污染。对于不受 LT2ESWTR 管理的系统，根据各州政策法规的不同，此间隔时间短则 4min，长则一周或更长时间。因此，虽然连续间接完整性监测可能无法识别较小的完整性缺陷，但是可以在运行过程中发现较大的破损。定期直接完整性检测和连续间接完整性监测是评估系统完整性的互补措施，在全面 IVP 中的作用均十分关键。

LT2ESWTR 规定，在未进行分辨率和灵敏度方面满足法规要求的直接完整性检测时（40CFR141.719（b）（4）），须实施连续间接完整性监测。州政府的法规可能对实施某些形式的连续间接完整性监测做了规定。在没有法规要求时，运行单位也可自行选择某些形式的连续间接完整性监测。当然，在各类联邦地表水处理法规中作为系统整体性能评估方式的浊度监测，也可起到连续间接完整性监测的作用。

与直接检测不同，LT2ESWTR 并未对连续间接完整性监测的分辨率和灵敏度做出规定。但是正如第 5 章所述，以上指标在适当情况下可以作为各种连续间接完整性监测方法的有力工具，为潜在的完整性缺陷提供有意义的信息。

F. 3. 2 间接完整性监测的类型如何选择？

有许多可用于连续间接完整性监测的方法和设备，包括颗粒计数法、颗粒监测法、比浊法、激光比浊法及电导率监测法等。一般来讲，任何通过测定滤过液颗粒物质以间接评估完整性的方法（如颗粒计数法、比浊法等）均可用于各类膜过滤系统。其他测定滤过液中溶解性物质的方法，如电导率监测法，只适用于 NF 或 RO 系统。运行单位所选择的连续间接完整性监测方法可能与法规规定、测试分辨率或灵敏度、费用、对技术的信任程度或仅仅是基于过去的经验及其他主观倾向等因素有关。

LT2ESWTR 规定，除非使用经过政府认证的其他替代方法，每个膜单元均应使用浊度监测作为连续间接完整性监测的默认方法（40CFR141.719（b）（4）（i））。由于联邦的多个地表水处理法规（《地表水处理规定》（SWTR），《长期强化地表水处理规定（一期）》（LT1ESWTR），《加强地表水处理暂行规定》（IESWTR））均要求以浊度监测作为评估系统性能的指标，因此在 LT2ESWTR 管理范围内的地表水膜处理设施可通过浊度监测满足以上两类规定。各州政府可能在 LT2ESWTR 之外对连续间接完整性监测有其他特殊要求，或者批准了其他方法。联邦和州政府的全部要求均需在运行单位的 IVP 中得到满足。

除法规的规定外，运行单位对于连续间接完整性监测方法的选择还取决于此方法能否提供足够的分辨率或灵敏度。例如，在证实了颗粒计数法对膜的破损检测比颗粒监测法或传统比浊法更为灵敏之后，运行单位可能会选择颗粒计数法，从而在 2 次定期直接完整性检测之间最大程度地提高探测破损的能力。其他运行单位可能会选择激光比浊法，因为在一些研究中此方法对完整性缺陷的检测灵敏度高于颗粒计数法。在此情况下，如果政府已经批准激光比浊法可在以上两种用途中应用，那么运行单位可能会采用激光比浊法以满足地表水处理法规的要求，它的另一个附加优势是在探测完整性缺陷方面比传统比浊法灵敏度高。

对于任何一种连续间接完整性监测方法，在更小的膜组中安装检测设备均能提高其灵敏度，从而使任何完整性缺陷均可引起滤过液水质的明显变化。此时应在系统灵敏度增加带来的便利与设备购置费用的提高之间做出权衡。与采购少量价格较高的设备相比，如果设置大量价格较低、与其总价接近的设备能够得到较高的灵敏度，那么后一种方案无疑更为合理。根据 LT2ESWTR 的规定，必须在每个膜单元均配备连续间接完整性监测设备（40CFR141.719（b）（4））。运行单位可以自行决定在更小的膜组中设置检测设备。对于其他情况，政府对于整个系统中不同膜组的监测要求必须在运行单位的 IVP 中体现。

如果测试分辨率是一项很重要的标准，那么运行单位会强烈倾向于采用颗粒计数法测量。因为颗粒计数法是能够评估颗粒尺寸的唯一方法，也是唯一具有分辨率信息的连续间接完整性监测方法。例如，对于专门用于去除隐孢子虫的膜系统，颗粒计数法可以很精确地探测尺寸为 $3\mu m$ 或更大尺寸的颗粒。目标分辨率由所关注的特定污染物决定。

F. 3. 3 间接完整性监测的"连续"如何定义？

在 LT2ESWTR 框架下，"连续"被定义为至少每 15min 测定一次。然而，用于各类连续间接完整性测试设备的数据采集频率远大于此值，因此政府可能有更为严格的数据采集要求。在不受特定法规约束时，运行单位可以自行设定适宜的数据采集频率。由于数据是自动采集的，因此建议即使在不受法规约束时也将采集周期设定为不大于 15min。

虽然增加采集频率既可以强化完整性监测，也能为追踪系统的性能提供更多的数据，但是过于频繁地采集数据可能会带来一些副作用。例如在采集频率增加到小于反洗（对于适用的系统）运行周期时，在反洗操作时段以及在此后因操作导致的监测数据升高时段内，系统必须停止采集数据，从而不会引发直接完整性检测。在建立 IVP 时应考虑到以不同时间间隔采集连续间接完整性监测数据，在设施的 IVP 文件中应对采集频率和其他相关的指南或限值进行说明。

F.3.4　间接完整性监测结果如何解读？

连续间接完整性监测的主要目的是在直接完整性检测之间提供系统完整性的信息。用间接监测结果与代表可能出现完整性缺陷的既定临界值相比较，若超出了临界值，则需启用相应对策，对问题做进一步分析。

在 LT2ESWTR 框架下，连续间接完整性监测的临界值即代表了 UCL，如果超过 UCL，则自动启动直接完整性检测以通过更为灵敏的技术评估系统完整性。与直接检测不同，连续间接完整性监测的 UCL 与某处完整性缺陷的位置和尺度无直接关联。例如，LT2ESWTR 规定浊度监测（政府未做其他技术要求时的默认方法）的 UCL 为 0.15NTU，与系统特性及地点无关。当滤过液的浊度在 15min 内持续超过 0.15NTU（或 2 个连续的 15min 超过 0.15NTU）时，将立即启动直接检测程序（40CFR141.719（b）（4）（iv））。选择 0.15NTU 作为临界值，是因为它远小于 IESWTR 所规定的过滤性能应保证 95% 的取样浊度小于 0.3NTU 的要求，同时因有充分证据证明膜过滤系统可以持续生产小于 0.05NTU 的滤过液，则滤过液浊度持续超过 0.15NTU 无疑表明出现了完整性问题。应该注意的是，若以 0.15NTU 作为连续间接完整性监测中浊度监测的默认 UCL，那么可能出现系统满足 IESWTR 但不满足 LT2ESWTR 的情况。

虽然 LT2ESWTR 以 0.15NTU 作为默认浊度监测法的 UCL，政府可能会自行规定更为严格的标准。此外，对于任何经批准的连续间接完整性监测方法，政府可能规定一个基于运行性能且与地点和系统有关的 UCL，与通过膜丝切割试验得到的完整性缺陷程度（以破损膜丝数或 LRV 表示）相关联。这些测试也可以作为建立 LCLs 的基础，LCLs 是在达到引发直接完整性检测的程度之前设置的限值，达到此值后需采取相应措施，LCLs 既可由政府制定也可由运行单位自行设定。自行设定的 LCLs 也可以在膜过滤系统运行一段时间后制定，时间的延后为收集充足的基准数据提供了便利，有助于运行人员识别出数值增加或其他异常而又不超过 UCL 的数据，从而提醒运行人员加强观察。一些与 LCLs 相关的操作包括增加运行人员的关注或对连续间接完整性监测设备进行诊断检查等。政府规定或运行单位自行设置的所有控制限值（CLs）均应在 IVP 中写明，包括 CLs 的设置原理以及超过各值后的相应后续对策。

与直接完整性检测相同，间接完整性监测中也可能出现假阳性和假阴性的情况。例如，在实施了反洗、尤其是引入气体吹扫或冲击膜表面等例行维护操作之后，一些间接完整性监测设备可能检测出某数值（如浊度、颗粒数等）上升。如果情况严重，夹气现象可使数值超过 CL，从而产生了假阳性结果（在完整性良好的系统中测试结果错误地显示有破损存在）；如果超过了 UCL，则会错误地引发直接完整性检测（在 LT2ESWTR 框架下）。可以通过一定的措施将此类假阳性结果的影响降至最低，首先在不同的运行条件下（如反洗之后）摸索系统典型的运行参数，然后将数据采集系统设置为只计入常规数据，避免统计那些即使超过了 CLs 但是在一定尺度和时间范围内不代表完整性缺陷的数据（采集和分析基准数据在 IVP 优化方面的重要性将进一步讨论）。在一些情况下，可通过设置诸如气泡捕集器之类的设备（在引入气泡的情况下）来减少出现可引起假阳性结果的错误模式。

在间接完整性监测方法中假阴性结果（在完整性缺陷存在时判断完整性良好或者严重低估了潜在的完整性缺陷）更为常见。现有的间接完整性监测技术对破损的灵敏度低于直接完整性检测，因此较小的破损可能是由直接法而不是间接法检测得到的。若政府法规允许运行单位进行调整，则可通过采用更为灵敏的连续间接完整性监测方法（如使用激光浊度仪而不是传统浊度仪）减小此趋势。此外，还可通过使用数量更多的设备增加间接方法的灵敏度（减少每台设备监测的膜组件数量）。当然，运行单位必须评估两次直接检测间完整性监测能力的提高是否值得以提高间接方法灵敏度导致成本上升作为代价。

在 IVP 文件中应列出可降低假阳性和假阴性结果趋势的所有措施，也应说明间接完整性监测设备的标定计划，建议设备每年至少标定 1 次。

F.4　诊断测试

诊断测试是一个识别和分离已经其他方法检测和确认的完整性缺陷的过程，因此是 IVP 的一项关键组成部分。与此附录前文相同，本节也是以一系列问答的形式表述的，问题按照构建 IVP 诊断测试的步骤逐步深入。本节的每个问题均代表了 IVP 程序中关于诊断测试应明确说明和记录的一些重要内容。

F.4.1　诊断测试的目的是什么？

诊断测试的目的是识别和分离已由其他方法检测到的膜组件完整性缺陷。由于直接完整性检测与连续间接完整性监测技术只用于检测破损的存在，作为对以上方法的补充，诊断测试可作为对破损位置精确定位的工具。因此诊断测试也是在运行中发现完整性问题与破损修复之间的关键环节（膜修复和更换后面将在下文中详细讨论）。如果膜单元出现了经确认或疑似的完整性缺陷，那么此膜单元将停止运行并进行诊断测试，以便修复。IVP 文件应明确指出诊断测试的目的，从而与其他形式的测试进行区分。

F.4.2　诊断测试的实施条件是什么？

如果膜单元直接完整性检测 UCL（与对膜系统的授权对数去除配额有关）超标，根据 LT2ESWTR 的要求，系统应停止运行。此时可通过诊断测试确认完整性缺陷的位置。对于不受 LT2ESWTR 管制的膜过滤系统，也建议在此情况下进行诊断测试。因此大体上只要直接完整性检测证实了完整性缺陷的存在，均推荐进行诊断测试。

注意到 LT2ESWTR 从未将诊断测试直接与连续间接完整性监测联系在一起。即使间接监测的结果确切地表明存在完整性问题，也应通过更为精确的直接完整性检测来确认破损的存在。在 LT2ESWTR 框架下，任何明确表明存在完整性缺陷的连续间接完整性监测结果几乎均超过了 UCL，从而按规定实施直接完整性检测。然而，对于不受法规约束的运行单位，可以自主决定只根据间接监测结果对膜单元实施离线诊断测试。

IVP 中应明确规定诊断测试的实施条件，包括法规框架内的要求以及运行单位自主决定实施诊断测试的条件。

F. 4. 3　诊断测试的类型如何选择？

按照定义，大部分诊断测试可被归类为直接完整性检测；然而诊断测试与其他直接完整性检测的显著区别在于其不仅能够检测膜单元的完整性缺陷，而且可以对发生破损的特定膜组件或膜丝进行定位。此外，可用于诊断测试的方法一般根据需要在特定膜单元上使用，而在 LT2ESWTR 所要求的直接完整性检测的规模上应用十分勉强。例如，诊断测试中的声波测试需要人工操作加速计在膜组件不同位置靠听觉判断漏气导致的振动。虽然此技术符合直接完整性检测的定义，但是将其用于每天检查膜过滤系统每支膜组件的完整性显然是不现实的。

除上文所述的声波测试外，诊断测试方法还包括气泡测试、电导分析及目视检查（在适用的情况下）等。以上方法在第 4.8 节做了详细介绍。压力（真空）衰减测试也可用于诊断测试，即在少量膜组件（整个膜单元的一部分）中查找破损的膜组件。单个膜组件测试是增量膜单元测试的最小形式，此类诊断测试通常包括从膜单元中将单个膜组件移出以及在经过特殊设计的设备上对其测试等过程。如果将其规模缩小，其他类型的直接完整性检测也有可能用于诊断测试。

在一些情况下，某处完整性缺陷需要通过一系列的诊断测试来识别。例如，若 MF 膜单元的直接完整性检测未通过（检测结果超出相关 UCL），则首先停运此膜单元，然后对每个膜组件实施声波测试，以确认受损的膜组件。（注意，虽然此时膜单元已经停运，但为了实施如本例中声波测试等诊断测试，必须仍使其保持产水，只是以滤过液弃置的模式运行。）将确认受损的膜组件从膜单元中移出，通过气泡测试（见 4.8.2 节）来确定其受损膜丝，并在随后通过按压或密封等方式将此膜丝永久停用。可见，正如诊断测试是对直接完整性检测或连续间接完整性监测的补充一样，不同的诊断测试之间也是相辅相成的。

运行单位应根据系统实际情况构建诊断测试方案，并将流程放在 IVP 中。IVP 中应规定诊断测试的种类、各测试的特定用途（如分离膜单元或定位膜丝）、各测试实施的条件、测试所需的设备列表以及实施测试的具体规程等。一些膜生产商可能会提供构建诊断测试计划的指南。虽然诊断测试并不常用，但是运行单位仍应在系统 IVP 中规定，实施各诊断测试的必备设备均应置于现场且保持良好工作状态。值得注意的是，一些诊断测试（如声波测试）需要有较高的测试操作和数据分析技能；应事先指定负责实施此类测试的运行人员并进行培训，从而尽量减少膜单元的停运。

F. 5　膜修复与更换

在本附录中，"膜修复与更换"不仅适用于膜本身，也适用于膜过滤系统中可能导致完整性缺陷的任何失灵部件。本节是以一系列问答的形式表述的，问题按照构建 IVP 膜修复与更换内容的逻辑顺序逐步深入。本节的每个问题均应在运行单位的 IVP 程序中得到适当程度的体现。

F.5.1　膜修复/更换的目的是什么？

修复膜过滤系统或替换彻底损坏部件的目的是修补检测到的完整性缺陷，从而恢复和保持系统的充分完整。在膜过滤系统用于去除一种或多种目标病原体时（为了符合 LT2ESWTR 的规定），其特定目标即是保证系统满足政府授权的去除配额。如前文所述，虽然其他参数对于系统正常运行也很重要，但是此文仅对影响系统完整性的关键部件的修复与更换进行论述。

F.5.2　膜修复/更换应在何时进行？

简单地说，一旦检测到系统完整性缺陷（通过直接完整性检测或连续间接完整性监测）即应实施修复或更换操作。破损之处经隔离之后（通过诊断测试），应通过适当的部件维修或替换来解决问题。

在 LT2ESWTR 框架下，如果直接完整性检测的结果超过了控制上限（强制性），那么相关膜单元必须立即停止运行（40CFR141.719（b）（3）（v））。因此必须通过修复来解决完整性方面的问题，直到直接完整性检测确认满足 UCL 要求之后，膜单元才能重新投入使用。如果运行单位自行决定设置一个或多个分级 LCLs，则可能在不超过 UCL 的情况下检测出完整性问题。此时运行单位可以选择立即实施诊断测试并修复，也可以在加强观察的前提下令受损膜单元继续运行至下次例行维护。虽然建议对任何破损均尽早修复，但是运行单位可以根据破损的严重程度（假设未超过 UCL）自行决定是否进行修复。例如，若 LT2ESWTR 规定某设施的隐孢子虫去除率配额仅需达到 2log，则即使出现了明显的完整性缺陷也不会令膜过滤系统超过此配额。然而，州政府可能不允许系统在出现任何程度的破损后继续运行。即使在疑似膜破损状态下运行并未被明确禁止，运行单位也应在连续运行前认真考虑与病原体泄漏相关的潜在风险。

如果运行单位未要求其膜过滤系统必须符合 LT2ESWTR 的规定，则在政府无强制要求的情况下，检测到完整性缺陷后实施即时修复的时间和必要性方面有更高的灵活度。鉴于在系统修复方面目前还没有法规做具体要求，为了保证膜过滤系统对于病原体的完全屏蔽，建议运行单位采取较为保守的措施。系统的 IVP 应该明确说明与膜系统修复相关的所有法规要求，以及需要实施修复的其他情况。

由于新膜一般较为昂贵，因此应尽可能进行膜单元修复而不是实施膜更换。但若某个膜组件经常出现完整性缺陷，则应考虑将其更换。频繁的修复将对产水产生不利影响，且干扰运行人员的例行工作。如果需要尽早地修复完整性缺陷，对于某些膜过滤系统来说，可能用一个现场备用的新膜组件替换原有膜组件更为便利。因此，在某些情况下最便捷且合算的系统"修复"实际上就是膜更换。

LT2ESWTR 要求，受损膜单元在重新投入使用前应实施直接完整性检测，以确认其系统完整性方面的问题已得到修复（40CFR141.719（b）（3）（v））。即使膜过滤系统不受 LT2ESWTR 制约，也推荐实施以上操作。这种修复后的直接完整性检测不但可确认修复操作是否成功，也可验证移出修复的膜组件是否已经正确地重新安装。当修复或更换完毕后，应持续密切关注相应膜单元的直接完整性检测和连续间接完整性监测结果，从而评估修复操作的长期有效性以及问题是否重现。

F.5.3　完整性缺陷一般有哪些形式？

某特定膜过滤系统最易出现的完整性缺陷类型与膜系统种类（MCF，MF/UF 或 NF/RO）及生产商有关。例如，虽然许多 NF/RO 膜易于被氯等氧化剂化学降解，但由于膜材料不同，只有少量 MF/UF 膜易于被氧化。化学氧化的例子也揭示了某些膜过滤工艺完整性缺陷的诱因。如果某处理工艺中的 RO 膜前采用氯消毒，即使在膜前采取脱氯措施，仍然存在内在的化学降解风险。如果脱氯系统发生故障或标定错误，那么膜将面临氯氧化风险。相反，对于用作其他目的而无需在前端消毒的同类 RO 系统，将不存在此项危险因素。需要指出的是，此处的例子不可以被理解为反对在不耐氧化的膜前使用氧化剂。有效使用预氧化剂的情况并不鲜见，尤其是在消毒和控制生物污堵的情况下。然而，运行单位应意识到膜材料化学降解的可能性，应采取适当措施避免完整性缺陷以及保护处理设备。

除化学降解外，NF 和 RO 膜完整性缺陷的最常见诱因与 O 形圈和密封配件有关，包括破裂、滚位或尺寸不符等现象，以上任意一种问题均可导致完整性缺陷，如毛发或其他纤维等外来物进入 O 形圈底部。其他完整性缺陷的原因可能与膜瑕疵有关，如在胶缝或膜的疵点（褶皱或薄面）处易出现泄漏。虽然化学降解可能导致膜失效，但是膜丝断裂和熔铸是导致 MF/UF 膜出现完整性缺陷的最常见因素。MCF 系统最有可能在滤芯密封错误或膜材料撕裂、穿孔等方面出现问题。MCF 膜也可能受过滤器安装方式所限，在折叠和褶皱处出现完整性缺陷。

虽然在运行过程中任何时候都有可能出现破损，但是完整性问题最易在系统启动阶段出现。这些问题通常源自产品制作缺陷或安装错误。因此有必要将调试阶段作为启动过程的一部分，从而便于发现初始问题并在系统投入使用前加以解决。

对于特定膜过滤系统，IVP 应确定并注明其完整性缺陷的最常见形式。可以通过咨询膜生产商和分析现场应用条件（如预氧化剂的使用）初步确定形式，随后在调试阶段以及运行阶段的操作经验也可提供完整性缺陷的最常见形式。其他设施中相同或类似过滤设备的运行经验可对某类系统常见完整性缺陷的类型提供有价值的信息。

F.5.4　膜修复/更换应如何实施？

对于不同类型的膜过滤系统，用于处置完整性缺陷的膜修复操作种类也有显著区别。例如，对于 MF/UF 系统，膜丝断裂后不做修复，而是通过在磨损膜丝根部插入小楔子或环氧树脂将其分离，从而使其彻底移除并消除系统完整性缺陷。相反地，虽然 NF/RO 膜的 O 形圈和其他密封件的问题通常可通过调整密封件并确保膜在膜壳内正确固定加以解决，但是 NF/RO 膜损坏后通常无法修复。类似地，由于 MCF 系统使用的是即抛型的滤芯，除非因密封问题引起的完整性缺陷，通常不会修复破损的滤芯。因此，由 NF/RO 或 MCF 膜本身直接引起的完整性缺陷通常会通过换膜解决。

在系统运行之前，向膜生产商咨询可采用何种形式进行修复以及出现哪类完整性缺陷需要更换膜是很重要的。生产商也应提供所有适用于膜修复操作的工具和培训。由于某些完整性缺陷更易在系统调试阶段出现，建议在此阶段在符合资质的生产商代表指导下对修复操作进行练习。

如在运行过程中出现完整性缺陷，对其发生的原因和根源进行确认十分重要。MF/UF 系统中的某些膜丝断裂可能是由长期的磨损或拉伸所导致的，其他破损可以通过隔离和改进来避免出现进一步的完整性缺陷。如果出现了完整性缺陷，应注意在检查膜过滤系统的同时也检查其预处理工艺是否运行正常。例如，若在预处理工艺中投加了可与膜材料发生反应的化学物质且未被有效去除或处理，则可能发生膜破损及完整性问题。

完整性缺陷发生后所需的备用膜组件及必备维修工具或备件应在现场储存。系统 IVP 应该详细列出部件表单以及使用说明，同时也应包括解决完整性问题的建议。

F.6　数据采集与分析

严格而认真地采集与分析完整性检测和监测的数据是 IVP 的一项重要内容。详细的数据采集与分析可作为规避完整性缺陷的有力工具，也有利于优化系统运行及解决出现的问题。像本附录其他节一样，下文是以一系列数据采集与分析相关的重要问答表述的，相关的每个问题均应包含在完整的 IVP 中。

F.6.1　数据采集与分析的目的是什么？

虽然数据采集与分析的主要目的是为了履行法规规定，但是周密且精心设计的操做可以带来预防完整性缺陷以及优化系统运行等多方面好处。例如，包括直接完整性检测和连续间接完整性监测在内的膜单元运行持续完整的记录，将有助于确定部分膜组件的有效使用年限。此外，由于调试期过后一些膜组件的阻力和透过性发生变化，一份细致的完整性测试结果可提示对 UCL（根据法规规定）或其他自行设置的 LCLs 进行调整。

除有助于评估膜的完整性外，连续间接完整性监测数据也有其他用途。此数据可用于观测运行趋势，如系统在两次反冲洗或两次化学清洗之间的参数变化，或者膜的整个生命周期的参数变化。完整的数据记录也可以发现系统性或周期性的趋势，从而有助于分析原因。此外，数据记录有助于比较不同膜单元间的运行差异（在通过数据分析比较不同膜单元的数据时，应考虑检测设备数据的正常波动）。长期采集的大量数据有助于运行人员发现由完整性缺陷之外的因素引起的测量偏差。例如，在反冲洗后浊度值长期偏高，运行人员可以判断是设备夹气的结果。类似情况的判定在运行中十分重要，这样就可以将系统程序设定为发现相同问题时不启动直接完整性检测。直接完整性检测也是确认系统状态变化的有力工具，但是由于连续间接完整性监测数据采集的频率很高，因此成为系统运行状态最实用的观测方式。

F.6.2　应采集哪些数据？

在运行中除对法规规定的数据进行采集外，运行单位也应在系统运行前采集每个膜单元的基线数据（包括直接完整性检测和连续间接完整性监测）。这些数据将用作参比基线，用以评估膜单元的运行状态以及优化常规运行时的连续间接完整性监测数据采集方案。例如，基线数据可用于计算 MF/UF 系统反冲洗后浊度或颗粒计数值保持高位的时间。基于此信息，运行单位可以认定此时的数据峰值并不是完整性缺陷的反映，从而避免了直接完整性检测以及由此带来的产量损失。建议将运行期间以及例行维护或维修期间的完整性检测数据存贮在电子表格或数据库软件中，以便通过图像数据来反映系统随时间变化的情况。

F. 6. 3　减少连续间接完整性监测数据的方法有哪些？

如 A. 3 节所示，LT2ESWTR 将监测的"连续"定义为频率不低于 1 次/15min，然而，用于采集完整性监测数据的设备——颗粒计数仪、颗粒监测仪、浊度仪等——可以高得多的频率采集数据。因此，如果达到了最低频率的要求，在政府未做进一步详细规定时，运行单位可以按需以较高的频率采集数据，而且，目前对于如何缩减大量数据用于合规检验及报告尚无明确规定，运行单位有权自主选择自己认为适用于各自系统的统计方法。这些方法包括：

- 最大值法
- 95 百分位值法
- 平均值法
- 定时取值法

以 LT2ESWTR 中定义的"连续"监测（最小频率为 1 次/15min）为例，对上文提及的方法做如下介绍。

F. 6. 3. 1　最大值法

本方法以 15min 周期内的最大值代表此期间的全部数据，因此只要有一个测定值超过 UCL 即可引发直接完整性检测。本方法非常保守，完整性方面的任何因素所导致的任何干扰峰值都可能引发直接完整性检测，会带来过度检测及产水损失等问题。

F. 6. 3. 2　95 百分位值法

本方法以 95 百分位值代表 15min 周期内的全部数据，可有效筛除 5% 的最大数据峰值，如 95 百分位值超过 UCL 将引发直接完整性检测。本方法保守性小于最大值法，且更有可能筛除并不代表完整性问题的干扰峰值。本方法的基本原理是假设完整性缺陷发生时，将有超过 5% 的数据大于 UCL。此方法可以在任何百分位值下使用，运行单位用此方法通过统计分析来确定一个适当的百分位值，以便在不剔除代表完整性缺陷数据的前提下消除干扰峰值。

F. 6. 3. 3　平均值法

本方法以平均值代表 15min 周期内的全部数据，结果与 50 百分位值接近，因此不及95 百分位值法保守。然而本方法通过正常条件下平均值低于 UCL 的特点，抑制那些已知的不代表完整性缺陷的干扰峰值（MF/UF 系统反冲洗后立即采集数据），从而省去了人工排除干扰峰值的工作。

F. 6. 3. 4　定时取值法

定时取值法以每 15min 的测定值与 UCL 比较（以符合法规要求），不考虑在此期间以何种频率采集数据。由于在 15min 间隔期内可能有很多测定值超过 UCL 而不会引发直接完整性检测，本方法是最不可靠的方法之一。此方法也代表了 LT2ESWTR 的最低要求。

应注意的是，由于 LT2ESWTR 对于以高于 1 次/15min 的频率采集的数据并未指定统计规约方法，因此本节所述方法并不是法规所指定的。上述方法并不具有排他性或是方法详单，仅仅是在政府无特殊规定时运行单位可选方法的举例。设施的 IVP 应对连续间接完整性监测和直接完整性检测数据的采集及分析方法做出明确规定。

F.7　报告

在 LT2ESWTR 管理范围内的膜过滤系统运行单位需要向政府提交月度运行报告，包括直接完整性检测和连续间接完整性监测中超过 UCL 的情况，以及相应的改正措施（40CFR141.721（f）（10）（ii））。由于这些月度报告与完整性检测结果直接相关，因此有必要将其整合进全面的 IVP 中。与附录中其他各节相同，下面关于报告的讨论是由一系列 IVP 中的重要问题组成的。

F.7.1　报告的目的是什么？

在完整性验证方面，报告的首要目的是持续记录膜过滤系统在完成规定对数去除率或其他以绩效为基础的目标方面的性能。在 LT2ESWTR 的最低要求中，报告文件通常包括超出 UCL 的所有直接完整性检测和连续间接完整性监测结果，以及各事件的后续改正措施（40CFR141.721（f）（10）（ii））。值得注意的是，正如之前讨论的那样，虽然积累的数据中大部分并不是报告所要求的，但是大量完整性检测数据的收集、记录和存储在膜过滤系统性能优化方面将发挥很大作用。

如果膜过滤系统不在 LT2ESWTR 管理范围内，根据政府的要求，报告不必与完整性验证直接相关。例如，膜过滤可能被看作是一种替代过滤技术（如按照联邦 SWTR 规定），与传统介质过滤类似，报告中只需提供浊度数据。在此情况下，对于运行单位来说，在 IVP 中体现报告要求变得无关紧要。然而，由于验证与保持膜的完整性是膜过滤系统成功运行的关键，因此建议将浊度、颗粒计数或规定的其他滤过液数据看作连续间接完整性监测的结果，从而在报告需求与膜完整性（即 IVP）间建立起联系。

F.7.2　IVP 中关于报告的内容有哪些规定？

IVP 中应明确规定政府对报告的各项要求，包括报告的内容和频率（报告中为符合 LT2ESWTR 要求而对膜过滤设施运行单位提出了要求，第 4 章和第 5 章分别为直接完整性检测和连续间接完整性监测的相关要求）。IVP 中也应包括准备合规报告时的特定系统流程以及报告的样本。IVP 也应规定运行单位需保留与报告数据相关的记录的年限，在 LT2ESWTR 框架下，运行单位必须保留 3 年内膜过滤相关设备的所有监测数据以符合法规规定（包括所有直接完整性检测和连续间接完整性监测结果）（40CFR141.422（c））。

F.8　小结

虽然在 LT2ESWTR 中未做出规定，全面 IVP 可以作为运行单位查验与保持膜系统完整性的有价值的组织工具。IVP 本质上应作为运行单位特定系统的与系统完整性相关的所有操作与维护方面的指南，包括（但不限于）以下内容：

（1）法规要求；

（2）特定系统的自主要求；

（3）所有 IVP 程序的明确目标；

（4）所有 IVP 程序的详细说明；

（5）设备列表，描述与用途；

（6）系统故障排除提示；

（7）测试结果分析指南；

（8）样品计算（可选）；

（9）膜生产商联系信息。

包括以上要素的全面 IVP 可使完整性查验程序更为准确有效，从而有助于膜过滤系统发挥对病原体与其他特定物质的屏障作用，使运行单位的优势最大化。

附录 G 泡 点 理 论

G.1 概述

各类基于压力的直接完整性检测方法均以毛细管理论为基础，而描述毛细管理论的泡点方程是由毛细管弯月面的静力平衡推导出来的。泡点被定义为排除充分润湿膜的孔隙或类毛细管破损处液体所需的临界气压。在多孔膜体系中，泡点理论最初被用作构建膜孔尺寸测定方法的理论基础。由泡点方程可知，施加的压力与毛细管（孔）直径成反比，因此可以根据在完全润湿膜表面检测到气泡时的压力来计算最大孔的直径（见式 G.1）。相应地，较大的临界压力代表了较小的膜孔径。膜孔的毛细管结构如图 G-1 所示。

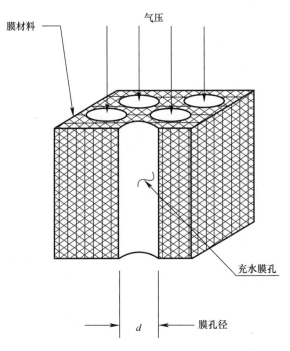

图 G-1 以毛细管形式存在的膜孔

泡点理论以各类基于压力的直接完整性检测的形式应用于完整性缺陷检测，这些检测包括压力衰减或真空衰减测试（4.7.1 节和 4.7.2 节），扩散气流测试（4.7.3 节）以及排水测试（4.7.1 节）。膜丝纤维破损或膜表面的漏洞等完整性缺陷与膜孔类似，较大的测试压力可以检测出较小的破损。在整个直接完整性检测期间，如果施压小于最大膜孔的泡点且并未检测出超出正常范围的衰减（压力衰减或真空衰减测试）、气流（扩散气泡测试）或水流（排水测试）时，可以确认在施压所对应的临界孔径或破损尺寸意义上，膜具有完整性。在 LT2ESWTR 规定中，此临界孔径或破损尺寸被称为测试分辨率。

此附录的目的是对与 LT2ESWTR 规定的直接完整性检测相关的泡点理论进行总体介绍。除在简介中提及的背景情况外，下面各节将详细描述泡点方程及其参数值。

G.2　泡点方程

泡点方程是由毛细管弯月面表面的静力平衡推导出来的，见式 G-1。在 Meltzer（1987）的著作中给出了本方程的一种推导。

$$P_{bp} = \frac{4 \cdot \sigma \cdot \cos\theta}{d_{cap}} \tag{G-1}$$

式中　P_{bp}——泡点压力；

　　　σ——气液界面的表面张力；

　　　θ——液体与膜的接触角；

　　　d_{cap}——毛细管直径。

根据各参数的常用单位将式（G-1）转换为式（G-2）：

$$P_{bp} = \frac{0.58 \cdot \sigma \cdot \cos\theta}{d_{cap}} \tag{G-2}$$

式中　P_{bp}——泡点压力，psi；

　　　σ——气液界面表面张力，dyn/cm；

　　　θ——液体与膜的接触角，°；

　　　d_{cap}——毛细管直径，μm。

由于大部分膜的孔隙无法用理想圆柱体毛细管精确代表，因此上式中引入了形状修正系数 κ，用于非理想状态下的计算。

附录 H 直接完整性检测

H.1 概述

为了保证膜对病原体和其他特定物质发挥有效的屏障作用，膜过滤系统必须保持良好的完整性，即不存在任何完整性缺陷。因此，在系统运行期间，确保操作人员可持续观察屏障的完整性是十分关键的。直接完整性检测是目前用于评估膜过滤系统完整性最精确的方法。

根据 LT2ESWTR 的规定，直接完整性检测被定义为用于确认和分离膜单元完整性缺陷的一种物理测试。为了达到法规规定的隐孢子虫去除配额，必须在运行期间通过直接完整性检测验证膜过滤系统的去除效率。直接完整性检测必须应用于整个膜单元的所有组成部分，包括膜、密封圈、铸封材料、相关阀门和管道，以及在出现问题后可能导致滤过液污染的所有部件（40CFR141.719（b）（3）（i））。

在膜过滤系统中常用的直接完整性检测方法有两大类：基于压力的检测和基于标记物的检测。基于压力的检测的理论基础是泡点理论，即在膜的一侧施加压力或真空（负压）后，通过测定压力损失或气/水置换量等参数来反映是否出现了完整性缺陷。基于压力的检测包括压力衰减与真空衰减测试、扩散气泡测试及水体置换测试。与示踪检测类似，基于标记物的检测通过直接测定加标颗粒或分子标记物的去除率来评估膜的完整性。

LT2ESWTR 中并未提出直接完整性检测的法定类型，满足分辨率、灵敏度及频率等特定性能指标要求的测定方法均可使用。因此，在具体项目中可以采用一种适宜的基于压力的检测、基于标记物的检测或其他检测方法，前提是此方法既满足性能指标要求又经过了政府批准。直接完整性检测的性能参数总结如下：

（1）分辨率：直接完整性检测必须能够分辨 $3\mu m$ 或更小尺寸的完整性缺陷。

（2）灵敏度：直接完整性检测的对数去除率（LRV）必须大于或等于膜过滤系统的去除率配额（40CFR141.719（b）（3）（iii））。

（3）频率：直接完整性检测操作必须以不小于 1 次/d 的频率在每个运行膜单元上实施（LT2ESWTR 中膜单元的定义详见 1.5 节）。在保证工艺可靠性、具备去除隐孢子虫的多级屏障、采取可靠的系统保障措施等情况下，政府可批准降低检测频率。

除性能指标外，法规也规定了直接完整性检测在相关灵敏度范围内的控制限值，此限值用于指示膜单元实现政府对隐孢子虫的去除配额的能力（40CFR141.719（b）（3）（iv））。如果直接完整性检测结果超过此限值，法规规定相应膜单元应进行离线诊断测试及修复（40CFR141.719（b）（3）（v））。此膜单元只有经直接完整性检测确认完整性良好后才能重新投入使用。

本章将主要介绍当前使用的各种基于压力的检测和基于标记物的检测，以及可满足 LT2ESWTR 中规定的性能参数的检测实施方法。对诊断测试、数据采集以及报告也做了说明。

本附录分为如下各节：

H.2 节　检测分辨率

本节讨论的是，为满足法规对性能参数的规定，如何进行基于压力和基于标记物的直接完整性检测的分辨率检测。

H.3 节　检测灵敏度

本节讨论的是，为满足法规对性能参数的规定，如何进行基于压力和基于标记物的直接完整性检测的灵敏度检测。包括基本概念和方法。

H.4 节　检测频率

本节综述了法规对直接完整性检测频率的规定。

H.5 节　控制限值的设定

本节叙述了直接完整性检测控制限值的数学和实验测定方法。

H.6 节　案例：直接完整性检测的参数设定

本节介绍了膜过滤系统案例的一些直接完整性检测的重要性能参数的计算过程，包括检测分辨率、灵敏度、控制限值等。

H.7 节　检测方法

本节综述了各类基于压力和基于标记物的检测方法，包括通用检测条款及其各自的优缺点。

H.8 节　诊断测试

本节叙述的是在直接完整性检测未通过的情况下，用于确认和分离完整性缺陷的一些诊断测试方法。

H.9 节　数据采集与报告

本节介绍了直接完整性检测数据的采集方法，并综述了法规中关于报告的相关要求。

H.2　检测分辨率

分辨率被定义为直接完整性检测可以检测出的最小完整性缺陷的尺寸。任何符合 LT2ESWTR 规定的直接完整性检测均需具有不大于 $3\mu m$ 的分辨率。此分辨率标准是根据隐孢子虫卵囊的尺寸下限确定的，目的是保证直接完整性检测可对足以通过卵囊的任何完整性缺陷做出反应。对于基于压力和基于标记物的直接完整性检测，其分辨率的达标形式有所不同，对此将在下文中作具体说明。

H.2.1　基于压力的检测

为了使基于压力的直接完整性检测达到 $3\mu m$ 的分辨率，检测期间施加的净压必须足以克服 $3\mu m$ 孔中的毛细管力，从而保证在检测期间空气可以透过任何足以通过隐孢子虫卵囊的破损。达到 $3\mu m$ 分辨率时所施加的最小检测压力采用式（H-1）计算：

$$P_{test} = (0.193 \cdot \kappa \cdot \sigma \cdot \cos\theta) + BP_{max} \tag{H-1}$$

式中　P_{test}——最小检测压力，psi；

κ——孔形修正系数，无量纲；

　　σ——气液界面表面张力，dyn/cm；

　　θ——液体与膜的接触角，°；

　　BP_{max}——检测期间作用于系统的最大背压，psi；

　　0.193——包含破损直径（$3\mu m$ 分辨率）和单位转换系数的常数。

　　式（H-1）是基于泡点理论并由毛细管静力平衡推导出来的。注意，为了符合法规要求而简化公式，其中的常数 0.193 是根据 LT2ESWTR 的要求对直径 $3\mu m$ 以下的破损做出响应以及单位转换系数而得出的。在式（H-1）的通用形式中，毛细管直径是一个变量，与泡点压力有关。关于泡点理论的讨论以及式（H-1）的来源详见附录 G。

　　在实施基于压力的完整性检测时，必须首先确定式（H-1）中的几个参数值，从而可计算实现 $3\mu m$ 分辨率所需的最小检测压力。参数 κ 和 θ 取决于膜的内在性质。在膜生产商未提供此类数据时，可取 $\kappa=1$ 以及 $\theta=0$。附录 G 对以上参数做了进一步讨论。表面张力 σ 与温度成反比，因此应采用预测的最低水温来设定此值以计算最小检测压力。作为参考，5℃时的表面张力为 74.9dyn/cm。将以上 3 个数值（$\kappa=1$，$\theta=0$ 及 $\sigma=74.9$dynes/cm）带入式（H-1），得到简化方程式（H-2）：

$$P_{test} = 14.5 + BP_{max} \tag{H-2}$$

式中　P_{test}——最小检测压力，psi；

　　BP_{max}——检测期间作用于系统的最大背压，psi。

　　式（H-2）表明，为了实现 $3\mu m$ 的分辨率，实施基于压力的直接完整性检测的最小检测压力应为 14.5psi 与作用于系统的最大背压之和（在保守的 5℃下得到的）。理想状态下，检测期间应没有静水背压作用于系统，但是实施检测期间不易保证无任何静水背压，因此在确定满足分辨率标准的最小检测压力时，必须考虑附加背压的影响。例如，如果压力驱动膜组件保持充水状态或负压驱动（浸没式）膜仍然浸没在水里时，在膜的未排水侧可能存在静水压力。因此，如果膜底端在水下 7ft，则 BP_{max} 约为 3psi，为得到 $3\mu m$ 的分辨率，P_{test} 值应为 17.5psi。

　　式（H-1）和式（H-3）均假设在完整性检测期间所施加的压力保持恒定。然而，在许多情况下在测试期间会发生可测量的基线衰减（由扩散引起的）。此时有必要在分辨率计算中考虑此基线衰减，应采用完整性检测结束时的预测压力来计算分辨率。此值可通过初始压力、完全密闭系统基线压力衰减典型速率以及检测持续时间来估算。如果基线衰减很小，以至于最终检测压力约在初始压力的 95% 以内时，则可以忽略基线衰减的影响，直接采用初始压力计算检测分辨率。

　　LT2ESWTR 并未对基于压力的直接完整性检测设定最小检测压力，只要求检测达到 $3\mu m$ 的分辨率。如果膜生产商有充分的信息支持使用 $\kappa=1$ 和 $\theta=0$ 以外的数值，且这些保守性更小的数值得到了政府批准，则可用式（H-1）计算所需最小检测压力。$\kappa=1$ 和 $\theta=0$ 以外数值的科学合理性十分关键，因为取值不当将导致检测压力不符合法规设定的分辨率标准。获取特定膜的 κ 和 θ 取值的一种途径是直接实验评价。由于以上参数对直接完整性检测所需压力取值的影响很大，因此强烈建议政府在膜生产商作充分证明之后才批准使用 $\kappa=1$ 和 $\theta=0$ 以外的数值，例如，经独立第三方采用科学界接受的方法进行检测得到具有显著统计意义的结果。

　　虽然法规并未规定重新计算分辨率的间隔时间，但若完整性检测期间系统背压出现变化，则分辨率应重新计算。如果需要，在每次实施直接完整性检测之后进行分辨率计算时，可将测试设备和数据采集系统设置到实施检测时的状态，包括测试施压、系统背压以及当时温度下的表面张力。应注意，液体与膜的接触角也可随着膜组件使用时间的增加而发生变化（膜材料吸附有机物的结果），而且对于同一个膜单元中的不同膜组件，这些变化未必一致（Childress *et al*. 1996；Jucker *et al*. 1994）。因此，若采用 $\theta = 0$（最保守的数值）以外的数值，最好根据更新的实际 θ 估测值定期重新计算分辨率，而 θ 值的估测需要对系统中膜组件试样实施破坏性操作。

H. 2. 2　基于标记物的检测

基于标记物的直接完整性检测可被视为"小型示踪检测"，即通过周期性地向进水中投加示踪剂来验证膜过滤系统的完整性。如本书 3.9.2 节所述，为了满足法规对分辨率标准的要求，基于标记物的检测中标记物的有效尺寸一定不能大于 $3\mu m$。基于标记物的直接完整性检测可采用颗粒态或分子态的标记物，但是不论采取何种形式，标记物必须符合分辨率标准。本书 3.9 节提出了示踪测试过程中选择可靠隐孢子虫示踪剂的流程，此流程也适用于为基于标记物的直接完整性检测选择合适的标记物。标记物的有效尺寸可通过特定标记物的粒径分布分析或基于分子量以及分子标记物几何结构的估测技术等任何得到公认的方法学计算。

H. 3　检测灵敏度

灵敏度的定义是可通过直接完整性检测可靠验证的最大对数去除值（LRV_{DIT}）。如果直接完整性检测的灵敏度不大于示踪检测的结果（$LRV_{C\text{-}Test}$），那么此灵敏度决定了膜过滤系统有条件接受的最大对数去除配额。例如，如果示踪测试的 $LRV_{C\text{-}Test}$ 为 5.5log，而直接完整性检测可以验证的 LRV_{DIT} 为 4.5log，那么膜过滤系统可满足的最大去除配额为 4.5log。虽然直接完整性检测的灵敏度并不随时间发生显著变化，本节所述的灵敏度测定方法得出的较为保守的结果适用于膜过滤系统的整个使用周期。然而，如果运行参数、直接完整性检测条件或可影响直接完整性检测灵敏度值的任何基本假设发生了重大变化，建议重新测定灵敏度，以证明其至少与系统的去除配额相当。

直接完整性检测的灵敏度实际上是以对数形式存在的。例如，LRV_{DIT} 为 5log 的测试比 LRV_{DIT} 为 3log 的检测灵敏 100 倍。因此，当需要较高的灵敏度时，直接完整性检测必须对十分微小的变化产生响应，并且在背景值或基线中识别出以上测定结果。数据表明，目前应用的许多直接完整性检测的灵敏度超过了 4log；然而，灵敏度必须根据膜生产商提供的信息以及本文件的指导进行具体分析。虽然完整性检测的灵敏度测定较为复杂，但为膜处理系统争取到与其能力相称的较高的去除配额提供了合理依据。与分辨率的情况类似，灵敏度的检测方法取决于直接完整性检测是基于压力的还是基于标记物的。

值得注意的是，对于多级膜过滤系统，各级的分辨率必须单独检测。此类情况的最常见例子就是设置第二段工艺用于处理第一段工艺的反冲洗水，此后两段滤过液混合（即分段工艺）。对于此案例以及与其类似的多段工艺，如果来自各段的滤过液混合，那么灵敏度最低的膜单元将成为整个系统最大对数去除配额的限制因素。但如果第二段（或后段）

仅用于浓水的分离，滤过液回流至整个处理系统的进水端，那么 LT2ESWTR 将不适用于此类辅助分段。

H.3.1　基于压力的检测

本节对基于压力的直接完整性检测的灵敏度计算分三个部分进行论述。首先，介绍适用于所有基于压力的检测的基本概念；其次，根据基本概念介绍基于压力的直接完整性检测的灵敏度计算方法；最后，介绍在实施基于压力的直接完整性检测过程中完整性良好系统的扩散损失（基线）计算。

H.3.1.1　基本概念

相对于基于标记物的检测，基于压力的直接完整性检测的灵敏度计算更为复杂。LT2ESWTR（40CFR141.719（b）（3）（iii）（A））指定了用于计算基于压力的直接完整性检测的方程，如式（H-3）所示：

$$\mathrm{LRV_{DIT}} = \log\left(\frac{Q_\mathrm{p}}{\mathrm{VCF} \cdot Q_\mathrm{breach}}\right) \tag{H-3}$$

式中　$\mathrm{LRV_{DIT}}$——以 LRV 表示的直接完整性检测的灵敏度，无量纲；

Q_p——膜单元设计滤过液产量，L/min；

Q_breach——临界破损尺寸（即可测最小破损处的）流量，L/min；

VCF——体积浓度系数，无量纲。

式（H-3）代表的是稀释模型的结果，即假设透过完整滤膜的水中不含有特定污染物，而从破损处通过的水中特定污染物浓度与膜的高压侧相同。此假设说明，$\mathrm{LRV_{DIT}}$ 是透过液流量与临界破损处泄漏量比值的函数（$Q_\mathrm{p}/Q_\mathrm{breach}$），即与滤过液混合后的泄漏液的稀释倍数。对于处理量恒定的膜单元（Q_p 为常数），$\mathrm{LRV_{DIT}}$ 将随 Q_breach 的下降而上升。这说明直接完整性检测的灵敏度越高、可检测到的破损尺寸越小，其可验证的对数去除值越高，从而使膜过滤系统有资格被授予更高的去除配额。

体积浓度系数（VCF）是一个无量纲量，用于表示某些水力条件下膜进水侧的悬浮固体浓度的增加。VCF 在膜的完整性分析中很重要，因为对于进水中悬浮固体浓缩于膜进水侧的系统，发生完整性缺陷时滤过液污染的危害将有所增加。例如，对于相同尺寸的完整性缺陷，VCF 较高的系统将允许更多的病原体进入滤过液，从而降低了实际去除率。受此现象的影响，在基于压力的直接完整性检测的灵敏度检测中，系统 VCF 较高的，其检测灵敏度相应较低。因此在式（H-3）的分母中引入 VCF 与 Q_breach 相乘，以说明浓缩作用的影响。

如式（H-4）所示，VCF 是保留在膜进水侧的悬浮固体浓度与进水中悬浮固体浓度的比值：

$$\mathrm{VCF} = \frac{C_\mathrm{m}}{C_\mathrm{f}} \tag{H-4}$$

式中　VCF——体积浓度系数，无量纲；

C_m——保留在膜进水侧的悬浮固体浓度，数量或质量/体积；

C_f——膜系统进水中的悬浮固体浓度，数量或质量/体积。

根据系统的水力条件，VCF 值通常在 1～20。以死端过滤模式运行的膜系统在膜的进水侧悬浮固体浓度不增加，从而其 VCF＝1。相反，对于以错流过滤模式运行的膜系统，其 VCF 通常在 4～20 之间，代表膜的进水侧悬浮颗粒浓度增加 4～20 倍。针对不同水力条件下 VCF 的计算方法和公式见《膜过滤指导手册》2.5 节，其中表 2-4 给出了计算不同水力条件下的 VCF 平均值和最大值的公式。此外，如 2.5.4 节所示，VCF 也可通过试验测定。

注意，虽然 LT2ESWTR 并未规定在计算灵敏度时应使用 VCF 的平均值还是最大值，但是此法规明确要求在计算过程中考虑某些水力条件下膜的高压侧悬浮固体浓度增加的情况。VCF 最大值通常介于 1～20，为 LRV_{DIT} 计算提供了最保守值，而 VCF 平均值通常介于 1～7。在确定以最大值、平均值或任何其他值作为 VCF 的取值时，应考虑到水流方向上的膜表面浓度分布以及完整性缺陷在膜单元内所处的位置。例如，虽然 VCF 取最大值时确实为 LRV_{DIT} 计算提供了最保守值，但是对浓缩率随位置变化的系统而言，此值仅代表了浓度分布曲线的很小一部分，因此仅能代表发生在膜单元最末端的破损。类似地，某些系统在一个过滤周期内存在一个随运行时间变化的浓度分布曲线，最大 VCF 仅出现在即将进行反洗操作的过滤周期尾端；而在此之前 VCF 远远低于此值。

H. 3. 1. 2　灵敏度计算

基于压力的直接完整性检测的灵敏度计算方法将在下文中加以介绍，即将基于压力的检测中测得的气体流量（扩散气流测试）或压力下降速率（压力衰减测试）转换为正常运行时完整性缺陷处的等值水流量。若膜过滤系统生产商未提供相关信息，可根据本节第二部分介绍的通用程序通过试验方法测定基于压力的直接完整性检测的临界响应值。

1. 使用气液转换率计算灵敏度

为了计算 LRV_{DIT}，必须计算直接完整性检测临界破损尺寸流量（Q_{breach}）（式 H-3）。由于大部分直接完整性检测并不直接测定 Q_{breach}，因此有必要在直接完整性检测响应值与系统运行期间临界破损处的流量之间确立关联性。在一些最常用的基于压力的直接完整性检测中（包括压力衰减测试、真空衰减测试、扩散气流测试）向膜的排水侧供气后，气体将从超过检测分辨率尺寸的破损处透过。此类检测的响应信号通常为压力衰减或气体流量。为了把基于压力的完整性检测的响应信号和 Q_{breach} 联系起来，有必要在通过临界破损处的气体流量和液体流量之间建立起明确的关系。

此关系可通过气液转换率（ALCR）表示，此值被定义为直接完整性检测中通过破损处的气体流量与过滤期间通过破损处的水流量的比值，如式（H-5）所示：

$$\text{ALCR} = \left(\frac{Q_{air}}{Q_{breach}}\right) \tag{H-5}$$

式中　ALCR——气液转换率，无量纲；

Q_{air}——基于压力的直接完整性检测中通过临界破损处的气体流量，L/min；

Q_{breach}——过滤期间的临界破损尺寸流量，L/min。

ALCR 可用于根据相应气体流量表示通过破损处的液体流量，如式（H-6）所示：

$$Q_{breach} = \left(\frac{Q_{air}}{\text{ALCR}}\right) \tag{H-6}$$

式中　Q_{breach}——过滤期间的临界破损尺寸流量，L/min；

Q_{air}——基于压力的直接完整性检测中通过临界破损处的气体流量，L/min；

ALCR——气液转换率，无量纲。

将式（H-6）带入灵敏度的通用表达式，即式（H-3），得到式（H-7）：

$$\mathrm{LRV}_{\mathrm{DIT}} = \log\left(\frac{Q_{\mathrm{p}} \cdot \mathrm{ALCR}}{Q_{\mathrm{air}} \cdot \mathrm{VCF}}\right) \tag{H-7}$$

式中　$\mathrm{LRV}_{\mathrm{DIT}}$——以 LRV 表示的直接完整性检测的灵敏度，无量纲；

　　　　Q_{p}——膜单元设计滤过液产量，L/min；

　　　ALCR——气液转换率，无量纲；

　　　Q_{air}——基于压力的直接完整性检测中通过临界破损处的气体流量，L/min；

　　　VCF——体积浓度系数，无量纲。

式（H-7）可直接用于计算以泡点理论为基础的基于压力的直接完整性检测的灵敏度，因为此理论测定的是通过完整性缺陷处的气体流量（Q_{air}）。在灵敏度计算中需测定的 4 个参数为：Q_{p}、VCF、ALCR 和 Q_{air}。VCF 可根据 H.3.1.1 节内容确定。Q_{p} 是实施完整性检测的膜单元的政府批准的设计滤过液流量。在 Q_{breach} 保持恒定时，滤过液流量越大直接完整性检测的灵敏度越高，因此，如果在某处理系统中存在处理量不同、规模各异的膜单元，直接完整性检测的灵敏度应在各规模的膜单元中独立测定，全系统的最大对数去除配额由其中的最低灵敏度决定。气体流量 Q_{air} 与直接完整性检测的响应参数类型有关。对于扩散气流测试等直接测定通过破损处的气体流量的测试，Q_{air} 即为实施测试期间测得的气体流量。另一方面，对于压力衰减测试或真空衰减测试等方法，其测定结果为压力下降与时间的比值，必须通过式（H-8）将此比值转换为等值气体流量：

$$Q_{\mathrm{air}} = \frac{\Delta P_{\mathrm{test}} \cdot V_{\mathrm{sys}}}{P_{\mathrm{atm}}} \tag{H-8}$$

式中　Q_{air}——气体流量，L/min；

　　　ΔP_{test}——完整性检测期间的压力衰减速率，psi/min；

　　　V_{sys}——检测期间系统内的压缩空气体积，L；

　　　P_{atm}——大气压力，psia。

注意，由于气温可以迅速与水温平衡，因此式（H-8）假设空气和水的温度相同。V_{sys} 应计算全部加压容积，包括所有膜丝（通常是膜丝内部加压），管道以及加压侧其他空隙。

将式（H-8）带入式（H-7）后得到式（H-9），此式可用于计算测定压力衰减或真空衰减速率的直接完整性检测的灵敏度。

$$\mathrm{LRV}_{\mathrm{DIT}} = \log\left(\frac{Q_{\mathrm{p}} \cdot \mathrm{ALCR} \cdot P_{\mathrm{atm}}}{\Delta P_{\mathrm{test}} \cdot V_{\mathrm{sys}} \cdot \mathrm{VCF}}\right) \tag{H-9}$$

式中　$\mathrm{LRV}_{\mathrm{DIT}}$——以 LRV 表示的直接完整性检测的灵敏度，无量纲；

　　　　Q_{p}——膜单元设计滤过液产量，L/min；

　　　ALCR——气液转换率，无量纲；

　　　P_{atm}——大气压力，psia；

　　　ΔP_{test}——完整性检测期间由已知完整性缺陷引发的可准确测定的最小压力衰减速率，psi/min；

　　　V_{sys}——检测期间系统内的压缩空气体积，L；

　　　VCF——体积浓度系数，无量纲。

直接完整性检测实施期间，不论测定的是气体流量（Q_{air}）还是压力衰减速率（ΔP_{test}），由完整性缺陷引发的可准确测定的最小检测响应值均可用于灵敏度计算。注意，不要把此值与完整性良好膜单元的完整性基线响应值相混淆，因为即使系统无破损，气体也可经扩散作用通过润湿的膜孔或膜材料，从而产生微小的气体流量或压力衰减。许多情况下，由已知完整性缺陷引发的可测定的最小响应值可由膜过滤系统生产商提供。若生产商无法提供此数据，可由试验测定，即在其他完整性良好的膜单元上逐步开设已知尺寸的微孔，通过直接完整性检测测得与完整性良好膜单元的基线响应值不同的最小响应值。此试验方法的基本程序将在下文介绍（通过试验测定直接完整性检测的响应限值）。

　　计算 ALCR 的基本程序为：首先，针对某特定膜过滤系统中通过临界破损处的流态（层流/湍流）提出合理假设。然后，选择表 H-1 中某个适用的公式计算 ALCR。注意，表 H-1 中的公式假设通过完整性缺陷处的气体或水具有相同流态（均为层流或湍流），若将其应用于不满足此假设条件的特定系统，将导致对直接完整性检测灵敏度的错误估测，此时可考虑使用 H.10 中介绍的混合算法。表 H.1 中各 ALCR 公式推导过程中的其他假设也可能不适用于某些膜过滤系统。

ALCR 的计算方法 表 H-1

膜组件类型	漏损流态	模型	ALCR 方程
中空纤维膜[1]	湍流[2]	达西管道流 (Darcy pipe flow)	$170 \cdot Y \cdot \sqrt{\dfrac{(P_{\text{test}} - BP) \cdot (P_{\text{test}} + P_{\text{atm}})}{(460 + T) \cdot \text{TMP}}}$
	层流	哈根-泊萧叶[3] (Hagen-Poiseuille)	$\dfrac{527 \cdot \Delta P_{\text{eff}} \cdot (175 - 2.71 \cdot T + 0.0137 \cdot T^2)}{\text{TMP} \cdot (460 + T)}$
平板膜[4]	湍流	孔口 (Orifice)	$170 \cdot Y \cdot \sqrt{\dfrac{(P_{\text{test}} - BP) \cdot (P_{\text{test}} + P_{\text{atm}})}{(460 + T) \cdot \text{TMP}}}$
	层流	哈根-泊萧叶[3] (Hagen-Poiseuille)	$\dfrac{527 \cdot \Delta P_{\text{eff}} \cdot (175 - 2.71 \cdot T + 0.0137 \cdot T^2)}{\text{TMP} \cdot (460 + T)}$

1. 或中空超细纤维膜（hollow-fine-fiber）。
2. 通常在大尺寸纤维膜和高压差条件下出现。
3. 哈根-泊萧叶公式（C.15）的二项式中取水与空气黏度比值的近似值，适用温度区间为 32～86℉。更多细节详见附录 C。
4. 包括卷式膜（spiral-wound）和滤芯（cartridge）。

　　表 H.1 中各 ALCR 方程的参数包括：

Y——可压缩流体从管道流向较大空间时的净扩散系数，无量纲；

P_{test}——直接完整性检测压力，psi；

BP——直接完整性检测期间的系统背压，psi；

P_{atm}——大气压力，psia；

T——水温，℉；

TMP——跨膜压差，psi；

ΔP_{eff}——完整性检测有效压力，psi。

　　ALCR 的计算以及相应 ALCR 方程（以上列出的）的参数设定均在 H.10 中给出，同时给出的还有各 ALCR 方程的推导过程。关于净扩散系数（Y）的信息可在包括 Crane（1988）等编著的多种水力学参考文献中找到。注意，虽然用于计算 ALCR 的达西公式和孔口公式完全相同（表 H-1），但是以上两模型的净扩散系数（Y）计算方法有所不同，详见 H.10 内容。

ALCR 也可通过经验算法计算，其结果对于各种流态、各种膜材料类型均适用，且与水力模型无关。某些膜生产商可能已构建了用于 ALCR 计算的经验模型。如果倾向于采用经验算法计算 ALCR，但是系统并无有效的经验模型时，有必要开发出一套模型。相关气体流量测定技术（CAM）是一种经验性地推导中空纤维膜过滤系统 ALCR 的概念性程序；此程序的详细内容见 H.11 节内容。

2. 通过实验测定直接完整性检测的响应限值

如果膜过滤系统生产商无法提供相关数据，可通过试验测算由已知破损导致的基于压力的直接完整性检测的最小响应值。对于基于压力的检测，此响应值指的是用于计算灵敏度的 ΔP_{test} 值。此实验方法包括以少量、分批次、可量化的步骤故意破坏系统的完整性，同时监测相应完整性检测的响应值。对于微滤（MF）和超滤（UF）系统，文献（Adham *et al*.1995；Landsness 2001）已经披露了通过一系列膜丝切割试验来估测不同直接完整性检测响应限值的研究。一般地，通过实验测定响应限值包括如下步骤：

（1）通过直接完整性检测确认系统的完整性良好。

（2）研究者有意地造成膜的已知破损。此类操作的例子包括使用已知直径的针在膜表面钻一个孔，或者在预先选好的位置上切断一根中空纤维膜丝。最好利用膜单元的单根断裂膜丝等很小的完整性缺陷来确定响应限值。

（3）在造成膜破损之后，采用指定的直接完整性检测方法评估膜单元的完整性。

（4）通过逐步增加尺寸或数量造成更明显的破损，直到直接完整性检测可探测到响应值。这个可测最小响应值即为用于计算直接完整性检测灵敏度的 ΔP_{test} 值。

H.3.1.3　扩散损失和基线衰减

在适宜条件下，可将对基线完整性检测响应值产生影响的扩散损失从灵敏度检测的最小可测响应值中扣除。例如，如果完整性良好的膜单元压力衰减速率通常为 0.05psi/min，由完整性缺陷明确导致的最小压力衰减速率为 0.12psi/min，由完整性缺陷导致的响应值增量为 0.07psi/min，此值可用于灵敏度计算，如式（H-10）所示（式 H-8 的变形）：

$$Q_{air} = \frac{(\Delta P_{test} - D_{base}) \cdot V_{sys}}{P_{atm}} \tag{H-10}$$

式中　Q_{air}——气体流量，L/min；

　　　ΔP_{test}——完整性检测期间的压力衰减速率，psi/min；

　　　D_{base}——基线压力衰减，psi/min；

　　　V_{sys}——检测期间系统内的压缩空气体积，L；

　　　P_{atm}——大气压力，psia。

一般情况下，薄壁非对称膜在直接完整性检测期间的扩散损失较易识别。膜生产商应提供是否会产生明显扩散损失的相关信息。若膜过滤系统需要较高的灵敏度，那么十分有必要考虑基线的扩散损失。针对会产生明显扩散损失且膜生产商无法提供基线衰减值的情况，本节提供了估测此衰减值的方法。

MF、UF 和 MCF 膜在直接完整性检测期间的扩散损失，是由于用于检测的部分压缩空气溶解进润湿膜孔的水中，随后被输送至膜表面外侧。为了计算此扩散损失，可假设水充满膜孔并形成厚度为 z 的薄膜，与通过水膜扩散相比，透过膜材料直接扩散的量很小。

根据以上假设，溶解性损失与其影响参数的关系见式（H-11）。

$$Q_{\text{diff}} = 6 \cdot \left(\frac{D_{\text{aw}} \cdot A_{\text{m}} \cdot (P_{\text{test}} - BP) \cdot H \cdot \varepsilon}{z} \right) \cdot \left(\frac{R_{\text{gas}} \cdot T}{P_{\text{atm}}} \right) \tag{H-11}$$

式中　Q_{diff}——气体通过膜孔内水的扩散流量，L/min；

　　　D_{aw}——气体在水中的扩散系数，cm^2/s；

　　　A_{m}——进行直接完整性检测的膜面积，m^2；

　　　P_{test}——膜的检测压力，psi；

　　　BP——检测期间系统的背压，psi；

　　　H——气-水系统的亨利常数，$mol/psi\text{-}m^3$；

　　　ε——膜的孔隙率，无量纲的小数；

　　　z——膜厚度，mm；

　　　R_{gas}——通用气体常数，L-psia/mol-K；

　　　T——直接完整性检测期间的水温，K；

　　　P_{atm}——大气压力，psia；

　　　6——单位转换系数。

注意到无量纲的膜孔隙率（ε）定义为膜单元中膜孔面积与膜表面积的比值。此值不应与 MF、UF 和 MCF 膜的膜孔尺寸相混淆，后者是以膜表面开孔尺寸的形式给出的。如有必要，膜材料的开孔率通常由生产商提供。此外，扩散路径受孔隙形态、弯曲程度以及跨膜压差等因素影响，在公式（H-11）中通过膜厚度（z）估测。由于膜的孔隙形态、弯曲程度很难测定，导致扩散路径很难精确定量，Farahbakhsh（2003）建立了一种联合考虑以上两种因素的更为精确的经验方法。扩散系数（D_{aw}）和亨利常数（H）均与温度有关，亨利常数还随水中溶解性固体浓度的不同略有变化。但是以上影响可能会部分抵消，并不显著。作为以上变量函数的 D_{aw} 和 H 可在文献中的标准表格中查询。

式（H-11）给出的参数适用于平板膜，如用于装配滤芯的膜。对于中空纤维膜，如 MF 和 UF 系统，公式需作如下调整，见式（H-11（a））：

$$A_{\text{m}} = \frac{(A_2 - A_1)}{\ln(A_2/A_1)} \tag{H-11(a)}$$

式中　A_{m}——实施直接完整性检测的膜面积的对数平均值，m^2；

　　　A_1——根据膜丝内径计算的实施直接完整性检测的膜面积；

　　　A_2——根据膜丝内外径计算的实施直接完整性检测的膜面积。

$$z = r_2 - r_1;$$

　　　z——膜丝半径差，mm；

　　　r_1——中空纤维膜内半径；

　　　r_2——中空纤维膜外半径。

通常认为，气体向膜外的扩散可降低 LRV_{DIT} 测定值，在大多数情况下，与破损处的气体流量相比，扩散量还是较少的。然而，如果膜的性质决定其可允许大量气体扩散通过（如孔隙率异乎寻常地高）或需要很高的灵敏度，那么有必要计算扩散损失。一般地，水处理膜系统产水期间的扩散量数据十分有限；但是 MF/UF 膜生产商通常可以提供其特定系统在基于压力的直接完整性检测期间的基线衰减数据，因此一般不必采用式（H-11）计算扩散损失的准确值。

当生产商无法提供数据时，最好直接测定完整性良好的膜单元的基线压力衰减情况，应使用清洁的膜进行测定，以防污堵对破损产生人为干扰。由于扩散损失与温度成正比（如式（H-11）所示），且扩散系数（也与扩散损失成正比）也随温度上升而增加，因此为了得到准确的扩散损失值，应在典型水温下测定膜过滤系统的基线衰减情况。应记录测试温度以备查。

对于 NF 和 RO 等半透膜，空气会扩散通过膜材料产生扩散损失。然而，由于 NF 和 RO 膜组件是单独生产并由人工推入过滤系统的膜壳，因此微小的密封不严的情况很难与基线衰减相区分。因此建议针对特定情况对各个膜单元分别实施基于压力的直接完整性检测，从而确定 NF/RO 系统的基线响应值。

如果膜组件生产商能够提供单位膜面积的典型气体扩散速率，那么可计算整个膜单元的理论扩散气量，此值可与单个膜单元的基线测定值相比较。如果测得的基线明显高于扩散损失预测值，则意味着存在完整性问题，有必要通过诊断测试（见 4.8 节）来确认额外流量或压力损失的来源。如果膜组件生产商仅能提供空气通过膜材料的扩散系数，则可通过式（H-12）估计已知膜面积的膜单元的气体扩散流量：

$$Q_{\text{diff}} = 6 \cdot \left(\frac{D_{\text{am}} \cdot A_{\text{m}} \cdot (P_{\text{test}} - BP) \cdot H}{z} \right) \cdot \left(\frac{R_{\text{gas}} \cdot T}{P_{\text{atm}}} \right) \tag{H-12}$$

式中　Q_{diff}——气体通过半透膜的扩散流量，L/min；

　　　D_{am}——气体通过饱和半透膜的扩散系数，cm^2/s；

　　　A_{m}——进行直接完整性检测的膜面积，m^2；

　　　P_{test}——膜的检测压力，psi；

　　　BP——检测期间系统的背压，psi；

　　　H——气——水系统的亨利常数，$mol/psi\text{-}m^3$；

　　　z——膜厚度，mm；

　　　R_{gas}——通用气体常数，L-psia/mol-K；

　　　T——直接完整性检测期间的水温，K；

　　　P_{atm}——大气压力，psia；

　　　6——单位转换系数。

注意到气体扩散通过多孔膜和半透膜的公式——式（H-11）和式（H-12）——十分相似。以上两式的区别仅为用于半透膜的式（H-12）不需代入膜的孔隙率，而采用的是膜与束缚在膜材料微观间隙内的水融合形成的复合膜层的扩散系数。

由于卷式 NF/RO 膜一般具有两层或两层以上的复合结构，因此确定膜生产商提供的扩散系数（D_{am}）所对应的膜层对膜厚度（z）的取值十分关键。例如，扩散系数可能对应的是较薄的活性半透层，此时膜厚度仅指本层。此外，如果扩散系数是对气体扩散通过所有膜层的整体反映，则此时的厚度应为包括所有膜层的全部膜厚。

式（H-11）和式（H-12）均表明，扩散气体流量与膜面积、直接完整性检测施加的压力以及系统背压成正比。因此，系统中不同尺寸膜单元的扩散衰减应分别测定，若施加的检测压力或系统背压调整后也应重新计算。

如果采用 H.3.1.2 节描述的方法通过 ALCR 计算灵敏度，在存在明显扩散的情况下，为计算扩散气流，式（H-6）经变形得到式（H-13）：

$$Q_{\text{breach}} = \frac{Q_{\text{air}} - Q_{\text{diff}}}{\text{ALCR}} \tag{H-13}$$

式中　Q_{breach}——过滤期间的临界破损尺寸流量，L/min；

　　　Q_{air}——基于压力的直接完整性检测中通过临界破损处的气体流量，L/min；

　　　Q_{diff}——气体扩散流量，L/min；

　　　ALCR——气液转换率，无量纲；

注意到基于压力的直接完整性检测中通过临界破损处的气体流量（Q_{air}）包括扩散损失，因此其始终大于气体扩散流量（Q_{diff}）。如本节开始部分所述，若在完整性检测期间通过式（H-10）已在总压力衰减速率（ΔP_{test}）中扣除了基线衰减部分，那么不应再用式（H-13）计算。

将式（H-13）和式（H-7）合并后得到式（H-14），此式在考虑扩散损失的前提下采用 ALCR 计算灵敏度。

$$\text{LRV}_{\text{DIT}} = \log\left(\frac{Q_{\text{p}} \cdot \text{ALCR}}{\text{VCF} \cdot (Q_{\text{air}} - Q_{\text{diff}})}\right) \tag{H-14}$$

式中　LRV_{DIT}——以 LRV 表示的直接完整性检测的灵敏度，无量纲；

　　　Q_{p}——滤过液流量，L/min；

　　　ALCR——气液转换率，无量纲；

　　　VCF——体积浓度系数，无量纲；

　　　Q_{air}——气体流量，L/min；

　　　Q_{diff}——扩散气体流量，L/min。

应注意，式（H-13）和式（H-14）可用于 MCF、MF/UF 和 NF/RO 膜过滤系统。

H.3.2　基于标记物的检测

与示踪检测期间对数去除值的计算类似，基于标记物的直接完整性检测的灵敏度是通过直接计算对数去除值得到的，如式（H-15）所示：

$$\text{LRV}_{\text{DIT}} = \log(C_{\text{f}}) - \log(C_{\text{p}}) \tag{H-15}$$

式中　LRV_{DIT}——以 LRV 表示的直接完整性检测的灵敏度，无量纲；

　　　C_{f}——进料浓度，数量或质量/体积；

　　　C_{p}——滤过液浓度，数量或质量/体积。

在使用式（H-15）计算基于标记物的检测的灵敏度时，LT2ESWTR 规定进料浓度 C_{f} 为检测标记物的典型浓度，滤过液浓度 C_{p} 为标记物在完整性良好膜单元滤过液中的基线浓度。如果滤过液中未检测到标记物，则 C_{p} 必须设置为与检测限相等。与基于压力的灵敏度计算不同，式（H-15）并未引入 VCF。在基于标记物的检测中，由于已经测定了滤过液的标记物浓度，因此无需考虑膜进水侧的浓缩作用。此检测中通过膜破损处滤过液标记物浓度的上升将体现进水侧的浓缩作用。

由于进水中标记物浓度易发生变化，系统运行期间的日常 LRV 值也会产生波动。为通过式（4-15）确定基于标记物的直接完整性检测的灵敏度，有必要设定一个适宜的保守投量，以保证日常所测 LRVs 符合 LRV_{DIT} 值，出现完整性缺陷时超过 LRV_{DIT} 值。建立此保守方法的一个例子就是将进水中标记物预期浓度区间的下限值设定为灵敏度检测计算的投加浓度。基于标记物的直接完整性检测的投加浓度必须足够大,以满足法规对隐孢子虫 LRV 的规定。由于典型进水中 $3\mu m$ 分辨率的颗粒数量通常不足,导致其显示能力不够,因此一般需要在基于标记物的检测中进行加标操作。

为了增加基于标记物的直接完整性检测的灵敏度和可靠性,使用精确的方法测定进料和滤过液浓度十分关键。由于进料和滤过液浓度通常相差几个数量级,因此需要建立动态量程较宽的分析方法。如果使用一套设备无法满足此量程,则需两套不同的设备来分别测定浓度。除设备的动态量程外,为分析不同浓度范围,取样体积会有不同;但为计算 LRV,标记物浓度必须以相同容积表达。基于标记物颗粒或分子标记物的直接完整性检测的一些具体注意事项将在 4.7.5 节中讨论。

H.4 检测频率

目前,大部分直接完整性检测均需对膜单元进行离线操作并以间歇方式实施,这就需要在验证系统完整性和减少系统停机时间(即减少产能)之间寻求平衡。此外,虽然一些基于标记物的检测可在膜单元在线产水期间进行,但是此种方式既不易操作也不经济。因此膜过滤系统直接完整性检测的实施频率是以上各种矛盾相互妥协的结果。

LT2ESWTR 规定运行的膜单元至少每天实施一次直接完整性检测,除非政府批准降低检测频率(40CFR141.719(b)(3)(vi))。规定此最小检测频率的目的是在尽可能经常地验证系统完整性和满足费用与产能需求之间做出平衡,同时也是根据一项 USEPA 报告(USEPA2001)中统计的现有膜过滤设施按日实施直接完整性检测的习惯做法做出的决定。需要强调的是,法规要求每个膜单元均按日实施直接完整性检测,即使膜单元每天仅运行几小时。为保证直接完整性检测间隔大致恒定,建议每天大约在同一时刻对特定膜单元进行检测(在特定场地设备操作允许的前提下),但这并未在法规中特别规定。

为保证系统符合法规要求,政府可在自由裁量权范围内规定增加或降低完整性检测的频率,其中降低测试频率必须满足具有可验证的工艺可靠性、去除隐孢子虫的多级屏障或可靠的系统保障措施等前提条件(40CFR141.719(b)(3)(vi))。例如,在工艺可靠性方面,政府可在膜过滤系统具备如下可验证的长期运行记录之一时选择降低直接完整性检测频率:从未检测出完整性缺陷;虽零星检出完整性缺陷但不足以影响系统完成授权的去除配额。此外,如果全处理流程(包括膜过滤和其他工艺)中至少有一种其他工艺可完成相当比例的隐孢子虫去除配额时,政府也可降低规定的检测频率。在此情况下,即使出现了较小的完整性缺陷,政府也可保证多级屏障工艺完全满足 LT2ESWTR 的规定。

若利用其他安全措施缓解潜在完整性缺陷带来的风险,政府也可能允许降低直接完整性检测的频率。其中的一种对策即为设置滤过液贮存设施,保证其停留时间不小于直接完整性检测的间隔时间。如果检测到了完整性缺陷,此贮存设施将为运行单位采取必要的缓解措施提供充足的时间,保证所有污染风险在产水进入配水系统之前已经得到控制。另一种可能就是使用经过验证的灵敏度相对较高的连续间接完整性监测方法。此对策的原理在于,虽然降低了灵敏度较高(与间接监测方法相比)的直接完整性检测的实施频率,但是在直接检测间隔期探测完整性缺陷的能力有所增加。

注意到任何直接完整性检测频率的降低均与政府的自由裁量权有关，政府可依据上文建议的任何一项对策做出决定，或规定其认为合适的数值。此外，虽然法规未作出规定，但是在系统启动阶段等某些特定情况下宜增加检测频率。对于依赖膜过滤实现较高的隐孢子虫对数去除量的系统而言，由于与完整性缺陷相关的风险较高，因此宜设置较高的直接完整性检测频率。对膜单元实施频率高于每天一次的直接完整性检测，可由运行单位自行设置，也可由政府按照自由裁决权作出规定。

H.5 控制限值设置

控制限值（CL）是一个响应值，超出此值则预示着系统出现了潜在问题并触发响应机制。可设置不同层次的多级 CLs 来反映潜在问题的严重程度。在直接完整性检测中，CLs 的级别与各类完整性缺陷程度有关。根据 LT2ESWTR 规定，CL 值必须在直接完整性检测灵敏度限值范围内，且必须在满足政府授权的隐孢子虫去除配额的完整性良好膜单元的检测极限响应值基础上设定（40CFR141.719（b）（3）（iv））。运行单位或政府可选择建立一系列分级 CLs 来代表不同程度的完整性缺陷，由于这一系列的 CLs 在达到法规设定的 CL 值前是逐渐增加的，因此在本指导手册中将 LT2ESWTR 强制规定的 CL 值定义为控制上限值（UCL）。如果完整性检测的结果低于 UCL，说明膜单元的 LRV 可满足系统的授权去除配额要求。相反，如果超过 UCL，则需对膜单元实施离线诊断测试（H.8节）及维修。

测定直接完整性检测灵敏度的原则也适用于测定 UCL。对于基于压力的检测，UCL 可通过 ALCR 法计算。将式（H-7）变形可得到 UCL 的表达式，如式（H-16）所示：

$$\text{UCL} = \frac{Q_p \cdot \text{ALCR}}{10^{\text{LRC}} \cdot \text{VCF}} \tag{H-16}$$

式中　UCL——以气体流量表示的控制上限值，L/min；

Q_p——膜单元设计滤过液产量，L/min；

ALCR——气液转换率，无量纲；

LRC——对数去除配额，无量纲；

VCF——体积浓度系数，无量纲。

类似地，式（H-9）经重新整理后可得到以压力衰减速率形式计算 UCL 的表达式，如式（H-17）所示：

$$\text{UCL} = \frac{Q_p \cdot \text{ALCR} \cdot P_{\text{atm}}}{10^{\text{LRC}} \cdot V_{\text{sys}} \cdot \text{VCF}} \tag{H-17}$$

式中　UCL——以压力衰减速率表示的控制上限值，psi/min；

Q_p——膜单元设计滤过液产量，L/min；

ALCR——气液转换率，无量纲；

P_{atm}——大气压力，psia；

LRC——对数去除配额，无量纲；

V_{sys}——检测期间系统内的压缩空气体积，L；

VCF——体积浓度系数，无量纲。

式（H-16）和式（H-17）中的参数取值应与用于计算灵敏度的式（H-7）和式（H-9）的相应值相同。应尽可能地选择可推导出保守 UCL 值的参数取值。

式（H-16）和式（H-17）得到的是可用作 UCL 的直接完整性检测的最大响应值，以完成政府授权的对数去除配额（LRC）。而 LRC 则必须小于等于示踪测试中得到的对数去除值（LRV_{C-Test}）或直接完整性检测的灵敏度（LRV_{DIT}）。

在式（H-16）和式（H-17）中，CLs 是以直接完整性检测的实际响应值来表示的（即相应的气体流量或压力衰减速率）。以此形式表达的 CLs 对运行人员最为有用，因为这些值可与完整性检测结果作直接比较。但是采用式（H-7）（结果为气体流量的测试）或式（H-9）（结果为压力衰减的测试）的一般形式计算 CLs 和单个直接完整性检测结果所对应的 LRVs 也有很大用处。此时，通过上式计算得到的仅为某次直接完整性检测结果所对应的 LRV（一个通用 LRV），而不是检测的灵敏度（LRV_{DIT}）。许多膜系统配有自动数据采集设备，可依据最新完整性检测结果和当前运行条件按照程序计算 LRV。通过对以上数据的显示和趋势分析可掌握系统性能变化情况。关于数据分析的更多介绍详见H.9 节。

对于基于标记物的检测，由于检测结果是以对数去除率形式表示的，因此其 UCL 即为政府授权的对数去除配额。

除 LT2ESWTR 强制设定的以外，由运行单位自行设置的或政府要求的 CLs 均被称作控制低限值（LCLs）。例如，对于尚未达到法规限值的完整性缺陷，可设置一个提示性LCL。在此情况下，LCL 可作为预防性维护的一部分，即当某膜单元 LCL 超标后迅速进行调查并在例行停机时修复，而不需立即停机。

UCL 是根据系统授权的对数去除配额计算得到的，与此不同，LCL 可根据运行单位的需要和目标进行设定。为使此值发挥应有作用，任何 LCLs 均应大于完整性良好膜单元的基线响应值并小于 UCL。膜单元的完整性检测基线值应在系统试运行期间测定，并在保证膜系统充分润湿以及完整性良好的前提下实施。基线是完整性良好膜单元的直接完整性检测结果的正常变化范围。实际上，任何 LCLs 均不会小于直接完整性检测的灵敏度（代表完整性缺陷的可准确测定的最小响应值）。

关于膜系统的灵敏度计算，对配备多级膜过滤设备的系统而言，各级 UCL 必须单独测定。因此对基于压力的检测，用于计算 UCL 的参数必须与膜单元相应级数相对应。此规定适于 LT2ESWTR 管理下的所有级数的膜组件（包括生产饮用水或处理滤后水的膜组件，但不包括产水回流至处理设施进水端的膜组件）。

H.6　案例：直接完整性检测参数的设定

H.6.1　情景

以死端过滤形式运行的浸没式负压中空纤维膜系统，政府按照 LT2ESWTR 的规定设定隐孢子虫总去除率为 3log。对系统中的一个膜单元实施压力衰减检测，假设设施高程与海平面相同。适用参数如下：

H.6.2　运行参数

（1）膜单元的允许设计产能为 1200gpm。

（2）最高允许水温 75℉（24℃）。

（3）最低允许水温 41℉（5℃）。

（4）直接完整性检测期间施加于膜单元的最大允许背压为 75 英寸水柱。

（5）直接完整性检测期间施加于膜单元的最小允许背压为 60 英寸水柱。

（6）最新压力衰减检测之前测得的背压为 65 英寸水柱。

（7）最新压力衰减检测之前测得的滤过液流量为 1000gpm。

（8）最新压力衰减检测之前测得的 TMP 为 10psi。

H.6.3　直接完整性检测参数

（1）检测期间受压管道容积为 285L。

（2）施加的初始检测压力为 16psi。

（3）压力衰减检测持续时间为 10min。

（4）检测期间的基线（扩散）衰减可忽略。

（5）完整性缺陷导致的最小可测压力衰减速率为 0.10psi/min。

（6）最新压力衰减检测结果为 0.13psi/min。

（7）最新压力衰减检测期间，水温和检测气体温度均为 68℉（20℃）。

H.6.4　膜单元和膜的特性

（1）最大允许 TMP 为 30psi。

（2）膜材料的孔型修正系数（κ）未通过实验测定，因此设定为保守值 1。

（3）膜材料相对亲水，根据政府批准的方法测得液——膜接触角（润湿角）为 30°。

（4）膜表面变化程度（粗糙度）为 0.3μm，数据由生产商提供。

（5）中空纤维内径为 500μm。

（6）膜丝插入铸封材料的深度为 50mm。

（7）完整性缺陷处可能出现的流体，流态均为湍流。

H.6.5　计算

（1）满足隐孢子虫去除所需 3μm 分辨率要求的直接完整性检测最小压力。

（2）直接完整性检测的灵敏度。

（3）系统 UCL。

（4）经最新直接完整性检测验证的 LRV。

H.6.6　求解

（1）计算满足隐孢子虫去除所需 3μm 分辨率要求的直接完整性检测最小压力

$$P_{\text{test}} = (0.193 \cdot \kappa \cdot \sigma \cdot \cos\theta) + BP_{\max} \qquad \text{（H-1）}$$

$$\kappa = 1 \qquad\qquad \text{已知条件}$$

$$\sigma = 74.9\mathrm{dyn/cm} \qquad\qquad 5℃\ 时水的表面张力$$

$$\theta = 30° \qquad\qquad 已知条件$$

$$BP_{\max} = 75\mathrm{in}(水柱) \qquad\qquad 已知条件$$

$$P_{\mathrm{test}} = \left(0.193\,\frac{\mathrm{psi \cdot cm}}{\mathrm{dyn}} \cdot 1.0 \cdot 74.9\,\frac{\mathrm{dyn}}{\mathrm{cm}} \cdot \cos(30°)\right) + \frac{75\mathrm{in}(水柱)}{27.7\,\dfrac{\mathrm{in}(水柱)}{\mathrm{psi}}}$$

$$P_{\mathrm{test}} = 12.5\mathrm{psi} + 2.7\mathrm{psi}$$

$$P_{\mathrm{test}} = 15.2\mathrm{psi}$$

由于此案例假设可忽略基线扩散损失，因此以上计算结果即为所需最小检测压力。若扩散损失无法忽略，P_{test} 则代表着压力下限，检测期间必须保持压力大于此值才能满足分辨率要求，即施加的压力应大于 P_{test} 与检测期间的预期压力衰减之和。在本案例中，由于施加的检测压力为 16psi，故满足 LT2ESWTR 对分辨率的要求。

（2）计算直接完整性检测的灵敏度

$$\mathrm{LRV_{DIT}} = \log\left(\frac{Q_{\mathrm{p}} \cdot \mathrm{ALCR} \cdot P_{\mathrm{atm}}}{\Delta P_{\mathrm{test}} \cdot V_{\mathrm{sys}} \cdot \mathrm{VCF}}\right) \qquad\qquad \text{(H-9)}$$

$$Q_{\mathrm{p}} = 1200\mathrm{gpm} \qquad\qquad 设计滤过液产量（已知条件）$$

$$P_{\mathrm{atm}} = 14.7\mathrm{psia} \qquad\qquad 海平面处的大气压力（已知条件）$$

直接完整性检测期间选用较高的最小背压，以得到较为保守的灵敏度值。

$$\Delta P_{\mathrm{test}} = 0.10\mathrm{psi/min} \qquad\qquad 最小压力衰减速率（已知条件）$$

$$V_{\mathrm{sys}} = 258\mathrm{L} \qquad\qquad 已知条件$$

$$\mathrm{VCF} = 1 \qquad\qquad 死端过滤模式的标准值$$

$$\mathrm{ALCR} = ? \qquad\qquad 待计算$$

查询表 4.1 和附录 C❶——使用达西管道流模型

$$\mathrm{ALCR} = 170 \cdot Y \cdot \sqrt{\frac{(P_{\mathrm{test}} - BP) \cdot (P_{\mathrm{test}} + P_{\mathrm{atm}})}{(460 + T) \cdot \mathrm{TMP}}} \qquad\qquad \text{(C.4)}❶$$

$$P_{\mathrm{test}} = 16\mathrm{psi} \qquad\qquad 初始检测压力（已知条件）$$

若完整性良好的膜单元扩散作用（基线压力衰减）明显，为了保证得到较为保守的 ALCR 值，将此值代入式 C.4❶之前应将检测期间累积衰减值从初始检测压力中扣除。

$$BP = 60\mathrm{in}\ 水柱 \qquad\qquad 最小背压（已知条件）$$

$$P_{\mathrm{atm}} = 14.7\mathrm{psia} \qquad\qquad 海平面处大气压力（已知条件）$$

$$T = 75℉ \qquad\qquad 最高允许温度（已知条件）$$

$$\mathrm{TMP} = 30\mathrm{psi} \qquad\qquad 最高允许 TMP（已知条件）$$

系统背压、温度以及跨膜压差（TMP）均按照可得到保守（较低）ALCR 值而取值，从而可得到保守的灵敏度值。

$$Y = ? \qquad\qquad 净扩散系数（待求）$$

如附录 C❶中的式 C.5❶所示，气体压缩系数（Y）是检测压力（P_{test}）、检测期间系统背压（BP）、大气压力（P_{atm}）以及流阻系数（K）的函数：

---

❶　为《膜过滤指导手册》中的附录和公式。

$$Y = \propto \left[\frac{1}{\left(\dfrac{P_{\text{test}} - BP}{P_{\text{test}} + P_{\text{atm}}} \right)}, K \right] \tag{C.5}❶$$

在式 C.5❶中第一个参数较大、K 值较小时可得到较小的 Y 值。因此，应从得到较小 Y 值的角度考虑以上变量的取值，这将得到较小的 ALCR 值以及更为保守的测试灵敏度。

式 C.5❶的第一个参数取值：

$$P_{\text{test}} = 16\text{psia}$$
$$BP = 75\text{in（水柱）}$$
$$P_{\text{atm}} = 14.7\text{psia}$$

$$\left(\frac{P_{\text{test}} - BP}{P_{\text{test}} + P_{\text{atm}}} \right) = \left[\frac{16\text{psi} - \dfrac{75\text{in（水柱）}}{27.7\,\dfrac{\text{in（水柱）}}{\text{psi}}}}{16\text{psi} + 14.7\text{psi}} \right] = 0.43$$

流阻系数在附录 C❶的式 C.6❶中做了规定：

$$K = f \cdot \frac{L}{d_{\text{fiber}}} \tag{C.6}❶$$

$$L = 50\text{mm} \qquad\qquad 铸封深度（已知条件）$$
$$d_{\text{fiber}} = 0.5\text{mm} \qquad\qquad 膜丝直径（已知条件）$$
$$f = ? \qquad\qquad 摩擦系数（待求）$$

摩擦系数可采用附录 C❶中的迭代法计算得到。

$$f = 0.037 \qquad\qquad 摩擦系数（迭代法求得）$$

$$K = f \cdot \frac{L}{d_{\text{fiber}}} = (0.037) \times \left(\frac{50\text{mm}}{0.5\text{mm}} \right) = 3.7$$

根据 Crane（1988）文献第 A-22 页的表格以及上文得到的数值计算：

$$\left(\frac{P_{\text{test}} - BP}{P_{\text{test}} + P_{\text{atm}}} \right) = 0.43, \; K = 3.7$$

得到如下 Y 值：

$$Y = 0.78$$

得到 Y 值后，计算 ALCR 值：

$$\text{ALCR} = 170 \cdot Y \cdot \sqrt{\frac{(P_{\text{test}} - BP) \cdot (P_{\text{test}} + P_{\text{atm}})}{(460 + T) \cdot \text{TMP}}}$$

$$\text{ALCR} = 170 \cdot (0.78) \cdot \left[\frac{\left(16\text{psi} - \dfrac{75\text{in（水柱）}}{27.7\,\dfrac{\text{in（水柱）}}{\text{psi}}} \right) \cdot (16\text{psi} + 14.7\text{psi})}{(460°\text{F} + 75°\text{F}) \cdot 30\text{psi}} \right]^{0.5}$$

$$\text{ALCR} = 21.1$$

将此值代入式（H-9）计算灵敏度：

$$\text{LRV}_{\text{DIT}} = \log \left[\frac{\left(1200\text{gpm} \cdot 3.785\,\dfrac{\text{L}}{\text{gal}} \right) \cdot 21.1 \cdot (14.7\text{psi})}{0.10\,\dfrac{\text{psi}}{\text{min}} \cdot 285\text{L} \cdot 1} \right]$$

---

❶ 为《膜过滤指导手册》中的附录和公式。

$$\text{LRV}_{\text{DIT}} = 4.7$$

故此膜过滤系统可验证的最大去除率为 4.7log。

（3）计算系统 UCL

$$\text{UCL} = \frac{Q_{\text{p}} \cdot \text{ALCR} \cdot P_{\text{atm}}}{10^{\text{LRC}} \cdot V_{\text{sys}} \cdot \text{VCF}} \tag{H-17}$$

式中　UCL = 以压力衰减速率表示的控制上限值（psi/min）

$Q_{\text{p}} = 1200\text{gpm}$	设计滤过液产量（已知条件）
$\text{ALCR} = 21.1$	根据上文本案例第 2 部分计算
$P_{\text{atm}} = 14.7\text{psia}$	海平面处大气压力（已知条件）
$\text{LRC} = 3$	（已知条件）
$V_{\text{sys}} = 285\text{L}$	（已知条件）
$\text{VCF} = 1$	死端过滤模式的标准值

$$\text{UCL} = \frac{\left(1200\text{gpm} \cdot 3.785 \frac{L}{\text{gal}}\right) \cdot 21.1 \cdot (14.7\text{psi})}{10^3 \cdot 285\text{L} \cdot 1}$$

$$\text{UCL} = 4.9\text{psi/min}$$

（4）计算经最新直接完整性检测验证的 LRV

除计算灵敏度外，将此次检测的变量取值代入式（H-9），也得到了经最新直接完整性检测验证的 LRV 值。

$$\text{LRV}_{\text{DIT}} = \log\left(\frac{Q_{\text{p}} \cdot \text{ALCR} \cdot P_{\text{atm}}}{\Delta P_{\text{test}} \cdot V_{\text{sys}} \cdot \text{VCF}}\right) \tag{H-9}$$

式中　$Q_{\text{p}} = 1000\text{gpm}$　　　　　　　　　　　　　设计滤过液产量（已知条件）

$P_{\text{atm}} = 14.7\text{psia}$　　　　　　　　　　　　海平面处的大气压力（已知条件）

$\Delta P_{\text{test}} = 0.13\text{psi/min}$　　　　　　　　　压力衰减速率测定值（已知条件）

$V_{\text{sys}} = 258\text{L}$　　　　　　　　　　　　　　　　　已知条件

$\text{VCF} = 1$　　　　　　　　　　　　　　　　　死端过滤模式的标准值

$\text{ALCR} = 21.1$　　　　　　　　　　　　根据上文本案例第 2 部分计算

注意，由于 ALCR 的计算中取的是保守值，因此采用式（H-9）通过压力衰减检测计算 LRV 时，无需重新计算 ALCR 值。

将参数值代入式（H-9）计算灵敏度：

$$\text{LRV} = \log\left[\frac{\left(1000\text{gpm} \cdot 3.785 \frac{L}{\text{gal}}\right) \cdot 21.1 \cdot (14.7\text{psi})}{0.13 \frac{\text{psi}}{\text{min}} \cdot 285\text{L} \cdot 1}\right]$$

$$\text{LRV} = 4.5$$

本案例第 4 部分的结果表明了运行期间膜单元产水量和完整性检测结果对即时 LRV 值的影响。虽然第 2 部分在系统膜单元典型运行条件下通过直接完整性检测进行灵敏度分析得到的 LRV 值为 4.7，但是以 83% 产水量运行、且存在已知完整性缺陷导致压力衰减速率高于基线值时，实测 LRV 值降为 4.5。由于此实测 LRV 值仍远高于法规规定的 LRC3.0 限值，故在此条件下运行仍可保证系统符合 LT2ESWTR 的要求。

H.7　检测方法

LT2ESWTR 并未限定使用某种特定的直接完整性检测方法,任何满足法规规定的方法均可使用(40CFR141.719(b)(3))。目前应用于市政水处理方面的两大类检测分别为基于压力的检测和基于标记物的检测。在以上两类检测中,常用的检测方法将在下文进行介绍,包括压力和真空衰减检测、扩散气流检测、水置换检测、颗粒和分子标记检测。介绍内容包括实施以上检测的一般程序以及各类检测方法的优缺点。以上检测的特定操作条件应根据生产商、现场及系统具体情况确定。

本指导手册并不试图囊括所有满足 LT2ESWTR 要求的直接完整性检测方法。对于任何符合法规对直接完整性检测的定义且满足规定分辨率、灵敏度和检测频率的方法,均可由政府自行决定是否可用于系统合规检验。

H.7.1　压力衰减检测

基于压力的压力衰减检测是目前最常见的直接完整性检测,一般在配备多孔膜材料的 MF、UF 及 MCF 系统中使用。在压力衰减检测中,向系统施加一个低于膜材料泡点值的压力,此后测定几分钟内的压力衰减情况。完整性良好的膜单元将会保持初始检测压力或仅有很小的衰减速率。应注意,由于压力衰减检测在压力驱动和真空驱动系统中均以正压方式操作,故此检测对以上两种系统均适用。压力衰减检测原理如图 H-1 所示。

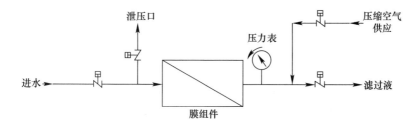

图 H-1　压力衰减检测示意图

压力衰减检测的一般程序概述如下:

(1) 膜一侧排水

对于中空纤维膜系统,通常需排放膜丝内的水,按照系统"由内向外"或"由外向内"的运行方式,排放的分别是进水和滤过液。

(2) 在完全润湿膜的排水侧增压

所施加的压力必须低于膜的泡点压力(即克服将水保留于膜孔内的毛细管力所需压力)。对于不同系统,压力衰减检测施加的压力一般介于 4~30psi,压力大小受膜结构限制。为满足 LT2ESWTR 的规定,必须施加足够大的压力以符合式(H-1)中 $3\mu m$ 的分辨率限值。对于采用浸没式膜组件的系统,检测通常施加于滤过液一侧,并不放空膜池。因此,在通过检测计算实际分辨率时,必须考虑膜单元最深处产水的静水压,详见 4.2 节。

(3) 停止施压并监测指定时间段内的压力衰减

若施压后膜材料、管道或系统的其他部件未出现泄漏,则气体仅可经由完全润湿膜的膜孔内的水向外扩散。为测定稳定的衰减速率，通常需持续监测 5～10 分钟。检测得到的压力衰减速率应与 UCL（或同时设定的任何 LCLs）相比较，以判断是否应进行后续操作。

压力衰减检测的优点包括：

1）在大多数情况下可满足 $3\mu m$ 的分辨率限值。

2）根据检测参数以及系统条件的不同，可检测出单根膜丝断裂以及膜丝内壁的小孔。

3）大多数 MF 和 UF 系统的标准配置。

4）自动化程度高。

5）广泛应用并得到政府认可。

6）在某些情况下也可用于隔离膜单元中破损膜组件的诊断测试（见 H.8.1 节）。

压力衰减检测的局限性包括：

1）无法连续监测完整性。

2）计算检测灵敏度时需要测定系统压缩空气的容积（见式 H-8）。

3）膜未完全润湿（可能在新安装的膜或疏水膜难以润湿时出现，也可能在带气反冲洗后立即测定时出现）时易产生假阳性结果。

4）水平安装的膜可能因排水和排气不畅而导致此检测方法难以应用。

除以上缺点外，关于压力衰减检测需特别注意的另一个问题是，即使满足 UCL 要求，也可能出现影响检测灵敏度的较高衰减速率。例如，若检测期间压力衰减速率过大，导致因作用于膜表面的压力过低而无法满足灵敏度限值，则此检测将不符合法规要求。因此应对参数进行设定，以保证压力衰减检测全程均符合 $3\mu m$ 的灵敏度限值，详见 H-2 节。

H.7.2　真空衰减检测

真空衰减检测与压力衰减检测类似，区别在于此检测压力是通过在膜表面抽真空施加的，在一段时间内监测真空度（与压力相反）衰减速率。完整性良好的膜单元将会保持初始检测真空度或仅有很小的衰减速率。此检测一般用于卷式 NF 和 RO 膜。真空衰减检测原理如图 H-2 所示。

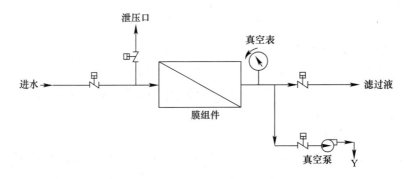

图 H-2　真空衰减检测示意图

真空衰减检测的一般程序概述如下：

（1）膜一侧排水

通常需空放卷式 NF 或 RO 膜滤过液测的水。

（2）在完全润湿膜的排水侧抽真空

检测期间的真空值一般介于 20～26 英尺汞柱之间，检测中膜可承受的真空度受膜结构限制。为满足 LT2ESWTR 的规定，必须产生足够大的真空度以符合 $3\mu m$ 的分辨率限值。

（3）停止抽真空并监测指定时间段内的真空度衰减

若真空条件下膜材料、管道或系统的其他部件未出现泄漏，则检测期间真空度不应衰减。为测定稳定的衰减速率，通常需持续监测 5～10min。检测得到的压力衰减速率应与 UCL（或同时设定的任何 LCLs）相比较，以判断是否应进行后续操作。

真空衰减检测的优点包括：

1）可用于卷式膜或其他无法在膜滤过液测施压系统的检测。

2）在大多数情况下可满足 $3\mu m$ 的分辨率限值。

真空衰减检测的局限性包括：

1）无法连续监测完整性。

2）在目前运行的生产系统中未得到广泛应用。

3）检测完成后系统内的气体难以排出。

4）计算检测灵敏度时需要测定真空状态下系统内的空气容积（见式 H-8）。

与压力衰减检测类似，关于真空衰减检测需特别注意的另一个问题是，即使满足 UCL 要求，也可能出现影响检测灵敏度的较高衰减速率。因此，若检测期间真空度衰减速率过大，导致因作用于膜表面的真空度过低而无法满足灵敏度限值，则此检测将不符合法规要求。因此应对参数进行设定，以保证真空衰减检测全程均符合 $3\mu m$ 的灵敏度限值。

H.7.3　扩散气流检测

扩散气流检测直接测定通过膜破损处的气体流量（Q_{air}）。与压力衰减检测类似，扩散气流测试也是以泡点理论为基础，一般用于 MF、UF 及 MCF 系统。本检测并不测定压力衰减速率，而是在检测压力保持恒定的前提下测定通过破损处的气体流量。若系统无破损，则经由完全润湿膜的膜孔内的水扩散出去的气体通常流量很小。此扩散气体流量即为完整性良好的膜单元的检测基线。

扩散气流测试尚未在市政水处理设施内得到广泛应用，部分原因是大部分 MF 和 UF 系统均采用压力衰减检测作为标准配置。但扩散气流检测用于检验消毒用滤芯式过滤器的完整性已有较长时间，Meltzer（1987）、Vickers（1993）和 Johnson（1997）等人的文献也对其做了论述。扩散气流检测原理如图 H-3 所示。

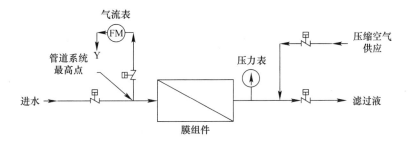

图 H-3　扩散气流检测示意图

扩散气流检测一般程序与压力衰减检测类似，概述如下：

（1）膜一侧排水

对于中空纤维膜系统，通常需排放膜丝内的水，按照系统"由内向外"或"由外向内"的运行方式，排放的分别是进水和滤过液。

（2）在完全润湿膜的排水侧增压

所施加的压力必须低于膜的泡点压力（即克服将水保留于膜孔内的毛细管力所需压力）。与压力衰减检测类似，对于不同系统，扩散气流检测期间施加的压力一般介于 4～30psi，压力大小受膜结构限制。为满足 LT2ESWTR 的规定，必须施加足够大的压力以符合 $3\mu m$ 的分辨率限值。

（3）保持压力恒定并监测指定时间段内的气体流量

若膜材料、管道或系统的其他部件未出现泄漏，则气体仅可经由完全润湿膜的膜孔内的水向外扩散。为测定稳定的气体流量，通常需持续监测 5～10min。检测得到的气体流量应与 UCL（或同时设定的任何 LCLs）相比较，以判断是否应进行后续操作。

扩散气流检测的优点包括：

1）可直接测定通过完整性缺陷处的气体流量。

2）在大多数情况下可满足 $3\mu m$ 的分辨率限值。

扩散气流检测的局限性包括：

1）无法连续监测完整性。

2）所需气体流量测定设备通常不属于膜过滤系统的标准配置。

3）在目前运行的生产系统中未得到广泛应用。

4）膜未完全润湿（可能在新安装的膜或疏水膜难以润湿时出现，也可能在带气反冲洗后立即测定时出现）时易产生假阳性结果。

H. 7. 4　排水检测

排水检测与扩散气流检测类似，区别在于本检测并不测定实际气体流量，而是测定完整性缺陷处通过的气体所排出的水的体积。即透过膜的气体将取代相应体积的水。此检测仅可用于正压运行的膜系统（与在负压下运行的浸没式系统相反）。首先测定设定时间内的排水体积，然后将其转换为相应的气体体积并计算气体流量（Q_{air}）。若系统无破损，则气体扩散产生的排水流量一般会很小，此流量即为代表膜系统完整性良好的检测基线。排水体积（或流量）较大则表明出现了完整性缺陷。应注意，虽然本检测测定的是发生完整性缺陷时的水流量，但是此流量并不代表用于测定直接完整性检测灵敏度的临界破损尺寸流量（Q_{breach}）。

在 Jacangelo 等人编制的美国自来水厂协会研究基金会（AWWARF）报告（1997）中对排水测试做了描述。虽然此检测在市政饮用水处理厂并不常用，但是具有操作简单、设备量少、可检测单根膜丝断裂尺度上的完整性缺陷等优点。AWWARF 报告出版后，此完整性检测已用于新西兰陶兰加市（Tauranga）的膜过滤设施。排水检测原理如图 H-4 所示。

排水检测一般程序与扩散气流检测类似，概述如下：

（1）膜一侧排水

对于中空纤维膜系统，通常需排放膜丝内的水，按照系统"由内向外"或"由外向内"的运行方式，排放的分别是进水和滤过液。

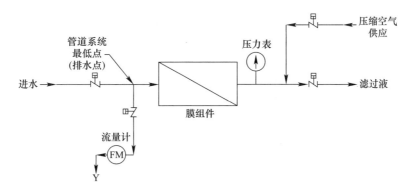

图 H-4　排水检测示意图

（2）在完全润湿膜的排水侧增压

所施加的压力必须低于膜的泡点压力（即克服将水保留于膜孔内的毛细管力所需压力）。针对不同系统，排水检测期间施加的压力一般介于 4～30psi，压力大小受膜结构限制。为满足 LT2ESWTR 的规定，必须施加足够大的压力以符合 $3\mu m$ 的分辨率限值。由于检测期间膜一侧必须保持被水浸没，因此会存在水力背压。若背压较大，必须在分辨率计算中加以考虑，详见 H.2 节。

（3）保持压力恒定并监测指定时间段内的流量

若膜材料、管道或系统的其他部件未出现泄漏，则气体仅可经由完全润湿膜的膜孔内的水向外扩散。为测定稳定的流量，通常需持续监测 5～10min。气体所排出的水量可通过流量计或量筒与计时设备测定。由于水流量与气体流量相等，因此检测得到的水流量应与 UCL（或同时设定的任何 LCLs）相比较，以判断是否应进行后续操作。注意，检测所用流量计及相关取样管线必须配备防止产生重力流的装置。

排水检测的优点包括：

1）可根据水流量直接测定气体流量（假设系统背压不会导致扩散气体的压缩）。

2）在大多数情况下可满足 $3\mu m$ 的分辨率限值。

3）可检测单根膜丝断裂及膜丝纤维壁小孔尺度上的完整性缺陷。

4）相对于气体，水的流量较易测定。

排水检测的局限性包括：

1）无法连续监测完整性。

2）生产系统中未得到广泛应用。

3）膜未完全润湿（可能在新安装的膜或疏水膜难以润湿时出现，也可能在带气反冲洗后立即测定时出现）时易产生假阳性结果。

H.7.5　基于标记物的完整性检测

基于标记物的完整性检测通过测定进水和滤过液中颗粒或分子标记物的浓度来直接检验膜过滤系统的去除效率。以上浓度的 log 值之差即为完整性检测计算所得 LRV 值。应重点强调的是，为满足法规对隐孢子虫 LRV 检验能力的要求，检测标记物的浓度必须足够大。此外，检验 LRV 所需的标记物初始浓度必须满足 $3\mu m$ 的分辨率限值。由于一般情况下进水中满足 $3\mu m$ 分辨率要求的颗粒数量不足，从而无法实现对分辨率限值的检验，因此在基于标记物的完整性检测中通常需进行加标操作。

　　基于标记物的完整性检测的优势在于对系统可实现的 LRV 进行直接测定。在检测的分辨率、灵敏度以及检测频率等特定参数均满足要求时，基于颗粒标记物和分子标记物的直接完整性检测均可满足 LT2ESWTR 的要求（40CFR141.719（b）（3））。由于基于标记物的直接完整性检测本质上以一种示踪测试，因此第 3 章中的相关内容对基于标记物检测的构建将有所帮助。由于此类检测一般在正常运行的水处理设备上应用，因此所用的颗粒标记物或分子标记物必须为惰性物质且适用于水处理设施（经食品和药物管理局（FDA）批准的或国家卫生基金会（NSF）NSF-60 认证通过的材料）。此外，由于 MF、UF 和 MCF 系统使用的多孔膜材料无法截留分子标记物，因此此类系统仅能使用颗粒标记物（可截留大分子标记物的低截留分子量（MWCO）UF 膜系统是一个例外）。相反地，由于 NF 或 RO 半透膜不具备接纳大颗粒物质的能力，通常无法实施去除膜表面颗粒物的反洗操作，因此对于 NF 和 RO 系统只能使用分子标记物。

　　颗粒标记物和分子标记物检测原理分别如图 H-5 和图 H-6 所示。

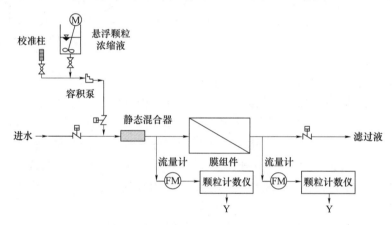

图 H-5　颗粒标记物检测示意图

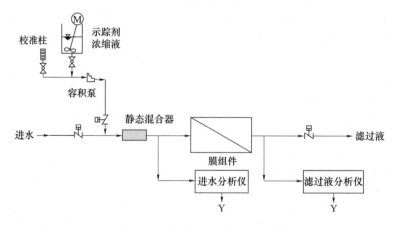

图 H-6　分子标记物检测示意图

　　颗粒标记物与分子标记物检测的一般程序相似，概述如下：

（1）选择适宜的标记物并证实其满足分辨率限值（详细介绍见 3.9 节）。

（2）确保进水和滤过液的取样浓度在所用检测设备的检测限之内。

（3）计算加标量和滤过液取样量（详细介绍见 3.10 节）。

（4）确保在基于标记物的检测操作期间不实施化学清洗或反洗等任何操作。

（5）测定标记物达到稳定状态或平衡状态所需时间（详细介绍见 3.10 节）。

（6）向系统投加标记物。

（7）在达到平衡状态后进行滤过液取样。

（8）持续对进水和滤过液同时取样，直至得到结果。

（9）停止投加。

基于标记物的检测的优点包括：

（1）直接测定膜单元的 LRV 值。

（2）可在膜单元在线产水时应用（正常运行期间）。

（3）根据政府要求，滤过液监测设备也可用于直接完整性检测实施间隙的连续间接完整性监测。

基于标记物的检测的局限性包括：

（1）标记物选择不当可能导致膜堵塞，影响系统正常运行。

（2）监测设备的费用和标定。

（3）标记物的费用。

（4）可能需要排弃检测期间的产水。

（5）可能需对标记物废液作特殊处置。

（6）标记物的浓度检测一般不连续。

颗粒标记物检测的其他注意事项：

在颗粒标记物检测过程中，一般需使用颗粒计数仪来测定进水和滤过液中的颗粒浓度，从而可直接计算 LRV 值。因此在实施颗粒标记物检测期间，关于颗粒计数仪的一些重要事项需引起注意。首先，进水和滤过液的颗粒计数仪应在检测间隙持续监测基线浓度，从而在例行操作中通过检测计算 LRV 值时也考虑到了背景颗粒的浓度。为得到精确的 LRV 值，检测期间应将进水和滤过液的背景值从相应颗粒计数测定结果中扣除。此外，颗粒计数仪易出现重合误差（两个或多个颗粒同时通过探头而被误判为一个大尺寸颗粒），此现象在颗粒浓度较高时更易出现。此误差限制了颗粒的可测最大浓度，从而为颗粒标记物检测中进水浓度的测定带来了难题。为控制可能的重合误差，一些颗粒计数仪允许进行样品稀释。然而，由于稀释用水中的颗粒会引入误差，因此也应在颗粒标记物检测期间测定特定颗粒浓度时考虑稀释用水的水质。还应注意的是，选用的颗粒标记物不得发生聚结，否则将会加剧重合误差或堵塞设备探头。

所有颗粒计数仪（或在颗粒标记物检测期间用于测定颗粒浓度的其他设备）应以厂家推荐或政府规定的频率定期标定。标线应以对颗粒标记物检测中特定尺寸和浓度的颗粒计数为目标。颗粒标记物检测所用的颗粒应呈惰性且与膜不发生反应，以防出现不可逆污堵。

分子标记物检测的其他注意事项如下：

虽然在许多情况下进水和滤过液中分子标记物的环境浓度可以忽略，但是在计算 LRV 值时仍应对背景浓度进行测定和说明。在基于分子标记物的直接完整性检测实施期间，为得到膜单元的 LRV 进行精确定量，从进水和滤过液的分子标记物检测结果中扣除相应的背景浓度。此外，与颗粒计数仪类似，用于测定分子标记物浓度的所有设备均应以厂家推荐或政府规定的频率定期标定。还应注意的是，可能因分子标记物吸附于膜表面或其他系统部件处而导致 LRV 测定不准确；因此，应确保分子标记物与膜和所用其他材料间的吸附力小至可忽略不计的程度（Lozier *et al*. 2003）。

H.8　诊断测试

H.7 节中介绍的基于压力或基于标记物的检测仅可检验膜单元是否出现破损，作为对以上基本检测的补充，诊断测试是一种专门用于确认和隔离检测到的完整性缺陷的一种直接完整性检测。由于此类测试的目的仅为分离某个破损膜组件或断裂的膜丝，因此 LT2ESWTR 并未对诊断测试的灵敏度和分辨率进行规定。但诊断测试的分辨率应足够高，从而可保证其检测到导致超出 UCL 的完整性缺陷。

许多诊断测试均可在膜单元中有效确认破损的膜组件，而在中空纤维膜 MF/UF 系统中一些诊断测试甚至可以对膜组件上的断裂膜丝进行定位。LT2ESWTR 要求如果直接完整性检测结果超出 UCL，则相应膜单元应立即实施离线诊断测试并在随后进行修复（40CFR141.719（b）（3）（v））。虽然目前存在多种类型的诊断测试，但是下文仅介绍几种最常用的测试，包括目视检测、气泡测试、声波测试、电导率曲线测试以及单个膜组件测试。应注意并不是以上所有测试均适用于任何类型的膜过滤系统。目视检测、气泡测试和声波测试通常用于 MF、UF 和 MCF 系统，而电导率曲线测试一般用于 NF 和 RO 系统。单个膜组件测试适用于所有类型的膜过滤系统。

H.8.1　目视检测

对膜单元破损进行目视检测是最简单一种的诊断测试，通常应用于 MF、UF 及 MCF 系统。在许多基于压力的直接完整性检测中，向膜的一侧供气的同时另一侧保留一定液位，因此可能从破损的膜组件处观察到气泡。在使用基于压力的直接完整性检测时，可同时实施目视检测和直接完整性检测以确认破损膜组件。为了便于目视检测，膜壳必须选用部分透明组件，相应地，一些正压膜系统在膜组件的顶部设有视窗或透明管道，以便运行人员查找破损膜组件。对于浸没式负压膜系统，通过观察水面查找产生气泡的膜组件即可完成检测。

目视检测的优点包括：

（1）可确认破损膜丝和密封泄漏。

（2）检测结果明了。

（3）无需其他设备。

（4）对密封膜壳和浸没式膜组件均适用。

（5）无需将膜组件从膜单元中移出。

目视检测的局限性包括：

（1）人工操作。

（2）需在系统设计时考虑其实施条件（可视管道、可移动膜片或膜架等）。

H.8.2　气泡测试

基于泡点理论（见附录 G）的气泡测试可用于 MF、UF 和 MCF 系统。在进行气泡测试时，待测膜组件首先从膜单元中移出，将膜组件的外壳排空并施加压力，压力应低于膜的泡点压力，但应高于满足 LT2ESWTR 所需 3μm 分辨率的压力。气泡测试中施加的压力一般与基于压力的直接完整性检测类似。打开端盖后向膜丝的开口端注入表面活性剂溶液，溶液中出现的气泡可用于对破损膜丝进行定位。可通过插入不锈钢针或注入环氧胶的方式封堵破损膜丝。应向膜组件生产商咨询关于膜组件修复的详细建议。应注意的是，气泡测试与 3.6 节所述的泡点试验不同。本节所述的气泡测试的目的是查找漏点，因此压力必须小于多孔膜的泡点。相反，泡点试验的目的是测定膜的泡点，因此压力必须逐渐增加直至达到泡点。

气泡测试的优点包括：

（1）可确认破损膜丝和密封泄漏。

（2）检测结果明了。

（3）对密封膜壳和浸没式膜组件均适用。

气泡测试的局限性包括：

（1）人工操作。

（2）可能需要将膜组件从膜架上移出。

H.8.3　声波测试

当水通过破损膜丝或其他损坏部件时会产生可由专门设备检测到的独特声音，此即为声波测试的基本原理。此测试一般使用加速度计（一种用于检测振动的仪器）在膜组件的一处或多处进行手动探测，操作人员借助耳机通过听觉寻找漏气产生的振动。由于此测试是针对单个膜组件实施的，因此用其查找存在完整性缺陷的膜组件时，应首先通过直接完整性检测确认其所在的膜单元。声波测试一般用于 MF、UF 和 MCF 系统。

由于此测试比其他形式的直接或间接完整性检测更具主观性，因此由技术娴熟和经验丰富的操作人员实施的声波测试会更有效。即便如此，此测试仍不失为一种确认破损膜组件的有效诊断工具。Adham 等（1995）报道，声波测试可在 22000 根中空纤维膜中检测到小至 0.6mm 的膜壁穿孔。

一种自动声波测试系统有望解决测试的主观性问题，并可实施连续在线直接完整性检测。Glucina 等（1999）在论文中介绍了此类自动系统的早期开发和测试。此声学监测系统在每个膜组件上安装一个探头，用以监测由破损膜丝的压力波动产生的噪声变化。虽然其性能受膜过滤系统的背景噪声影响，但测试结果表明此系统足以检测到单根破损膜丝。目前此系统尚未用于实际生产。

声波测试的优点包括：

（1）可在膜单元中查找破损膜组件。

（2）便于应用（假设测试由经过培训的操作人员实施）。

声波测试的局限性包括：

（1）人工操作。

（2）结果可能受主观因素影响。

（3）需购买额外设备。

（4）无法用于浸没式膜系统。

H. 8. 4　电导率曲线测试

电导率曲线测试是查找 NF 和 RO 系统的膜组件、O 形圈和密封泄漏的常用方法。向集水管内插入一跟长取样管取样，监测膜壳内膜组件间沿程各点的电导率并相对于集水管长度作图。通过电导率的异常变化可确定完整性缺陷。NR 和 RO 系统的最常见泄漏点是膜组件产水收集管和端头 O 形密封圈。

电导率曲线测试的优点是：可在带压膜壳中查找破损膜组件。

电导率曲线测试的局限性包括：

（1）人工操作。

（2）取样需操作技巧。

（3）结果可能受主观因素影响。

（4）需购买额外设备。

H. 8. 5　单个膜组件测试

单个膜组件测试可应用于各类膜过滤系统，首先将疑似破损膜组件从存在完整性缺陷的膜单元移出，然后对每个膜组件进行单独测定。虽然通过此类诊断测试筛选单个膜组件时有多种完整性检测方法可供选择，但是单个膜组件测试一般指利用小型设备对单个膜组件进行压力或真空衰减测试。此类诊断测试的一个优点是，在相同的测试压力下，相对于置于整个膜单元中的破损膜组件，对单个膜组件测试时由完整性缺陷导致的压力或真空衰减会更为明显，从而更易检测出破损。由于单个膜组件测试的劳动强度大，因此一般在其他诊断测试失效时更为适用。

单个膜组件测试的优点包括：

（1）与应用于整个膜单元的原位测试相比，探测破损膜组件的能力加强。

（2）可在其他诊断测试失效时检测出破损膜组件。

（3）一般可应用于 MF、UF、NF、RO 和 MCF 系统。

单个膜组件测试的局限性包括：

（1）人工操作。

（2）测试劳动强度大。

（3）需将膜组件从膜单元移出。

（4）需独立的测试设备。

H. 9　数据采集与报告

LT2ESWTR 规定每个膜单元每天最少实施一次直接完整性检测，除非政府准许降低检测频率，前提是须满足具有可验证的工艺可靠性、去除隐孢子虫的多级屏障或可靠的系统保障措施等条件（40CFR141. 719（b）（3）（vi））。出现直接完整性检测结果超出 UCL

并导致膜单元离线的事件必须提交报告，同时也应报告 UCL 超出后的应对措施。此信息必须在月度监测周期结束 10 天内向政府提交报告（40CFR141.721（f）（10）（ii）（A））。对于月度监测周期内未出现超出 UCL 的情况，政府自行决定是否需要提交报告。对于未超出 UCL 的例行直接完整性检测结果，虽然 LT2ESWTR 并未要求上报，但政府可自行规定是否需要上报。政府还可要求直接完整性检测结果是以原始数据（如压力衰减速率或气体流量）还是以通过 H.5 节介绍的方法转换后的 LRVs 上报。对运行单元而言，通过测得的实际运行参数（如压力衰减速率）记录来观察直接完整性检测结果随时间变化情况是最为有效的方法。关于数据采集及其在系统优化应用中的更多信息在附录 A❶的构建全面完整性检测方法中做了介绍。

按照法规要求，实施直接完整性检测期间采集的数据必须由运行单位保留至少 3 年（40CFR141.722（c））。数据包括所有直接完整性检测结果、超出 UCL 的情况以及所采取的所有应对措施。

一个在中空纤维膜系统中实施压力衰减检测（最常见的直接完整性检测）的总结报告样本见表 H-2。包括如下内容：

（1）设备信息，膜单元数量，日期（年和月）。

（2）系统参数和检测常数。

表 H-2 压力衰减检测总结报告样表

月	工厂	
年	设备名称	
膜组件编号	检测历时	min
系统容积（V_{sys}） L	VCF	
UCL	UCL 超标总数	
签名	日期	

日期	压力（psi）		ΔP_{test}（psi/min）	满足 UCL？	采取的纠正措施（若需要）	滤过液流量（gpm）	TMP（psi）	ALCR	LRV 计算值
	初始	最终							
1									
2									
3									
……									
30									
31									
最小									
最大									
平均									

❶《膜过滤指导手册》中附录。

（3）检测条件和结果。

（4）超出 UCL 的情况。

总结报告样本专门设置了一栏，用于记录由每天的直接完整性检测结果计算出的 LRV 值，此栏也含有用于计算 LRV 值的流量、TMP 及 ALCR 数值。以上数据并非用于完成 LT2ESWTR 的规定报告，只是来记录膜单元的总体性能随时间变化情况。

LT2ESWTR 还要求运行单位向政府提交将要在生产设施中应用的直接完整性检测的分辨率、灵敏度、检测频率、控制限值以及相关基线检测结果（对于一套完整的膜过滤系统）（40CFR141.721（f）（10）（i）（B））。由于分辨率和灵敏度是基于特定位置和特定系统得到的，因此在生产系统全部安装完毕并具备运行条件之前一般无法准确测定。因此，运行单位可根据膜系统生产商提供的信息向政府提交以上参数的估计值，随后在生产系统具备运行条件后提交经过实际验证的精确数据。但 LT2ESWTR 只规定了必须提交此数据，包括时间、程序等在内的具体提交流程由政府自行决定。

H.10　气液转换率计算

H.10.1　概述

如第 4 章所述，LT2ESWTR 规定，为计算基于压力的检测方法的灵敏度，应在直接完整性检测中测定由最小完整性缺陷产生的流量（临界破损尺寸——Q_{breach}）（40CFR141.719（b）（3）（iii）（A））。（灵敏度在 LT2ESWTR 中被定义为可由直接完整性检测可靠验证的最大对数去除值（LRV_{DIT}）。）然而大部分基于压力的直接完整性检测结果是以气体流量或压力衰减值表示的，因此有必要将以上结果转换为一般过滤条件下通过临界破损处的水流量。这种转换对于计算基于压力的直接完整性检测的灵敏度和控制上限（UCL）均十分关键。

虽然有许多方法可将直接完整性检测结果转换为相应的水流量，但均可归为以下两大类中的一种：数学模型和实验测定。本附录介绍的是以气液转换率（ALCR）为基础的数学计算方法，而 ALCR 是直接完整性检测中通过破损处的气体流量与过滤期间通过破损处的水流量的比值，如式（H-5）所示：

$$\text{ALCR} = \left(\frac{Q_{air}}{Q_{breach}} \right) \tag{H-5}$$

式中　ALCR——气液转换率（无量纲）；

Q_{air}——基于压力的直接完整性检测中通过临界破损处的气体流量（L/min）；

Q_{breach}——过滤期间的临界破损尺寸流量（L/min）。

由于膜系统中的变量很多，因此根据破损位置、尺寸以及进水和滤过液压差的不同，膜破损处可能呈湍流或层流状态。此外，中空纤维膜和平板膜的破损有本质区别，如中空纤维膜组件中最常见的破损具备管道流特性，而平板膜破损最符合孔口模型。因此，为计算特定膜系统的 ALCR 值，根据膜材料结构形式（中空纤维膜或平板膜）以及临界破损处预期流态（层流或湍流）的不同，建立了 3 种不同的水力模型。以上 3 种模型包括达西管道流模型（针对处于湍流状态的中空纤维膜（中空超细纤维膜）组件）、孔口模型（针对处于湍流状态的卷式膜和滤芯等平板膜组件）和哈根-泊萧叶模型（针对处于层流状态的各类膜组件）。根据以上 3 种模型及其最佳适用条件选用的各种 ALCR 计算方法见表 H-3。

表 H-3 ALCR 的计算方法

膜组件类型	漏损流态	模型
中空纤维膜[1]	湍流[2]	达西管道流（Darcy pipe flow）
	层流	哈根-泊萧叶（Hagen-Poiseuille）
平板膜[3]	湍流	孔口（Orifice）
	层流	哈根-泊萧叶（Hagen-Poiseuille）

1. 或中空超细纤维膜（hollow-fine-fiber）
2. 通常在大尺寸纤维膜和高压差条件下出现
3. 包括卷式膜（spiral-wound）和滤芯（cartridge）

应注意的是，本附录中用于计算 ALCR 的各种方法均把直接完整性检测期间通过破损处的气体流态与过滤期间通过破损处的水流态相同作为默认假设条件。若对于某些膜过滤系统，此假设可能得到不精确和不保守的灵敏度值，则可考虑使用混合方法计算。此类混合方法的一个例子就是假设水流和气流分别为层流和湍流状态，可通过采用哈根-泊萧叶公式计算水以及采用达西公式计算气体来实现。此类情况的 ALCR 值可采用 H.10.2、H.10.3 及 H.10.4 节描述的类似方法计算。

第 4 章介绍了计算 ALCR 及基于压力的直接完整性检测的灵敏度和 UCL 的流程，而本附录的以下各节给出了构成相应 ALCR 公式基础的各种水力模型的变形。虽然 ALCR 公式的变形是根据可用于直接计算通过完整性缺陷处的气体流量（Q_{air}）和水流量（Q_{breach}）的水力模型得到的，但是直接应用以上公式需要获取临界破损尺寸，而此值很难精确定量。使用 ALCR 的优点是可将与破损尺寸相关的项目消除掉，含有 ALCR 的公式是已知条件或更易测定参数的函数，与临界破损的尺寸或结构无关。虽然本附录中的 ALCR 公式是由通过完整性缺陷处的气体流量（Q_{air}）和水流量（Q_{breach}）的状态假设推导出来的，但 ALCR 与完整性缺陷的尺寸（破损的物理结构）或数量（明显破损的数量）无关，因此较易获得。本附录的最后一节（H.10.5）介绍了 H.10.2、H.10.3、H.10.4 节中推导出的 ALCR 公式在某些膜过滤系统中不适用的情况，同时也介绍了为适应以上情况所做的公式变形。

由于本附录中各类模型间的差异较大，因此分别采用 68℉ 和 0psi 的标准温度和压力建立气体流量公式。以上标准条件的选用也便于气体流量检测设备读数。如果必要，通过应用以绝对温度和压力表示的理想气体定律，可重新设定公式的基准条件。此外，考虑到温度的迅速平衡，基于压力的直接完整性检测中的气体温度设定为与膜过滤系统的水温相同。

本附录中关于建立水力模型的更多的背景资料详见 Crane 的《阀门、管件和管道内的流体》（"Flow of Fluids Through Valves，Fittings，and Pipes"）一书（1988）。ALCR 公式推导中所有基本水力学公式在 Crane 的书中均有介绍。

H.10.2 达西管道流模型

达西管道流模型可用于模拟流经中空纤维膜破损处的湍流流态。湍流一般可在高压差条件下的大直径膜丝破损处出现。管道内气体流量和水流量的达西公式分别见式（H.18）和（H.19）：

$$Q_{air} = 11.3 \cdot Y \cdot d_{fiber}^2 \cdot \sqrt{\frac{(P_{test} - BP) \cdot (P_{test} + P_{atm})}{(460 + T) \cdot K_{air}}} \qquad (H\text{-}18)$$

式中　Q_{air}——标准条件下的气体流量，ft^3/s；

　　　Y——可压缩流体从管道流向较大空间时的净扩散系数，无量纲；

　d_{fiber}——膜丝直径，in；

　P_{test}——完整性检测压力，psi；

　　BP——完整性检测期间作用于系统的背压，psi；

　P_{atm}——大气压力，psia；

　　　T——水温，℉；

　K_{air}——空气阻力系数，无量纲。

$$Q_{breach} = 0.525 \cdot d_{fiber}^2 \cdot \sqrt{\frac{TMP}{K_{water} \cdot \rho_w}} \qquad (H\text{-}19)$$

式中　Q_{breach}——过滤时通过临界破损处的水流量，ft^3/s；

　d_{fiber}——膜丝直径，in；

　TMP——跨膜压差，psi；

　K_{water}——水的阻力系数，无量纲；

　　ρ_w——水的密度，lbs/ft^3。

假设空气和水的阻力系数接近（$K_{air} \approx K_{water}$）并将水的密度设定为 $62.4lbs/ft^3$，则式（H-18）与式（H-19）的比值即为 ALCR 的表达式，如式（H-20）所示：

$$ALCR = 170 \cdot Y \cdot \sqrt{\frac{(P_{test} - BP) \cdot (P_{test} + P_{atm})}{(460 + T) \cdot TMP}} \qquad (H\text{-}20)$$

ALCR——气液转换率，无量纲；

　　　Y——可压缩流体从管道流向较大空间时的净扩散系数，无量纲；

　P_{test}——直接完整性检测压力，psi；

　　BP——完整性检测期间作用于系统的背压，psi；

　P_{atm}——大气压力，psia；

　　　T——水温，℉；

　TMP——正常运行时的跨膜压差，psi。

在第 4 章中，ALCR 已被用于基于压力的直接完整性检测的灵敏度和 UCL 的计算公式。因此式 C.4 中的参数取值应以得到更小、更为保守的 ALCR 值为原则。例如式（H-20）中过滤期间的跨膜压差（TMP）来自于 Q_{breach} 表达式（式 H-19），因此采用正常运行期间最大预期 TMP 可算得最保守的 ALCR 值。

可压缩流体的净扩散系数（Y）可从各类水力学参考文献的图表中选取，如 Crane 的书籍（1988）（第 A-22 页）。选取一定气体流量下适宜的图表，Y 值可用压力和流体阻力系数的函数表达，如式（H.21）所示（描述 Y 和变量间关系的非定量表达式）：

$$Y \propto \left[\frac{1}{\left(\dfrac{P_{\text{test}} - BP}{P_{\text{test}} + P_{\text{atm}}} \right)} , K \right] \tag{H-21}$$

式中　Y——可压缩流体从管道流向较大空间时的净扩散系数，无量纲；

$\quad P_{\text{test}}$——直接完整性检测压力，psi；

$\quad BP$——完整性检测期间作用于系统的背压，psi；

$\quad P_{\text{atm}}$——大气压力，psia；

$\quad K$——流体阻力系数，无量纲。

流体阻力系数（K）是一个在大多数水力学文献中均使用的常用流体参数，其定义如式（H-22）所示：

$$K = f \cdot \frac{L}{d_{\text{fiber}}} \tag{H-22}$$

式中　K——流体阻力系数，无量纲；

$\quad f$——摩擦系数，无量纲；

$\quad L$——破损膜丝长度，in；

$\quad d_{\text{fiber}}$——膜丝直径，in。

以发生在膜丝进入铸封处发生破损的保守情况为例，破损膜丝长度（L）可用膜丝插入膜端头的长度代表。摩擦系数（f）可根据大部分水力学文献中均可查到的 Moody 图或相应表格估测。用于计算摩擦系数的相对粗糙度（e/d_{fiber}）可由生产商提供的产品特定粗糙度（e）计算或由膜孔尺寸估算。

若用于计算此参数的保守值选用适当，净扩散系数（Y）应长期保持恒定以便操作。因此，Y 值应为针对特定位置的单次计算结果。由于 ALCR 与 Y 与成正比（如式（H-20）所示），因此较小的 Y 值可推导出更小、更保守的 ALCR 值。

净扩散系数（Y）可采用迭代法计算。迭代法的一般流程将在下文介绍，使用电子数据表格有助于实施各类所需计算。

合理设定摩擦系数（f）。

通过式（H-22）计算流体阻力系数（K）。

从表示摩擦系数（f）与雷诺数（Re）及相对粗糙度（e/d_{fiber}）关系图表查得雷诺数（Re）。

通过雷诺数（Re）与当量直径、气体流速及动力黏度间的关系方程计算气体流量（Q_{air}）（参考流体力学文献）。为计算当量直径和流速（即流量除以截面积），假设完整性缺陷可由充满空气的管道流（如中空纤维）代表。使用最大预期温度和直接完整性检测期间施加的最小压力（考虑到基线衰减）计算得到保守（较小的）的动力黏度值，从而可得到保守（较小的）的气体流量（Q_{air}）和 ALCR。

利用水力学文献中的表格（如 Crane（1988）书中的第 A-22 页），将流体阻力系数（K）和压力比值代入后计算净扩散系数（Y），如式（H-21）所示。

假设 $K \approx K_{\text{air}}$，通过式（H-18）计算气体流量（Q_{air}）。

若第 4 步和第 6 步计算得到的气体流量（Q_{air}）近似相等，那么第 5 步计算得到的净扩散系数（Y）是正确的。否则，重新设定摩擦系数（f）并在迭代流程中重复第 1～7 步，直至两个气体流量（Q_{air}）计算值收敛。

H. 10. 3　孔口模型

孔口流模型可用于模拟流经滤芯或卷式膜组件等平板膜的类孔洞形破损处的湍流状态。流经孔口的气体流量和水流量公式分别见式（H.23）和式（H-24）：

$$Q_{air} = 11.3 \cdot Y \cdot d_{fiber}^2 \cdot C \cdot \sqrt{\frac{(P_{test} - BP) \cdot (P_{test} + P_{atm})}{(460 + T)K_{air}}} \qquad (H\text{-}23)$$

式中　Q_{air}——标准状态下的气体流量，ft^3/s；

　　　　Y——可压缩流体从管道流向较大空间时的净扩散系数，无量纲；

　　d_{fiber}——膜丝直径，in；

　　　　C——流量系数，无量纲；

　　P_{test}——直接完整性检测压力，psi；

　　　BP——完整性检测期间作用于系统的背压，psi；

　　P_{atm}——大气压力，psia；

　　　　T——水温，℉；

　　K_{air}——气液转换率，无量纲。

$$Q_{breach} = 0.525 \cdot d_{fiber}^2 \cdot C \cdot \sqrt{\frac{TMP}{\rho_w}} \qquad (H\text{-}24)$$

式中　Q_{breach}——过滤时通过临界破损处的水流量，ft^3/s；

　　d_{fiber}——膜丝直径，in；

　　　　C——流量系数，无量纲；

　　　TMP——跨膜压差，psi；

　　　ρ_w——水的密度，lbs/ft^3。

如式（H-25）所示，式（H-23）和式（H-24）的比值即为 ALCR 的表达式。注意到本式使用 $62.4 lbs/ft^3$ 作为水的密度。

$$ALCR = 170 \cdot Y \cdot \sqrt{\frac{(P_{test} - BP) \cdot (P_{test} + P_{atm})}{(460 + T) \cdot TMP}} \qquad (H\text{-}25)$$

式中　ALCR——气液转换率，无量纲；

　　　　Y——可压缩流体从管道流向较大空间时的净扩散系数，无量纲；

　　P_{test}——直接完整性检测压力，psi；

　　　BP——完整性检测期间作用于系统的背压，psi；

　　P_{atm}——大气压力，psia；

　　　　T——水温，℉；

　　　TMP——跨膜压差，psi。

注意到虽然推导过程稍有不同，但是达西模型和孔口模型的 ALCR 表达式（式（H-20）和式（H-25））完全相同。两式采用不同的方法计算可压缩流体的净扩散系数（Y）。与式（H-18）的达西模型类似，式（H-25）中参数值的设定应以得到更小、更保守的 ALCR 值为原则。例如，式（H-25）中的 TMP 来自于过滤期间 Q_{breach}（式（H-24））的表达式，因此选用正常运行时最大预期 TMP 可得到最保守的 ALCR 值。

与达西模型类似，可压缩流体的净扩散系数（Y）可由不同的水力学文献的图表中得到，如 Crane（1988）（第 A-21 页）。然而，对于孔口模型，也可用式（H-26）计算净扩散系数（Y）：

$$Y = 1 - \left[0.293 \cdot \left(1 - \frac{BP + P_{\text{atm}}}{P_{\text{test}} + P_{\text{atm}}} \right) \right] \qquad \text{(H-26)}$$

式中 Y——可压缩流体从管道流向较大空间时的净扩散系数，无量纲；

  BP——完整性检测期间作用于系统的背压，psi；

  P_{atm}——大气压力，psia；

  P_{test}——直接完整性检测压力，psi。

由于 ALCR 与 Y 成正比（如式（H-25）所示），较小的 Y 值可推导出更小、更保守的 ALCR 值。若用于计算此参数的保守值选用适当，净扩散系数（Y）应长期保持恒定以便操作。因此，Y 值应为针对特定位置的单次计算结果。

H.10.4 哈根-泊萧叶模型

哈根-泊萧叶模型适用于产生层流的较小完整性缺陷（如低压差条件下小直径中空纤维膜上的针孔或破损）。使用本模型，可得到层流条件下通过小破损处气体流量的式（H-27）：

$$Q_{\text{air}} = \frac{49.5 \cdot \pi \cdot d_{\text{fect}}^{\,4} \cdot \Delta P_{\text{eff}} \cdot g}{L \cdot \mu_{\text{air}} \cdot (460 + T)} \qquad \text{(H-27)}$$

式中 Q_{air}——标准状态下的气体流量，ft^3/s；

  d_{fect}——破损直径，in；

  ΔP_{eff}——有效完整性检测压力，psi；

  g——重力加速度常数，32.2lbm-ft/lbf-s^2；

  L——破损膜丝长度，in；

  μ_{air}——气体黏度，lbs/ft-s；

  T——水温，℉。

由于空气是可压缩流体，气体流量是以有效完整性检测压力 ΔP_{eff} 来计算的，ΔP_{eff} 可由式（H-28）得到。

$$\Delta P_{\text{eff}} = \left[(P_{\text{test}} - BP) \right] \left[\frac{(P_{\text{test}} + P_{\text{atm}}) + (BP + P_{\text{atm}})}{2 \cdot (BP + P_{\text{atm}})} \right] \cdot \left[\frac{(BP + P_{\text{atm}})}{P_{\text{atm}}} \right] \qquad \text{(H-28)}$$

式中 ΔP_{eff}——有效完整性检测压力，psi；

  P_{test}——直接完整性检测压力，psi；

  BP——完整性检测期间作用于系统的背压，psi；

  P_{atm}——大气压力，psia。

如式（H-28）中用括号分别标出的，有效完整性检测压力主要由 3 部分组成，分别为：

完整性检测期间的跨膜压差。

压缩空气通过膜时的平均速度梯度。

将膜的背压转换为标准大气条件时所需的系数。

层流条件下液体流经破损处的哈根-泊萧叶方程如式 C.13 所示：

$$Q_{breach} = \frac{0.094 \cdot \pi \cdot d_{fect}^4 \cdot g \cdot TMP}{L \cdot \mu_w} \tag{H-29}$$

式中 Q_{breach}——过滤时通过临界破损处的水流量，ft^3/s；

   d_{fect}——破损直径，in；

   g——重力加速度常数，32.2lbm-ft/lbf-s^2；

   TMP——跨膜压差，psi；

   L——破损膜丝长度，in；

   μ_w——水的黏度，lbs/ft-s。

如式（H-30）示，式（H-27）和式（H-29）的比值即为 ALCR 的表达式：

$$ALCR = \frac{527 \cdot \Delta P_{eff} \cdot \mu_w}{TMP \cdot \mu_{air} \cdot (460 + T)} \tag{H-30}$$

式中 ALCR——气液转换率，无量纲；

   ΔP_{eff}——有效完整性检测压力，psi；

   μ_w——水的黏度，lbs/ft-s；

   TMP——正常运行时的跨膜压差，psi；

   μ_{air}——气体黏度，lbs/ft-s；

   T——水温，℉。

水的黏度与空气黏度的比值（μ_w/μ_{air}）可表达为水温的单一函数，黏度比值可通过离散数据点的拟合曲线推导得出。式（H-31）将 ALCR 值简化为仅由压力测定值和水温表达的函数。应注意，受黏度比值二项式的边界所限，此式仅在温度为 32～86℉时有效。若温度不在此区间范围内，则应使用更为普遍的表达式（式（H-30））。

$$ALCR = \frac{527 \cdot \Delta P_{eff} \cdot (175 - 2.71 \cdot T + 0.0137 \cdot T^2)}{TMP \cdot (460 + T)} \tag{H-31}$$

式中 ALCR——气液转换率，无量纲；

   P_{eff}——有效完整性检测压力，psi；

   T——水温，℉；

   TMP——跨膜压差，psi。

与达西模型和孔口模型类似，式 C.14 和 C.15 所用 ΔP_{eff} 和 TMP 的取值应以得到更小、更保守的 ALCR 值为原则。例如，式 C.15 中的 TMP 来自于过滤期间 Q_{breach}（式（H-29））的表达式，因此选用正常运行时最大预期 TMP 可得到最保守的 ALCR 值。

H.10.5 ALCR 公式的适用性

本附录中 ALCR 公式的各种表达形式的推导前提均相同，即假设正常运行和基于压力的直接完整性检测期间水和空气分别通过同一处完整性缺陷。据此一致性，可约去 ALCR 公式中与破损属性相关的内容，得到与特定破损情况无关的公式。虽然此假设符合大部分膜过滤系统运行条件，但仍可能存在例外。此时本附录中介绍的 ALCR 公式无法直接使用，必须经过变形才能使 ALCR 公式符合特定膜过滤系统的运行条件。

此类情况的一个例子是，在以由内向外模式操作的中空纤维膜过滤系统中，进水由两端进入膜丝。此时若有单根膜丝断裂，则水流通过破损处会分别产生两种不同的路径。若适用达西模型（以湍流为主），则必须谨慎选择可压缩流体的净扩散系数（Y）。此参数是破损膜丝长度（L）的函数，因此对于由单根膜丝断裂产生的两个流体路径（假设膜丝未在正中间断裂），得到的 L 值将有所不同。为得到最保守（最小）ALCR 值（从而得到最保守的直接完整性检测灵敏度），应选择最小的 L 预期值（即最小长度），通常也是膜丝插入铸封材料的深度。为了得到保守 ALCR 值，不论破损的位置如何，均应采用此 L 值。由于通过短膜丝（即插入铸封材料内的膜丝长度）的流量大多数情况下均大于通过较长膜丝的流量，故此近似值是合理的。若对于某特定系统取此近似值存在疑问，则应通过计算不同长度膜丝的 ALCR 值来估测此重要参数相对于流体路径的敏感度。

更为复杂的情况是，对于与前一个案例类似的系统，在直接完整性检测期间仅向膜丝一端提供压缩空气。此时单根膜丝断裂会在过滤期间分别产生两处水流路径，而在完整性检测期间仅能产生单个空气路径。在 ALCR 公式推导时必须考虑此差异。如式（H-5）所示，ALCR 是直接完整性检测中通过破损处的气体流量（Q_{air}）与过滤期间通过破损处的水流量（Q_{breach}）的比值。对于本案例中的系统，任何数量的膜丝断裂均将产生双倍的破损水流路径。因此，在达西模型（湍流）和哈根-泊萧叶模型（层流）的 ALCR 公式中 Q_{breach} 值也必须加倍。

本节所述的两个案例仅为本附录中所列 ALCR 公式无法直接用于某些膜过滤系统的两种可能情况。由于本指导手册无法一一预测和提出此类可能性，因此建议根据具体情况评估膜过滤系统是否可以直接使用 ALCR 公式。对于以本文件中推导 ALCR 公式的相同假设条件推导出的公式需作更为复杂的处理，即通过破损处的水流量和空气流量应根据适用于两类流体的特定系统假设条件分别计算。

H.11　计算中空纤维膜过滤系统气液转换率的经验方法

H.11.1　简介

如第 4 章所述，LT2ESWTR 规定，为计算基于压力的检测方法的灵敏度，应在直接完整性检测中测定由最小完整性缺陷产生的流量（临界破损尺寸——Q_{breach}）（40CFR141.719（b）（3）（iii）（A））（灵敏度在 LT2ESWTR 中被定义为可由直接完整性检测可靠验证的最大对数去除值（LRV_{DIT}））。然而大部分基于压力的直接完整性测试结果是以气体流量或压力衰减值表示的，因此有必要将以上结果转换为一般过滤条件下通过临界破损处的水流量。虽然有许多方法可将直接完整性检测结果转换为相应的水流量，但均可归为以下两大类中的一种：数学模型和实验测定。本附录介绍的是以气液转换率（ALCR）为基础的经验计算方法，而 ALCR 是直接完整性检测中通过破损处的气体流量与过滤期间通过破损处的水流量的比值，如式（H-32）所示：

$$\text{ALCR} = \left(\frac{Q_{air}}{Q_{water}}\right) \tag{H-32}$$

式中　ALCR——气液转换率，无量纲；

　　　Q_{air}——基于压力的直接完整性测试中通过破损处的气体流量，体积/时间；

　　　Q_{water}——过滤时通过破损处的水流量，体积/时间。

附录 C 介绍了适用于各类膜过滤系统的用于计算不同流态下 ALCR 值的水力模型；

本附录将介绍一种基于泡点理论的适用于多孔中空纤维膜系统 ALCR 值计算的经验方法——相关气体流量测定技术（CAM）。CAM 利用基于压力的直接完整性检测测定膜丝断裂条件下的气体流量（Q_{air}）和水流量（Q_{water}），从而得到膜过滤系统的 ALCR 经验计算值。本方法仅限于在已知膜丝和相关膜组件结构的中空纤维膜系统内使用。

在 CAM 操作时，首先在正常运行过程中测定不同跨膜压差（TMP）条件下通过已知破损处的水流量，然后在基于压力的直接完整性检测期间采用不同检测压力测定通过同一破损处的气体流量。对以上检测结果进行拟合，可以得到反映压力与通过破损处的水量之间或气体流量之间的经验关系式。这些关系式可用于计算任何给定跨膜压差（TMP）和直接完整性检测压力（P_{test}）（根据式（H-1）和式（H-2），为检测期间的背压）下的 ALCR 值。应注意，ALCR 值在运行期间随 TMP 发生变化，TMP 越高，破损处的水流量越大，得到的 ALCR 值也越小。此外，以上经验关系式成立的前提是假设温度恒定，气温或水温变化将导致其函数关系发生改变。

虽然与水力模型相比，采用 CAM 法计算 ALCR 经验值会耗费更多人力，但是此方法确实具备一些优势。首先，采用实际测定值计算比根据一般水力模型计算更为精确；其次，CAM 法无需设定水力模型法所必需的假设条件，而是根据通过已知破损处的气体和水流量的测定值直接计算 ALCR 值；CAM 法还有一个优点，即便于在任何 TMP 和直接完整性检测压力条件下重新计算 ALCR 值（假设温度恒定）。

H. 11. 2　计算方法

在以 CAM 法测定 ALCR 经验值时，推荐采用如下通用流程。为流程操作方便起见，下文介绍的是适用于实验规模或全尺寸单个膜组件的 CAM 法，但应注意此 ALCR 计算结果是可扩展的，与膜组件尺寸和破损尺寸无关（详见附录 C（H. 10.1 节））。故由此流程计算得到的 ALCR 值适用于整个膜单元。

（1）测定完整性良好的实验规模或全尺寸单个膜组件的完整性检测基线值。（详见 H. 3. 1. 3 节中关于完整性良好膜的润湿膜孔扩散流量的讨论。）

（2）为作参考，测定各 TMP 条件下完整性良好的膜组件的水流量，TMP 区间应按照可能的运行状态选取。

（3）切断已知数量的膜丝（1~100 根）。（应注意，对许多中空纤维膜过滤系统而言，在膜丝与铸封材料交界处切断膜丝代表最保守状态。）

（4）在实际运行 TMP 范围内测定断裂膜丝处的水流量（Q_{water}）。计算 Q_{water} 的一种方法是，对完整性良好膜组件的水流量（已在第 2 步中测得）与具有完整性缺陷膜组件的水流量进行比较，二者的差值即代表各测试 TMP 条件下断裂膜丝处的水流量。（也可用其他方法计算 Q_{water}。）

（5）建立反映断裂膜丝处的水流量与 TMP 关系的拟合曲线方程。

（6）测定多孔膜材料的最小泡点。（此参数一般可从生产商处获得。）

（7）确定直接完整性检测压力。一般情况下，检测压力应小于膜泡点压力的 80% 并小于最大 TMP。但如式（H-1）和式（H-2）所示，检测压力必须足够高，以满足 LT2ESWTR 对隐孢子虫去除分辨率的要求。

（8）在一系列可能的直接完整性检测压力下测定断裂膜丝处的气体流量。

（9）若正常运行时以目标检测压力（P_{test}）操作，发现扩散流量（即第 1 步测得的基线值）很高（超过总气体流量的 5%），那么应尽可能降低检测压力。否则，如 H.3.1.3 节所示，在计算 ALCR 时必须考虑扩散流量的影响。

（10）使用式（H-32）计算 ALCR 值。

$$\text{ALCR} = \left(\frac{Q_{air}}{Q_{water}} \right)$$

式中　ALCR——气液转换率（无量纲）；

$\qquad Q_{air}$——直接完整性检测中通过破损处的气体流量（ml/min）；

$\qquad Q_{water}$——以参照 TMP 运行时通过破损处的水流量（ml/min）。

其中上式用于描述 Q_{water} 的参照 TMP 是如 H.3.1.2 节和附录 C 中所述，为了检验直接完整性检测的灵敏度是否合规而测定 ALCR 时所用的 TMP。例如，可通过正常运行时最大预期 TMP 得到最保守的 ALCR 值。

（11）依据第 4 章所述，结合测试结果（Q_{air}）（通过直接测定扩散气体流量得到或使用压力衰减测试利用式（H-8）由压力衰减速率（ΔP_{test}）转换得到）和前述步骤测得的 ALCR 值，根据式（H-7）计算直接完整性测试方法的灵敏度（LRV_{DIT}）。注意，如 H.3.1.2 节所述，利用式（H-7）和式（H-8）计算灵敏度时，Q_{air} 和 ΔP_{test} 均应是由完整性缺陷导致的最小可测响应值。

参 考 文 献

40 CFR 141.719(b)(3)(ii-v)

49 CFR 144.82

Adham, S., *et al*. (2005). *Development of a Microfiltration and Ultrafiltration Knowledge Base*. AWWARF Report 91059, American Water Works Association, Denver, CO.

AlanPlummer Associates, Inc. (2010). Final Report: State of Technology of Water Reuse, Prepared for the Texas Water Development Board, Austin, Texas.

Alfrey, T., Jr. (1985). "Structure-Property Relationships in Polymers," in *Applied Polymer Sciences*, 2nd ed., ACS Symposium Series 285, ed. R. W. Tess and G. W. Poehlein (Washington, DC: American Chemical Society), 241–52.

American Public Health Association, American Water Works Association, and Water Environment Federation (1995). *Standard Methods for the Examination of Water and Wastewater*, 20th ed. Washington, DC: American Public Health Association.

American Public Health Association, American Water Works Association, and Water Environment Federation (2005). *Standard Methods for the Examination of Water and Wastewater*, 20th ed. Washington, DC: American Public Health Association.

American Society for Testing and Materials (2003). *Practice A, Pressure Decay (PDT) and Vacuum Decay (VDT) Tests*. ASTM D-6903. West Conshohocken, PA: ASTM International.

American Society for Testing and Materials (1995). ASTM Standard 4189-95. ASTM D-6903. West Conshohocken, PA: ASTM International.

American Society for Testing and Materials (1995). ASTM Standard 6908-03-06, Standard Practice for integrity Testing of Water filtration Systems. West Conshohocken, PA: ASTM International.

American Society for Testing and Materials (2008). ASTM Standard 4189-95. ASTM D-6903. West Conshohocken, PA: ASTM International.

American Water Works Association (2005). *Microfiltration and Ultrafiltration Membranes for Drinking Water*, 1st ed., AWWA Manual M53. Denver, CO: American Water Works Association.

American Water Works Association (1990). *Water Quality and Treatment*, 4th ed., Denver, CO: American Water Works Association.

American Water Works Association (2003). "Residuals Management for Low-Pressure Membranes." Committee report. *Journal American Water Works Association* 95 (6).

American Water Works Association Research Foundation, Lyonnaise des Eaux, Water Research Commission of South Africa, eds. (1996). *Water Treatment Membrane Process*. New York, NY: McGraw-Hill.

Arizona Department of Environmental Quality (2011). Water Quality Division. Permits Reclaimed Water.

Arkhangelsky, E., *et al* (2007). "Hypochlorite Cleaning Causes Degradation of Polymer Membranes." *Tribology Letters*, no. 28: pp 109–116.

Asahi-Kasei Chemicals Corporation (2005). Microza Bulletion MUNC–620A MF MBR Module, Microza Division, Tokyo, Japan.

Asano, T., *et al*, and Metcalf & Eddy (2007). *Water Reuse, Issues, Technologies, and Applications*. New York, NY: McGraw-Hill.

Asian Water (2011) "Recent Cast Trends in Seawater Desalination," Vol 26, No 09, 2011, p 14–17.

Atasi, Khalil, *et al*, and WEF Press (2006). *Membrane Systems for Wastewater Treatment*. New York, NY: Water Environment Federation and McGraw-Hill.

AWWA Subcommittee on Periodical Publications of the Membrane Process Committee, "Microfiltration and Ultrafiltration Membranes for Drinking Water, Journal AWWA 100:12. AWWA, Denver, CO.

AWWA Subcommittee on Periodical Publications of the Membrane Process Committee, "Microfiltration and Ultrafiltration Membranes for Drinking Water, Journal AWWA 100:12: pp 94–96. AWWA, Denver, CO.

B. Pellegrin, E. Gaudichet-Maurin, C. Causserand (2011). "Aging and Characterization of PES Ultrafiltration Membranes Exposed to Hyperchlorite." Poster. IWA MTC Aachen, Toulouse, France.

Brantley, John D., and Jerry M. Martin (1997). "Integrity Testing of membrane Filters to Assure Production of Sterile Effluent. "Genetic Engineering News, Vol 17, No. 10, Mary Ann Liebert, Inc., New York, May 15.

Business Wire (1999). "Koch Membrane Systems to Provide Clean Water Solutions in Midwest." March 23. http://www.thefreelibrary.com/Koch+Membrane+Systems+to+Provide+Clean+Water+Solutions+in+Midwest.-a054190855.

California Department of Public Health (2008). Groundwater Recharge Regulation (Draft) Sacramento, CA.

California Department of Public Health (2009). Regulations Related to Recycled Water. California Code of Regulations, Title 22, Division 4, Chapter 3, Water Recycling Criteria, Sacramento, CA.

Causserand, C., et al (2006). Degradation of Polysulfone Membranes Due to Contact with Bleaching Solution. Laboratoire de Genie Chimique, CNRS UMR 5503, University Paul Sabatier, Toulouse Cedex, France.

Chellam, S., C. A. Serra, and M. R. Wiesner (1998). "Estimating the Cost of Integrated Membrane Systems." Journal American Water Works Association 90 (11): 96–104.

Cheryan, M. (1998). Microfiltration and Ultrafiltration Handbook. Lancaster, PA: Technomic Publishing Co., Inc.

Childress, A., et al (2005). Mechanical Analysis of Hollow Fiber Integrity in Water Reuse Applications. Reno, NV: University of Nevada.

Clements, J., et al (2006). "Ceramic Membranes and Coagulation for TOC Removal from Surface Water," in Proceedings of Water Quality Technology Conference, American Water Works Association. Denver, CO: AWWA.

Colorado Department of Health and Environment (2007). Reclaimed Water Control Regulation. 5 CCR1002-84, Colorado Department of health and Environment, Denver, CO.

David R. Lide, Editor-in-Chief (1996–1997). CRC Handbook of Chemistry and Physics, 77th ed. CRC Press, Cleveland, OH.

Dempsey, B. A., R. M. Ganho, and C. R. O'Melia (1995). "The Coagulation of Humic Substances by Means of Aluminum Salts." Journal American Water Works Association 76(4): 141–50. American Water Works Association, Denver, CO.

Dennett, K. E., et al (1996). "Coagulation: Its Effect on Organic Matter." Journal American Water Works Association 88(4): 129–42. American Water Works Association, Denver, CO.

Design of Municipal Wastewater Treatment Plants (1992). WEF Manual of Practice No. 8, ASCE Manual and Report on Engineering Practice No. 76, Water Environment Federation, Alexandria, Virginia, American Society of Civil Engineers, New York.

Dwyer (2003). University of New Hampshire, Durham, NH.

Ebbing, D. D. (1996). General Chemistry. Houghton Mifflin Company: Boston, MA.

Escobar-Ferrand, Lui, et al., "Detailed Analysis of the Silt Density Index (SDI) Results on Desalination and Wastewater Reuse Applications for Reverse Osmosis Technology Evaluation," Pall Corporation, Port Washington, New York.

Garcia-Aleman, J., and J. Lozier (2005). "Managing Fiber Breakage: LRV Operations and Design Issues Under the LT2 Framework," in Proceedings of Membrane Technology Conference, Phoenix, AZ. American Water Works Association, Denver, CO.

Global Water Intelligence (2010). Global Water Report 2011. Oxford, UK: Media Analytics, Ltd., The Jam Factory.

Global Water Summit (2010). Transforming the World of Water/Promoting Water Reuse. Paris, France: Global Water Intelligence and International Desalination Association.

Gregory, J. (1993). "The Role of Colloid Interactions in Solid-Liquid Separation." *Water Science and Technology* 27 (10): 1–17.

Grozes, G., P. White, and M. Mashall (1995). "Enhanced Coagulation: Its Effect on NOM Removal and Chemical Costs." *Journal American Water Works Association* 87 (1): 78–89, American Water Works Association, Denver, CO.

Griss, P., and J. Dihrich (2000). "Microfiltration of Municipal Wastewater Disinfection and Advanced Phosphorus Removal: Results from Trials with Different Small Scale Pilot Plants." *Water Environment Research* 72 (5): 602–09.

Hagstrom, J. P. (2007). "MBR, Membrane Basics and Fundamentals: What You Need to Know Before Embarking on Your MBR Project." Presented at Technical Workshop 202, October 14, San Diego, CA.

Hertzberg, R. W., and J. A. Manson (1980). *Fatigue of Engineering Plastics*. New York, NY: Academic Press.

Hofmann, F. (1984). "Integrity Testing of Microfiltration Membranes." *Journal of Parenteral Science and Technology* 38 (4).

Howe, K. J., et al (2002). *Coagulation Pretreatment for Membrane Filtration*. Denver, CO: AWWA Research Foundation.

Howe K. J., and M. M. Clark (2002). "Fouling of microfiltration and ultrafiltration membranes by natural waters," *Environmental Science and Technology* 36: 3571–3576, American Chemical Society.

International Union of Pure and Applied Chemistry (1985). "Reporting Physisorption Data," Pure and Applied Chemistry 57:603, Research Triangle Park, NC.

Jacangelo, J., S., Adham, and J.-M. Laine (1997). Membrane Filtration for Microbial Removal. American Water Works Research Foundation, Denver, CO.

Kumar, A., and R. K. Gupta (1996). *Fundamentals of Polymers*. New York, NY: McGraw-Hill.

Lang, Heather, and Jablanka, Azelac (2011). *Global Water Market 2011*. Oxford, UK: Media Analytics, Ltd., The Jam Factory.

Lee, S., and J. Cho (2004). "Comparison of Ceramic and Polymeric Membranes for Natural Organic Removal." *Desalination* 160 (3): 223–232.

Lehmann, et al (2009). *Application of New Generation Ceramic Membranes for Challenging Waters*. Arcadia, CA: Applied Research Department, MWH Americas.

Letterman, R. D., A. Amirtharajah, and C. R. O'Melia (1999). "Coagulation and Flocculation," in *Water Quality and Treatment: A Handbook for Community Water Supplies*, 5th ed., ed. R. D. Letterman. New York, NY: McGraw-Hill.

Liu, C. (1998). *Developing Integrity Testing Procedures for Pall Microza MF and UF Modules, I: Diffusion Flow and Pressure Hold Methods*. SLS Report 7426. Port Washington, NY: Pall Corporation.

Liu, C. A., M. Wachinski, and D. Vial. (2006). "Factors Affecting NOM Removal by Coagulation-Membrane Filtration," Pall Corporation, Port Washington, New York.

Liu, C. (2007). "Mechanical and Chemical stabilities of Polymeric Membranes," in *Proceedings of Membrane Technology Conference*, Charlotte, NC.

Liu, C., and A. M. Wachinski (2010). "Attributes of High Performance Membranes," Pall Corporation, Port Washington, New York.

Liu, Charles (2012). *Integrity Testing for Low-Pressure Membranes*. Denver, CO: American Water Works Association.

Logsdon, G., A. Hess, and M. Horsley (1999). "Guide to Selection of Water Treatment Processes," in *Water Quality and Treatment: A Handbook for Community Water Supplies*, 5th ed., ed. R. D. Letterman. New York, NY: McGraw-Hill.

Macpherson, Linda (2011). "Water: Changing Mental Models from Used to Reusable," in *Australian Water Association Conference*, Melbourne, Australia.

Maletzko, Christian (2003). "PESU Membranes in Municipal Water Treatment Applications." *Desalination and Water Reuse* 19 (3): 22–26.

Markhoff, Heiner (2010). "Challenges and Opportunities for Reuse." Presented at Global Water Summit 2010, Transforming the World of Water IDA. Paris, France.

Metcalf and Eddy (2003). *Wastewater Engineering Treatment & Reuse*, 3rd ed., Revised, New York, NY: McGraw-Hill.

Metcalf and Eddy (2004). *Wastewater Engineering Treatment & Reuse*, 4th ed. New York, NY: McGraw-Hill.

Metcalf and Eddy (2004). *Wastewater Engineering Treatment & Reuse*, 4th ed. New York, NY: McGraw-Hill.

Moore, Tara (2011). "Beating the Coming Water shortage," *Fortune*, October 17.

Mulder, M. (1991). *Basic Principles of Membrane Technology*, Kluwer Academic Publishers, Dordrecht, Germany.

Omori, A., *et al* (2010). High Efficiency Absorbent System for Phosphorous Removal." Asahi Kasei Chemicals Corporation, Tokyo, Japan.

Osmosis Filtration and Separation Spectrum, www.osmonics.com/library/filspc.htm.

Owen, D. M., *et al* (1995). "NOM Characterization and Treatability." *Journal American Water Works Association* 87 (1): 46–63.

Pearce, Graeme (2007). "Introduction to Membranes: Manufacturer's Comparison, Parts 1–2." *Filtration and Separation* 44 (10) (October): 36–38.

Pall Corporation (2004). Port Washington, New York.

Pearce Graeme K (2011). *UF/MF Membrane Water Treatment, Principles and Design*, Water Treatment Academy, TechnoBiz Communications Co., Ltd., Bangkok, Thailand.

Randtke, S. J. (1988). "Organic Contaminants Removal by Coagulation and Related Processes." *Journal American Water Works Association* 80 (5): 40–56.

Reich, L., and S. S. Stivala (1971). *Elements of Polymer Degradation*. New York, NY: McGraw-Hill.

Sakaji, R. H., ed. (2001). *California Surface Water Treatment Alternative Filtration Technology Demonstration Report* [Draft]. Berkley: California Department of Health.

Stumm, W., and J. J. Morgan (1996). *Aquatic Chemistry: Chemical Equilibria and Rates in Natural Water*, 3rd ed. New York, NY: John Wiley and Sons.

United States Environmental Protection Agency (1979). *Estimating Water Treatment Costs: Volume II: Cost Curves Applicable to 1 to 200 MGD Treatment Plant.* Cincinnati, OH: Office of Research and Development, US Environmental Protection Agency.

United States Environmental Protection Agency (1979). "National Interim Primary Drinking Water Regulations: Control of Trihalomethanes in Drinking Water: Final Rule. *Fed Register* 44(231): 68624-68707.

United States Environmental Protection Agency (1989). "National Primary and Secondary Drinking Water Regulations." *Federal Register* 54: 22062–22160.

United States Environmental Protection Agency (1993). *Manual: Nitrogen Control.* EPA-625/R-93-010. Washington, DC: US Environmental Protection Agency.

United States Environmental Protection Agency (1998). "National Drinking Water Regulations: Disinfectants and Disinfection Byproducts: Final Rule." *Federal Register (Part IV)* 63 (241): 69390–69476.

United States Environmental Protection Agency (1999). *Enhanced Coagulation and Enhanced Precipitation Guidance Manual*. Washington, DC.

United States Environmental Protection Agency (2001). *Low Pressure Membrane Filtration for Pathogen Removal: Application Implenentation and Regulatory Issues.* EPA 815-C-01-001. Washington, DC: US Environmental Protection Agency.

United States Environmental Protection Agency (2003). "National Drinking Water Regulations: Long Term 2 Enhanced Surface Water Treatment Rule, Proposed Rule." *Federal Register* 68 (154): 47640–47795.

United States Environmental Protection Agency (2003a). "National Drinking Water Regulations: Stage 2 Disinfectants and Disinfectant Byproducts: Final Rule." *Federal Register* 68 (159): 49547.

United States Environmental Protection Agency (2009a). "National Drinking Water Regulations: Stage 2 Disinfectants and Disinfectant Byproducts: Final Rule. *Federal Register* 71: 388.

United States Environmental Protection Agency (2009b). "National Drinking Water Regulations." EPA/816F-09/04.

United States Geological Survey (2000). *Hydrological Units of the United States*. USGS: Washington, DC.

Van der Bruggen, B. (2003). "Pressure Driven Membrane Processes in Process and

Wastewater Treatment and in Drinking Water Production." *Environmental Progress* 22 (1): 46–56.

Vieth, W. R. (1991). *Diffusion in and Through Polymers: Principles and Applications.* New York, NY: University Press.

Wachinski, A. M. (1985). Class Notes, Chemistry Review and Sampling, in Department of Civil Engineering Course, Wastewater Treatment Plant Design, USAF Academy Colorado.

Wachinski, A. M. (2002). *Handling and Disposal of Process Wastewaters for Microfiltration Systems.* Port Washington, NY: Pall Corporation.

Wachinski, A. M. (2003). *Water Quality*, 3rd ed. Denver, CO: American Water Works Association. Chapter 1, pp 6–23.

Wachinski, A. M. (2006). *Ion Exchange Treatment for Water.* Chapter 1: Fundamental Concepts of Water Chemistry for Ion Exchange. Denver, CO: American Water Works Association.

Wachinski, A. M. (2007). "Industrial Water Reuse Makes Cents," Environmental Protection. Environmental Protection Magazine. Dallas Texas. EP online.

Wachinski, A. M. *et al* (2009). Pall Corporation video.

Wachinski, A. M., and J. E. Etzel (1997). *Environmental Ion Exchange Principles and Design.* Boca Raton, FL: Lewis Publishers.

WEF Press (2006). *Biological Nutrient Removal (BNR) Operation in Wastewater Treatment Plants*, WEF Manual of Practice No. 29, ASCE/EWRI. Manuals and Reports on Engineering Practice No. 109, McGraw-Hill, New York.

White, M. C., Thompson, J. D., Harrington, G. W., *et al* (1997). "Evaluating Criteria for Enhanced Coagulation Compliance." *Journal American Water Works Association* 89(5). pp 64–67. American Water Works Association, Denver, CO.

Wideman, S. (2009). "Aldermen to review 'brutal facts' on fix for water plant." *Appleton Post-Crescent*, August 4. http://www.postcrescent.com.

Williams, M. E. (2003). "A Brief Review of Reverse Osmosis Technology," EET Corporation and Williams Engineering Services Company, Inc.

Wingfield, Tom, and James, Schaeffer (2001). "Making Water Work Harder, Environmental Protection." Dallas, TX, November.

Wingfield, Tom, and James, Schaeffer (2002). "Cleaner Purer Water." *Pollution Engineering*. September.

www. pall.com.

www.ROTOOLS.com.

Zondervan (2007). "Statistical Analysis of Data from Accelerated Ageing Tests of PES UF Membranes," *Journal of membrane Science*, Vol. 300, No. 1, London, Amsterdam.